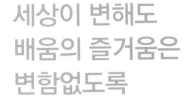

세상이 변해도
배움의 즐거움은
변함없도록

시대는 빠르게 변해도
배움의 즐거움은
변함없어야 하기에

어제의 비상은
남다른 교재부터
결이 다른 콘텐츠
전에 없던 교육 플랫폼까지

변함없는 혁신으로
교육 문화 환경의 새로운 전형을
실현해왔습니다.

비상은 오늘, 다시 한번
새로운 교육 문화 환경을 실현하기 위한
또 하나의 혁신을 시작합니다.

오늘의 내가 어제의 나를 초월하고
오늘의 교육이 어제의 교육을 초월하여
배움의 즐거움을 지속하는 혁신,

바로, 메타인지 기반 완전 학습을.

상상을 실현하는 교육 문화 기업 비상

메타인지 기반 완전 학습

초월을 뜻하는 meta와 생각을 뜻하는 인지가 결합한 메타인지는
자신이 알고 모르는 것을 스스로 구분하고 학습계획을 세우도록 하는
궁극의 학습 능력입니다. 비상의 메타인지 기반 완전 학습 시스템은
잠들어 있는 메타인지를 깨워 공부를 100% 내 것으로 만들도록 합니다.

내신 만점 **유형서**

만렙

중등수학

3·2

"만렙으로 나의 수학 실력을 최대치까지 올려 보자!"

① 수학의 모든 빈출 문제가 만렙 한 권에!

너무 쉬워서 시험에 안 나오는 문제, NO
너무 어려워서 시험에 안 나오는 문제, NO
전국의 기출문제를 다각도로 분석하여 시험에 잘 나오는 문제들로만 구성

② 중요한 핵심 문제는 한 번 더!

수학은 반복 학습이 중요!
각 유형의 대표 문제와 시험에 잘 나오는 문제는 두 번씩 풀어 보자.
중요 문제만을 모아 쌍둥이 문제로 풀어 봄으로써 실전에 완벽하게 대비

③ 만렙의 상 문제는 필수 문제!

수학 만점에 필요한 필수 상 문제들로만 구성하여 실력은 탄탄해지고
수학 만렙 달성

구성

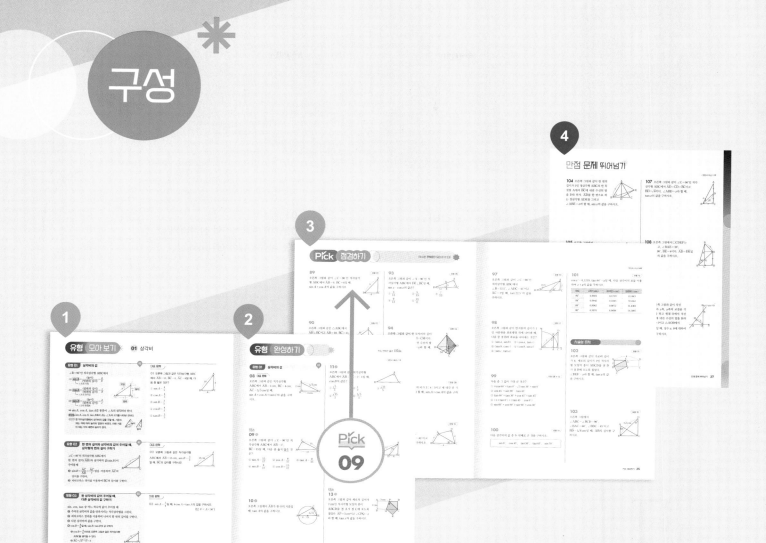

1 유형 모아 보기 > **2** 유형 완성하기 > **3** Pick 점검하기 > **4** 만점 문제 뛰어넘기

1 유형 모아 보기

소단원별 핵심 유형의
개념과 대표 문제를
한눈에 볼 수 있다.

2 유형 완성하기

대표 문제와 유사한 문제를
한 번 더 풀고
다양한 최신 빈출 문제를
유형별로 풀어 볼 수 있다.

3 Pick 점검하기

'유형 완성하기'에 있는
핵심 문제(Pick)의
쌍둥이 문제를
풀어 볼 수 있다.

4 만점 문제 뛰어넘기

시험에 잘 나오는 상 문제를
풀어 볼 수 있다.

차례

Ⅰ 삼각비

1 삼각비
- **01** 삼각비 · 8
- **02** 30°, 45°, 60°의 삼각비의 값 · · · · · · · · · 15
- **03** 예각에 대한 삼각비의 값 · · · · · · · · · · · 20

2 삼각비의 활용
- **01** 삼각형의 변의 길이 · · · · · · · · · · · · · · · · 30
- **02** 삼각형과 사각형의 넓이 · · · · · · · · · · · · 35

Ⅱ 원의 성질

3 원과 직선
- **01** 원과 현 · 48
- **02** 원의 접선 (1) · 55
- **03** 원의 접선 (2) · 60

4 원주각
- **01** 원주각 (1) · 70
- **02** 원주각 (2) · 78

5 원주각의 활용
- **01** 원주각의 활용 (1) · · · · · · · · · · · · · · · · · 88
- **02** 원주각의 활용 (2) · · · · · · · · · · · · · · · · · 95

III

통계

6 대푯값과 산포도
01 대푯값   106
02 산포도   112

7 상관관계
01 산점도와 상관관계   126

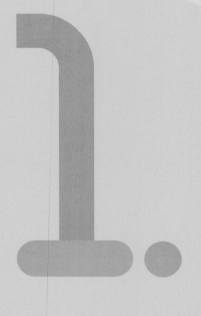

1.

삼각비

01 삼각비

유형 01 삼각비의 값
유형 02 한 변의 길이와 삼각비의 값이 주어질 때, 삼각형의 변의
길이 구하기
유형 03 한 삼각비의 값이 주어질 때, 다른 삼각비의 값 구하기
유형 04 직각삼각형의 닮음을 이용하여 삼각비의 값 구하기 (1)
유형 05 직각삼각형의 닮음을 이용하여 삼각비의 값 구하기 (2)
유형 06 입체도형에서 삼각비의 값 구하기
유형 07 직선의 방정식이 주어질 때, 삼각비의 값 구하기

02 30°, 45°, 60°의 삼각비의 값

유형 08 30°, 45°, 60°의 삼각비의 값
유형 09 30°, 45°, 60°의 삼각비를 이용하여 각의 크기 구하기
유형 10 30°, 45°, 60°의 삼각비를 이용하여 변의 길이 구하기
유형 11 직선의 기울기와 삼각비

03 예각에 대한 삼각비의 값

유형 12 사분원을 이용하여 삼각비의 값 구하기
유형 13 0°, 90°의 삼각비의 값
유형 14 삼각비의 값의 대소 관계
유형 15 삼각비의 값의 대소 관계를 이용한 식의 계산
유형 16 삼각비의 표를 이용하여 삼각비의 값과 각의 크기 구하기
유형 17 삼각비의 표를 이용하여 변의 길이 구하기

유형 01 · 삼각비의 값 〈중요〉

∠B=90°인 직각삼각형 ABC에서

(1) $\sin A = \dfrac{(\text{높이})}{(\text{빗변의 길이})} = \dfrac{a}{b}$
 ↳ ∠A의 사인

(2) $\cos A = \dfrac{(\text{밑변의 길이})}{(\text{빗변의 길이})} = \dfrac{c}{b}$
 ↳ ∠A의 코사인

(3) $\tan A = \dfrac{(\text{높이})}{(\text{밑변의 길이})} = \dfrac{a}{c}$
 ↳ ∠A의 탄젠트

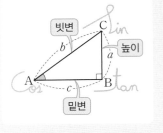

➡ $\sin A$, $\cos A$, $\tan A$를 통틀어 ∠A의 **삼각비**라 한다.

[참고] $\sin A$, $\cos A$, $\tan A$에서 A는 ∠A의 크기를 나타낸 것이다.

[주의] 한 직각삼각형에서 삼각비의 값을 구할 때, 기준이 되는 각에 따라 높이와 밑변이 바뀐다. 이때 기준이 되는 각의 대변이 높이가 된다.

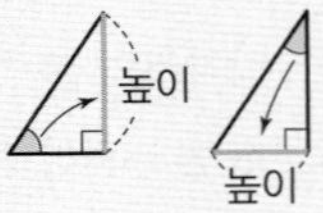

대표 문제

01 오른쪽 그림과 같은 직각삼각형 ABC에서 $\overline{AB}=10$, $\overline{BC}=6$, $\overline{AC}=8$일 때, 다음 중 옳은 것은?

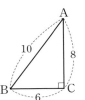

① $\sin A = \dfrac{4}{5}$

② $\cos A = \dfrac{4}{5}$

③ $\sin B = \dfrac{3}{5}$

④ $\cos B = \dfrac{4}{5}$

⑤ $\tan B = \dfrac{3}{5}$

유형 02 · 한 변의 길이와 삼각비의 값이 주어질 때, 삼각형의 변의 길이 구하기 〈중요〉

∠C=90°인 직각삼각형 ABC에서 한 변의 길이($\overline{AB}$)와 삼각비의 값($\sin B$)이 주어질 때

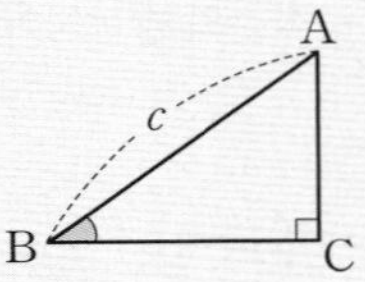

❶ $\sin B = \dfrac{\overline{AC}}{\overline{AB}} = \dfrac{\overline{AC}}{c}$임을 이용하여 $\overline{AC}$의 길이를 구한다.

❷ 피타고라스 정리를 이용하여 $\overline{BC}$의 길이를 구한다.

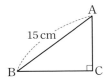

대표 문제

02 오른쪽 그림과 같은 직각삼각형 ABC에서 $\overline{AB}=15\,\text{cm}$, $\sin B = \dfrac{3}{5}$일 때, $\overline{BC}$의 길이를 구하시오.

유형 03 · 한 삼각비의 값이 주어질 때, 다른 삼각비의 값 구하기 〈중요〉

sin, cos, tan 중 어느 하나의 값이 주어질 때

❶ 주어진 삼각비의 값을 만족시키는 직각삼각형을 그린다.

❷ 피타고라스 정리를 이용하여 나머지 한 변의 길이를 구한다.

❸ 다른 삼각비의 값을 구한다.

예 $\cos B = \dfrac{4}{5}$일 때, $\sin B$, $\tan B$의 값 구하기

 ❶ $\cos B = \dfrac{4}{5}$이므로 오른쪽 그림과 같은 직각삼각형 ABC를 생각할 수 있다.

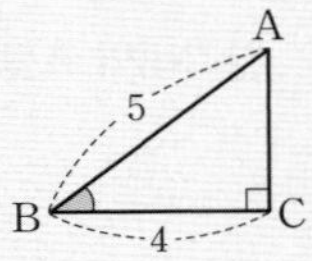

 ❷ $\overline{AC} = \sqrt{5^2 - 4^2} = 3$

 ❸ $\sin B = \dfrac{3}{5}$, $\tan B = \dfrac{3}{4}$

대표 문제

03 $\sin A = \dfrac{3}{4}$일 때, $8\cos A \times \tan A$의 값을 구하시오.
(단, $0° < A < 90°$)

유형 04~05 직각삼각형의 닮음을 이용하여 삼각비의 값 구하기

직각삼각형 ABC에서
(1) $\overline{AH} \perp \overline{BC}$일 때

$\triangle ABC \varpropto \triangle HBA \varpropto \triangle HAC \rightarrow$ AA 닮음

➡ $\angle ABC = \angle HAC$,

$\angle BCA = \angle BAH$

(2) $\overline{DE} \perp \overline{BC}$일 때

$\triangle ABC \varpropto \triangle EBD \rightarrow$ AA 닮음

➡ $\angle ACB = \angle EDB$

(3) $\angle ABC = \angle AED$일 때

$\triangle ABC \varpropto \triangle AED \rightarrow$ AA 닮음

➡ $\angle ACB = \angle ADE$

참고 서로 닮은 직각삼각형에서 대응각에 대한 삼각비의 값은 일정하다.

대표 문제

04 오른쪽 그림과 같은 직각삼 각형 ABC에서 $\overline{AH} \perp \overline{BC}$일 때, $\sin x + \cos y$의 값을 구하시오.

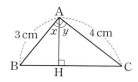

05 오른쪽 그림과 같은 직각삼 각형 ABC에서 $\overline{DE} \perp \overline{BC}$일 때, $\sin x$의 값을 구하시오.

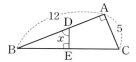

유형 06 입체도형에서 삼각비의 값 구하기

❶ $\angle x$를 한 내각으로 하는 직각삼각형을 찾는다.

❷ 피타고라스 정리를 이용하여 변의 길이를 구한다.

❸ 삼각비의 값을 구한다.

참고 세 모서리의 길이가 각각 a, b, c인 직육면체에 서 대각선의 길이를 l이라 하면

➡ $l = \sqrt{a^2 + b^2 + c^2}$

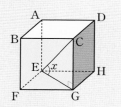

대표 문제

06 오른쪽 그림과 같이 한 모서리의 길이가 2인 정육면체에서 $\angle CEG = x$ 라 할 때, $\cos x$의 값을 구하시오.

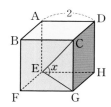

유형 07 직선의 방정식이 주어질 때, 삼각비의 값 구하기

직선 l이 x축과 이루는 예각의 크기를 a라 할 때

❶ 직선 l과 x축, y축의 교점 A, B의 좌표를 각각 구한다. └➤ 직선의 방정식에 $y=0$, $x=0$을 각각 대입해서 구한다.

❷ 직각삼각형 AOB에서 삼각비의 값을 구한다.

➡ $\sin a = \dfrac{\overline{BO}}{\overline{AB}}$, $\cos a = \dfrac{\overline{AO}}{\overline{AB}}$, $\tan a = \dfrac{\overline{BO}}{\overline{AO}}$

대표 문제

07 오른쪽 그림과 같이 일차방정식 $3x - 4y + 12 = 0$의 그래프가 x축과 이루는 예각의 크기를 a라 할 때, $\sin a + \cos a + \tan a$의 값을 구하시 오.

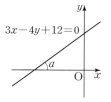

유형 완성하기 ✳

유형 01 삼각비의 값 📍중요

08 대표 문제

오른쪽 그림과 같은 직각삼각형 ABC에서 $\overline{AB}=2$ cm, $\overline{BC}=4$ cm, $\overline{AC}=2\sqrt{5}$ cm일 때, $\sin A \times \cos A + \tan C$의 값을 구하시오.

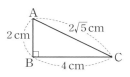

Pick
09 하

오른쪽 그림과 같이 $\angle C=90°$인 직각삼각형 ABC에서 $\overline{AB}=17$, $\overline{BC}=15$일 때, 다음 중 옳지 <u>않은</u> 것은?

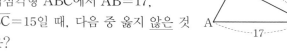

① $\sin A = \dfrac{15}{17}$　　② $\cos A = \dfrac{8}{17}$　　③ $\tan A = \dfrac{8}{15}$

④ $\sin B = \dfrac{8}{17}$　　⑤ $\cos B = \dfrac{15}{17}$

10 중

오른쪽 그림에서 $\overline{AB}$가 원 O의 지름일 때, $\tan A$의 값을 구하시오.

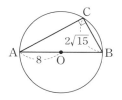

11 중

오른쪽 그림과 같은 직각삼각형 ABC에서 $\overline{AB} : \overline{AC} = 2 : 1$일 때, $\cos B$의 값은?

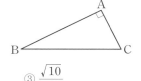

① $\dfrac{\sqrt{5}}{5}$　　② $\dfrac{1}{2}$　　③ $\dfrac{\sqrt{10}}{5}$

④ $\dfrac{\sqrt{15}}{5}$　　⑤ $\dfrac{2\sqrt{5}}{5}$

12 중

오른쪽 그림과 같은 직각삼각형 ABC에서 $\overline{AB}=17$, $\overline{AD}=10$, $\overline{CD}=6$일 때, $\tan B$의 값을 구하시오.

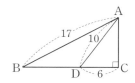

Pick
13 상

오른쪽 그림과 같이 세로의 길이가 2 cm인 직사각형 모양의 종이 ABCD를 점 A가 점 C에 오도록 접었다. $\overline{AP}=3$ cm이고 $\angle CPQ=x$라 할 때, $\tan x$의 값을 구하시오.

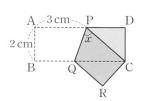

유형 02 한 변의 길이와 삼각비의 값이 주어질 때, 삼각형의 변의 길이 구하기 (중요)

14 대표 문제

오른쪽 그림과 같은 직각삼각형 ABC에서 $\overline{BC}=8$, $\cos B=\dfrac{4}{5}$일 때, $\overline{AB}+\overline{AC}$의 길이는?

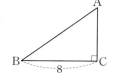

① 13   ② 14

③ 15   ④ 16

⑤ 17

15 중

오른쪽 그림과 같은 직각삼각형 ABC에서 $\overline{AB}=14\,\text{cm}$, $\cos A=\dfrac{5}{7}$일 때, $\triangle ABC$의 넓이를 구하시오.

16 중 서술형

오른쪽 그림과 같은 직각삼각형 ABC에서 $\overline{AB}=6$, $\sin B=\dfrac{\sqrt{5}}{3}$일 때, $\tan A \times \cos B$의 값을 구하시오.

17 중

오른쪽 그림과 같은 직각삼각형 ABC에서 점 D는 $\overline{BC}$의 중점이고 $\overline{AC}=18$, $\tan B=\dfrac{3}{2}$일 때, $\sin x$의 값은?

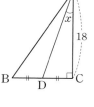

① $\dfrac{\sqrt{13}}{13}$ ② $\dfrac{\sqrt{10}}{10}$

③ $\dfrac{1}{3}$ ④ $\dfrac{3\sqrt{13}}{13}$

⑤ $\dfrac{3\sqrt{10}}{10}$

Pick

18 상

오른쪽 그림과 같은 $\triangle ABC$에서 $\overline{AB}=16$, $\overline{AC}=14$이고 $\cos B=\dfrac{\sqrt{7}}{4}$일 때, $\sin C$의 값을 구하시오.

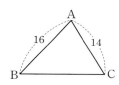

유형 03 한 삼각비의 값이 주어질 때, 다른 삼각비의 값 구하기 (중요)

Pick

19 대표 문제

$\sin A=\dfrac{1}{5}$일 때, $\cos A \times \tan A$의 값을 구하시오.

(단, $0° < A < 90°$)

20 중

$\angle B=90°$인 직각삼각형 ABC에서 $2\tan A-3=0$일 때, 다음 중 옳지 않은 것은?

① $\sin A=\frac{3\sqrt{13}}{13}$ ② $\cos A=\frac{2\sqrt{13}}{13}$

③ $\sin C=\frac{2\sqrt{13}}{13}$ ④ $\cos C=\frac{\sqrt{13}}{13}$

⑤ $\tan C=\frac{2}{3}$

21 중

이차방정식 $9x^2-12x+4=0$의 한 근이 $\cos A$의 값과 같을 때, $\sin A+\cos A$의 값을 구하시오. (단, $0°<A<90°$)

22 중

경사각의 크기가 A인 도로의 경사도는

(도로의 경사도)$=\tan A\times 100(\%)$

로 나타낼 때, 경사도가 20 %인 도로의 경사각의 크기 A에 대하여 $\sin A$의 값을 구하시오.

중요

유형 04 직각삼각형의 닮음을 이용하여 삼각비의 값 구하기 (1)

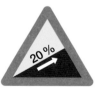

Pick

23 대표 문제

오른쪽 그림과 같은 직각삼각형 ABC에서 $\overline{AH}\perp\overline{BC}$일 때, $\cos x+\sin y$의 값을 구하시오.

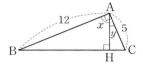

24 중

오른쪽 그림과 같은 직각삼각형 ABC에서 $\overline{AH}\perp\overline{BC}$일 때, 다음 보기 중 $\cos x$와 그 값이 항상 같은 것을 모두 고른 것은?

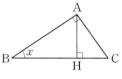

보기

ㄱ. $\frac{\overline{BH}}{\overline{AB}}$ ㄴ. $\frac{\overline{AC}}{\overline{AH}}$ ㄷ. $\frac{\overline{AH}}{\overline{AC}}$ ㄹ. $\frac{\overline{CH}}{\overline{AC}}$

① ㄱ, ㄴ ② ㄱ, ㄷ ③ ㄴ, ㄷ

④ ㄴ, ㄹ ⑤ ㄷ, ㄹ

25 중

오른쪽 그림과 같이 직사각형 ABCD의 꼭짓점 C에서 대각선 BD에 내린 수선의 발을 E라 하고 $\angle BCE=x$라 할 때, $\sin x$의 값을 구하시오.

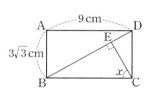

26 상

오른쪽 그림과 같이 직사각형 모양의 색종이 ABCD를 $\overline{AF}$를 접는 선으로 하여 꼭짓점 D가 $\overline{BC}$ 위의 점 E에 오도록 접었다. $\angle EFC = x$라 할 때, $\cos x + \tan x$의 값을 구하시오.

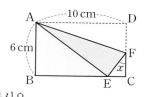

유형 05 직각삼각형의 닮음을 이용하여 삼각비의 값 구하기 (2)

27 대표 문제

오른쪽 그림과 같은 직각삼각형 ABC에서 $\overline{ED} \perp \overline{AC}$일 때, $\cos x$의 값은?

① $\dfrac{8}{19}$ ② $\dfrac{8}{17}$

③ $\dfrac{8}{15}$ ④ $\dfrac{15}{19}$

⑤ $\dfrac{15}{17}$

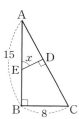

Pick
28 중

오른쪽 그림과 같은 직각삼각형 ABC에서 $\overline{DE} \perp \overline{BC}$일 때, $\sin x \times \tan x$의 값을 구하시오.

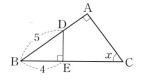

---

29 중

오른쪽 그림과 같은 직각삼각형 ABC에서 $\angle ADE = \angle ACB$일 때, $\sin B \times \sin C$의 값을 구하시오.

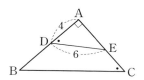

---

30 상

오른쪽 그림과 같이 $\angle A = 90°$인 직각삼각형 ABC에서 $\overline{DE} \perp \overline{BC}$, $\overline{EF} \perp \overline{AC}$일 때, 다음 중 그 값이 나머지 넷과 다른 하나는?

① $\dfrac{\overline{AB}}{\overline{AC}}$ ② $\dfrac{\overline{EF}}{\overline{CF}}$ ③ $\dfrac{\overline{DF}}{\overline{EF}}$

④ $\dfrac{\overline{AD}}{\overline{AB}}$ ⑤ $\dfrac{\overline{DE}}{\overline{CE}}$

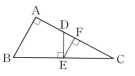

유형 06 입체도형에서 삼각비의 값 구하기

31 대표 문제

오른쪽 그림과 같이 한 모서리의 길이가 4 cm인 정육면체에서 $\angle BHF = x$라 할 때, $\sin x$의 값을 구하시오.

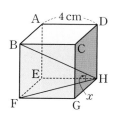

---

32 종

오른쪽 그림과 같은 직육면체에서 $\angle AGE = x$라 할 때, $\sin x + \cos x$의 값을 구하시오.

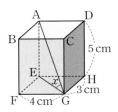

유형 07 **직선의 방정식이 주어질 때, 삼각비의 값 구하기**

35 대표 문제

오른쪽 그림과 같이 일차방정식 $x - 3y + 6 = 0$의 그래프가 x축과 이루는 예각의 크기를 a라 할 때, $\sin a \times \tan a$의 값을 구하시오.

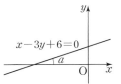

33 종

오른쪽 그림과 같이 모든 모서리의 길이가 6 cm인 정사각뿔에서 $\overline{BC}$, $\overline{DE}$의 중점을 각각 M, N이라 하고 $\angle AMN = x$라 할 때, $\tan x$의 값은?

① 1 　　② $\sqrt{2}$

③ $\sqrt{3}$ 　　④ 2

⑤ $\sqrt{5}$

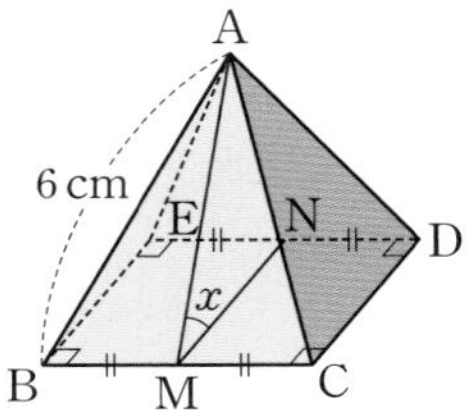

36 중 　서술형

오른쪽 그림과 같이 일차방정식 $12x - 5y + 60 = 0$의 그래프가 y축과 이루는 예각의 크기를 a라 할 때, $\cos a$의 값을 구하시오.

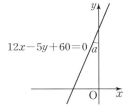

34 상

오른쪽 그림과 같이 한 모서리의 길이가 12인 정사면체에서 $\overline{BM} = \overline{CM}$이고 꼭짓점 A에서 밑면에 내린 수선의 발 H는 △BCD의 무게중심이다. $\angle ADH = x$라 할 때, $\cos x$의 값을 구하시오.

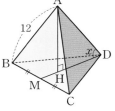

37 중

오른쪽 그림과 같이 일차함수 $y = 2x - 3$의 그래프가 x축과 이루는 예각의 크기를 a라 할 때, $\sin a - \cos a$의 값을 구하시오.

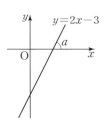

• 정답과 해설 05쪽

유형 08 　30°, 45°, 60°의 삼각비의 값 　(중요)

A 삼각비	30°	45°	60°
$\sin A$	$\dfrac{1}{2}$	$\dfrac{\sqrt{2}}{2}$	$\dfrac{\sqrt{3}}{2}$
$\cos A$	$\dfrac{\sqrt{3}}{2}$	$\dfrac{\sqrt{2}}{2}$	$\dfrac{1}{2}$
$\tan A$	$\dfrac{\sqrt{3}}{3}$	1	$\sqrt{3}$

한 변의 길이가 2인 정삼각형을 반으로 접어 생각한다.

참고 각의 크기가 커질수록
➡ sin 값은 증가, cos 값은 감소, tan 값은 증가

주의 $\sin^2 A$, $\cos^2 A$, $\tan^2 A$는 각각 $(\sin A)^2$, $(\cos A)^2$, $(\tan A)^2$을 나타낸다. 즉, $\sin^2 A \neq \sin A^2$, $\cos^2 A \neq \cos A^2$, $\tan^2 A \neq \tan A^2$

대표 문제

38 다음 중 옳지 않은 것을 모두 고르면? (정답 2개)

① $\sin 60° \times \tan 30° = \dfrac{1}{2}$

② $\sin 45° - \cos 45° = 0$

③ $\tan 60° \div \sin 60° = 2\sqrt{3}$

④ $\sqrt{3} \cos 30° = 1 + \cos 60°$

⑤ $\tan 45° \div \cos 45° = \sin 45°$

유형 09 　30°, 45°, 60°의 삼각비를 이용하여 각의 크기 구하기

예각에 대한 삼각비의 값이 30°, 45°, 60°의 삼각비의 값으로 주어지면 이를 만족시키는 예각의 크기를 구할 수 있다.

예 x가 예각일 때, $\sin x = \dfrac{\sqrt{2}}{2}$이면
➡ $\sin x = \sin 45°$ ∴ $x = 45°$

대표 문제

39 $\cos(x + 20°) = \dfrac{\sqrt{3}}{2}$을 만족시키는 x의 크기를 구하시오. (단, $0° < x < 70°$)

유형 10 　30°, 45°, 60°의 삼각비를 이용하여 변의 길이 구하기 　(중요)

30°, 45°, 60°를 포함한 직각삼각형에서는 주어진 변의 길이와 삼각비의 값을 이용하여 다른 변의 길이를 구할 수 있다.

예 오른쪽 그림의 직각삼각형 ABC에서 ∠B=30°일 때

• $\overline{AC}$의 길이 ➡ $\sin 30° = \dfrac{\overline{AC}}{8} = \dfrac{1}{2}$ ∴ $\overline{AC} = 4$

• $\overline{BC}$의 길이 ➡ $\cos 30° = \dfrac{\overline{BC}}{8} = \dfrac{\sqrt{3}}{2}$ ∴ $\overline{BC} = 4\sqrt{3}$

대표 문제

40 오른쪽 그림과 같은 △ABC에서 $\overline{AH} \perp \overline{BC}$이고 ∠B=45°, ∠C=60°, $\overline{AB}=3\sqrt{2}$일 때, $\overline{AC}$의 길이를 구하시오.

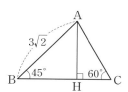

유형 11 　직선의 기울기와 삼각비

직선 $y = mx + n(m > 0)$이 x축과 이루는 예각의 크기를 a라 할 때

(직선의 기울기)$=m \longrightarrow \dfrac{(y\text{의 값의 증가량})}{(x\text{의 값의 증가량})}$

$= \dfrac{\overline{BO}}{\overline{AO}} = \tan a$

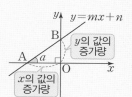

대표 문제

41 오른쪽 그림과 같이 y절편이 4이고 x축과 이루는 예각의 크기가 30°인 직선의 방정식을 구하시오.

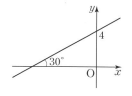

유형 08 30°, 45°, 60°의 삼각비의 값

42 대표 문제

다음 보기 중 옳은 것을 모두 고르시오.

> **보기**
> ㄱ. $\sin 45° + \cos 45° = 2\sqrt{2}$
> ㄴ. $\cos 30° - \sin 60° = 0$
> ㄷ. $\sin 30° \times \cos 30° = \dfrac{\sqrt{3}}{4}$
> ㄹ. $\cos 60° \div \tan 30° = \dfrac{\sqrt{3}}{6}$

43 중

다음을 계산하시오.

$$(\sin 60° + \cos 60°) \times (\cos 30° - \sin 30°)$$

44 중

$\sqrt{3}\sin 60° - \sqrt{2}\cos 45° + \dfrac{\sin 30°}{\cos 30°} \times \tan 30°$의 값은?

① $\dfrac{\sqrt{3}}{6}$ 　② $\dfrac{\sqrt{2}}{3}$ 　③ $\dfrac{\sqrt{3}}{3}$

④ $\dfrac{5}{6}$ 　⑤ $\dfrac{4}{3}$

45 중

이차방정식 $3x^2 - ax + 3 = 0$의 한 근이 $\tan 60°$일 때, 상수 a의 값을 구하시오.

46 중

오른쪽 그림에서 점 I는 직각삼각형 ABC의 내심이고 $\angle BIC = 120°$일 때, $\cos A + \sin B$의 값은?

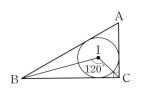

① 1 　　② $\dfrac{1+\sqrt{2}}{2}$

③ $\sqrt{2}$ 　　④ $\dfrac{1+\sqrt{3}}{2}$

⑤ $\sqrt{3}$

Pick
47 상

삼각형의 세 내각의 크기의 비가 $1:2:3$이고 세 내각 중 두 번째로 작은 각의 크기를 A라 할 때, $\sin A : \cos A : \tan A$는?

① $1 : \sqrt{3} : 2\sqrt{3}$ 　　② $\sqrt{3} : 1 : 2\sqrt{3}$

③ $\sqrt{3} : 3 : 2$ 　　④ $3 : 1 : 2\sqrt{3}$

⑤ $3 : \sqrt{3} : 2$

유형 09 30°, 45°, 60°의 삼각비를 이용하여 각의 크기 구하기

48 대표 문제

$\sin(2x+15°)=\dfrac{\sqrt{2}}{2}$를 만족시키는 x의 크기를 구하시오.

(단, $0°<x<35°$)

49 중

$\tan(2x-30°)=\sqrt{3}$일 때, $\sin x+\cos x$의 값은?

(단, $15°<x<60°$)

① $\dfrac{1+\sqrt{2}}{2}$ ② $\dfrac{1+\sqrt{3}}{2}$ ③ $\sqrt{2}$

④ $\dfrac{\sqrt{2}+\sqrt{3}}{2}$ ⑤ $\sqrt{3}$

50 중

$\cos(x-30°)=\sin 30°$를 만족시키는 x의 크기를 구하시오.

(단, $30°<x\le90°$)

유형 10 30°, 45°, 60°의 삼각비를 이용하여 변의 길이 구하기 중요

10-1 변의 길이 구하기

51 대표 문제

오른쪽 그림과 같은 △ABC에서 $\overline{AH}\perp\overline{BC}$이고 $\angle B=30°$, $\angle C=45°$, $\overline{AB}=10$일 때, $\overline{BC}$의 길이를 구하시오.

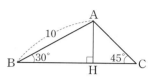

52 중

오른쪽 그림과 같은 △ABC에서 $\angle B=45°$이고 $\overline{AB}=6\sqrt{2}$, $\overline{BC}=15$일 때, $\overline{AC}$의 길이는?

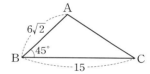

① 9 ② $3\sqrt{11}$

③ 10 ④ $6\sqrt{3}$

⑤ $3\sqrt{13}$

Pick

53 중 [서술형]

오른쪽 그림에서 $\angle ADC=\angle BAC=90°$, $\angle ABC=60°$, $\angle ACD=30°$이고 $\overline{AB}=12$일 때, $\overline{AD}$의 길이를 구하시오.

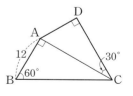

54 중

오른쪽 그림과 같이 ∠C＝90°인
직각삼각형 ABC에서 ∠B＝30°,
∠ADC＝45°이고 $\overline{AC}=3\sqrt{3}$일
때, $\overline{BD}$의 길이를 구하시오.

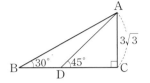

Pick
55 중

오른쪽 그림에서
∠ABC＝∠BCD＝90°,
∠BAC＝45°, ∠BDC＝60°이고
$\overline{AB}=2\sqrt{3}$cm일 때, $\overline{BD}$의 길이는?

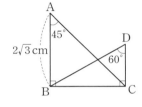

① 4 cm   ② $2\sqrt{5}$ cm

③ $2\sqrt{6}$ cm   ④ 6 cm

⑤ $2\sqrt{10}$ cm

56 중

오른쪽 그림과 같이 ∠C＝90°인 직
각삼각형 ABC에서 ∠B＝30°,
$\overline{AB}=12$이고 ∠A의 이등분선이
$\overline{BC}$와 만나는 점을 D라 할 때,
△ABD의 둘레의 길이를 구하시오.

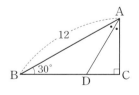

57 중

오른쪽 그림과 같이
$\overline{AB}=\overline{CD}=4$ cm,
$\overline{BC}=10$ cm이고, ∠B＝60°
인 등변사다리꼴 ABCD의
넓이는?

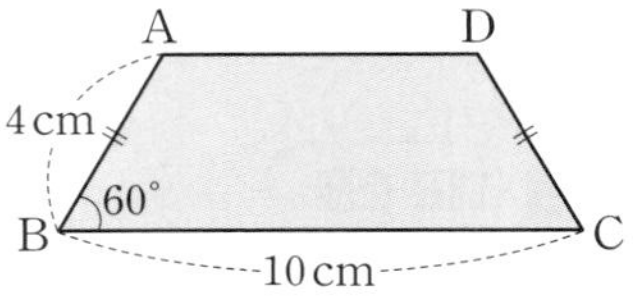

① 12 cm²   ② 14 cm²   ③ $12\sqrt{2}$ cm²

④ $16\sqrt{3}$ cm²   ⑤ $18\sqrt{3}$ cm²

58 상

오른쪽 그림과 같이 ∠A＝90°인
직각삼각형 ABC에서
$\overline{AD}\perp\overline{BC}$, $\overline{DE}\perp\overline{AC}$이고
∠B＝30°, $\overline{AC}=4\sqrt{3}$일 때,
△ADE의 넓이는?

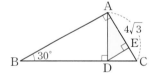

① $\dfrac{9\sqrt{3}}{2}$ ② $5\sqrt{3}$ ③ $\dfrac{11\sqrt{3}}{2}$

④ $6\sqrt{3}$ ⑤ $\dfrac{13\sqrt{3}}{2}$

10-2 다른 삼각비의 값 구하기

Pick

59 중

오른쪽 그림과 같이 ∠C=90°
인 직각삼각형 ABC에서
∠B=15°, ∠ADC=30°이고
$\overline{BD}=8$일 때, tan 15°의 값은?

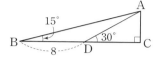

① $\sqrt{2}-1$ ② $\sqrt{3}-1$ ③ $2-\sqrt{3}$

④ $\sqrt{3}-\sqrt{2}$ ⑤ $2-\sqrt{2}$

60 중

오른쪽 그림과 같이 ∠C=90°인 직각삼각형
ABC에서 $\overline{AD}=\overline{BD}$, $\overline{CD}=7\sqrt{3}$이고
∠DBC=60°일 때, tan 75°의 값은?

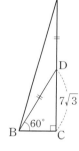

① $1+\sqrt{3}$ ② $\sqrt{2}+\sqrt{3}$

③ $2\sqrt{3}$ ④ $2+\sqrt{3}$

⑤ $\sqrt{3}+\sqrt{6}$

61 상

오른쪽 그림의 △ABC는 ∠ABC=75°이
고, $\overline{AB}=\overline{AC}=4$인 이등변삼각형이다. 꼭
짓점 B에서 $\overline{AC}$에 내린 수선의 발을 H라
할 때, tan 15°의 값을 구하시오.

유형 11 직선의 기울기와 삼각비

62 대표 문제

오른쪽 그림과 같이 x절편이 -2이고 x축
과 이루는 예각의 크기가 60°인 직선의
방정식을 구하시오.

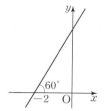

63 중

일차방정식 $\sqrt{3}x-3y+6=0$의 그래프가 x축과 이루는 예각의
크기는?

① 15°   ② 30°   ③ 45°

④ 60°   ⑤ 75°

64 중

점 $(-1,\ 4)$를 지나고 기울기가 양수인 직선이 x축과 이루는
예각의 크기가 45°일 때, 이 직선의 방정식을 구하시오.

유형 12 · 사분원을 이용하여 삼각비의 값 구하기 〔중요〕

반지름의 길이가 1인 사분원에서 임의의 예각 x
에 대하여

(1) $\sin x = \dfrac{\overline{AB}}{\overline{OA}} = \dfrac{\overline{AB}}{1} = \overline{AB}$

$\cos x = \dfrac{\overline{OB}}{\overline{OA}} = \dfrac{\overline{OB}}{1} = \overline{OB}$

$\tan x = \dfrac{\overline{CD}}{\overline{OD}} = \dfrac{\overline{CD}}{1} = \overline{CD}$

(2) $\overline{AB} /\!/ \overline{CD}$이므로 $\angle y = \angle z$ (동위각)

➡ $\sin z = \sin y = \dfrac{\overline{OB}}{\overline{OA}} = \dfrac{\overline{OB}}{1} = \overline{OB}$

　　$\cos z = \cos y = \dfrac{\overline{AB}}{\overline{OA}} = \dfrac{\overline{AB}}{1} = \overline{AB}$

대표 문제

65 오른쪽 그림과 같이 반지름의
길이가 1인 사분원에서 다음 중 옳지
않은 것은?

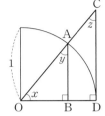

① $\sin x = \overline{AB}$

② $\cos x = \overline{OD}$

③ $\tan x = \overline{CD}$

④ $\cos y = \overline{AB}$

⑤ $\sin z = \overline{OB}$

유형 13 · $0°$, $90°$의 삼각비의 값

A　　삼각비	$\sin A$	$\cos A$	$\tan A$
$0°$	0	1	0
$90°$	1	0	정할 수 없다.

대표 문제

66 $\sin 90° \times \tan 0° - 2\cos 0° \times \cos 60°$의 값을 구하시오.

유형 14 · 삼각비의 값의 대소 관계 〔중요〕

(1) $0° \le x \le 90°$인 범위에서 x의 크기가 증가하면

　① $\sin x$의 값은 0에서 1까지 증가한다. ⟶ $0 \le \sin x \le 1$

　② $\cos x$의 값은 1에서 0까지 감소한다. ⟶ $0 \le \cos x \le 1$

　③ $\tan x$의 값은 0에서 한없이 증가한다. (단, $x \ne 90°$) ⟶ $\tan x \ge 0$

(2) $\sin x$, $\cos x$, $\tan x$의 대소 관계

　① $0° \le x < 45°$ ➡ $\sin x < \cos x$

　② $x = 45°$ ➡ $\sin x = \cos x < \tan x$ ⎤ ⟶ 45°를 기준으로

　③ $45° < x < 90°$ ➡ $\cos x < \sin x < \tan x$ ⎦ 　생각한다.

대표 문제

67 다음 중 삼각비의 값의 대소 관계로 옳은 것은?

① $\sin 20° > \cos 20°$ 　　② $\sin 80° < \cos 80°$

③ $\cos 48° < \cos 50°$ 　　④ $\tan 40° < \tan 20°$

⑤ $\tan 50° > \cos 80°$

유형 15 삼각비의 값의 대소 관계를 이용한 식의 계산

❶ 근호 안의 삼각비의 값의 대소를 비교한다.

❷ $\sqrt{a^2}$ 의 성질을 이용하여 주어진 식을 간단히 정리한다.

$$\Rightarrow \sqrt{a^2}=\begin{cases} a \ (a \geq 0) \\ -a \ (a < 0) \end{cases}$$

(예) $0° < x < 90°$일 때, $0 < \cos x < 1$이므로

$$\Rightarrow \sqrt{(1-\cos x)^2}=1-\cos x$$
$$\qquad\qquad\qquad 1-\cos x > 0$$
$$\Rightarrow \sqrt{(\cos x-1)^2}=-(\cos x-1)=-\cos x+1$$
$$\qquad\qquad\qquad \cos x-1 < 0$$

대표 문제

68 $0° < A < 45°$일 때,

$\sqrt{(\sin A-\cos A)^2}-\sqrt{(\cos A-\sin A)^2}$을 간단히 하시오.

유형 16~17 삼각비의 표를 이용하여 삼각비의 값, 각의 크기, 변의 길이 구하기

(1) **삼각비의 표**

0°에서 90°까지의 각에 대한 삼각비의 값을 반올림하여 소수점 아래 넷째 자리까지 나타낸 표

(2) **삼각비의 표 보는 방법**

각도의 가로줄과 삼각비의 세로줄이 만나는 칸에 적혀 있는 수를 읽는다.

각도	사인(sin)	코사인(cos)	탄젠트(tan)
24°	0.4067	0.9135	0.4452
25°	0.4226	0.9063	0.4663
26°	0.4384	0.8988	0.4877

➡ $\sin 24°=0.4067$, $\cos 25°=0.9063$, $\tan 26°=0.4877$

참고 삼각비의 표에 있는 값은 대부분 반올림하여 구한 값이지만 등호(=)를 사용하여 나타낸다.

대표 문제

[69~70] 다음 삼각비의 표를 이용하여 물음에 답하시오.

각도	사인(sin)	코사인(cos)	탄젠트(tan)
52°	0.7880	0.6157	1.2799
53°	0.7986	0.6018	1.3270
54°	0.8090	0.5878	1.3764

69 $\cos x=0.5878$, $\tan y=1.2799$일 때, $x+y$의 크기를 구하시오.

70 오른쪽 그림과 같은 직각삼각형 ABC에서 $\angle B=53°$, $\overline{AB}=100$일 때, $x-y$의 값은?

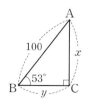

① 17.23 ② 18.62
③ 19.68 ④ 21.08
⑤ 22.12

유형 12 사분원을 이용하여 삼각비의 값 구하기 중요

Pick
71 대표 문제

오른쪽 그림과 같이 반지름의 길이가 1인 사분원에서 ∠AOB=x, ∠OCD=y일 때, 다음 보기 중 옳은 것을 모두 고르시오.

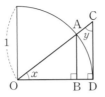

┌ 보기 ┐
ㄱ. $\sin x = \overline{OB}$ ㄴ. $\cos x = \overline{AB}$ ㄷ. $\tan x = \overline{CD}$
ㄹ. $\sin y = \overline{OC}$ ㅁ. $\cos y = \overline{AB}$ ㅂ. $\tan y = \overline{OB}$

72 하

오른쪽 그림과 같이 반지름의 길이가 1이고 중심각의 크기가 50°인 부채꼴 AOB에서 $\overline{AC} \perp \overline{OB}$일 때, 다음 중 $\overline{BC}$의 길이를 나타내는 것을 모두 고르면? (정답 2개)

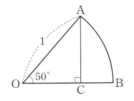

① $1 - \sin 50°$　　② $1 - \cos 50°$
③ $1 - \sin 40°$　　④ $1 - \cos 40°$
⑤ $1 - \tan 40°$

73 중

오른쪽 그림과 같이 반지름의 길이가 1인 사분원에서 $\tan 56° - \cos 34°$의 값을 구하시오.

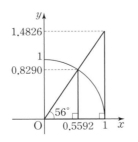

74 중 서술형

오른쪽 그림과 같이 반지름의 길이가 1인 사분원에서 ∠AOC=45°이고 $\overline{AB} \perp \overline{OC}$, $\overline{DC} \perp \overline{OC}$일 때, □ABCD의 넓이를 구하시오.

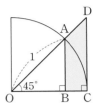

유형 13 0°, 90°의 삼각비의 값

75 대표 문제

다음을 계산하시오.

$$4 \cos 60° \times \sin 90° - \sqrt{2} \sin 45° \times \cos 0°$$

Pick
76 중

다음 중 옳은 것을 모두 고르면? (정답 2개)
① $\sin 0° - \tan 30° \times \tan 60° = -1$
② $2 \sin 60° + \cos 0° = \sqrt{3}$
③ $(\sin 0° + \cos 45°) \times (\cos 90° - \sin 45°) = 1$
④ $\sin 90° - \sin 30° \times \tan 30° = 0$
⑤ $\sqrt{3} \tan 60° - 2 \tan 45° = 1$

유형 14 삼각비의 값의 대소 관계 〔중요〕

77 대표 문제

$45°<A<90°$일 때, 다음 중 $\sin A$, $\cos A$, $\tan A$의 대소 관계로 옳은 것은?

① $\sin A<\cos A<\tan A$
② $\cos A<\sin A<\tan A$
③ $\cos A<\tan A<\sin A$
④ $\tan A<\sin A<\cos A$
⑤ $\tan A<\cos A<\sin A$

Pick
78 중

다음 삼각비의 값을 작은 것부터 차례로 나열하시오.

$$\sin 35°, \quad \tan 45°, \quad \cos 35°, \quad \tan 70°, \quad \tan 0°$$

79 중 多 보기

다음 중 옳지 <u>않은</u> 것을 모두 고르면? (단, $0°≤A≤90°$)

① A의 크기가 커지면 $\sin A$의 값도 커진다.
② A의 크기가 커지면 $\cos A$의 값은 작아진다.
③ A의 크기가 커지면 $\tan A$의 값도 커진다. (단, $A≠90°$)
④ $\sin A$의 최솟값은 0, 최댓값은 1이다.
⑤ $\cos A$의 최솟값은 0, 최댓값은 1이다.
⑥ $\tan A$의 최솟값은 0, 최댓값은 1이다. (단, $A≠90°$)
⑦ $\sin A=\cos A$를 만족시키는 예각 A는 없다.

유형 15 삼각비의 값의 대소 관계를 이용한 식의 계산

80 대표 문제

$0°<A<90°$일 때, $\sqrt{(\sin A+1)^2}+\sqrt{(\sin A-1)^2}$을 간단히 하면?

① -2 ② 0 ③ 2
④ $\sin A$ ⑤ $2\sin A$

81 중

$45°<x<90°$일 때, $\sqrt{(1-\tan x)^2}-\sqrt{(\tan x-1)^2}$을 간단히 하시오.

82 상

$0°<x<45°$이고

$\sqrt{(\sin x+\cos x)^2}+\sqrt{(\sin x-\cos x)^2}=\dfrac{24}{13}$일 때, $\sin x$의 값을 구하시오.

유형 16 삼각비의 표를 이용하여 삼각비의 값과 각의 크기 구하기

Pick
83 대표 문제

$\sin x = 0.9205$, $\cos y = 0.3746$, $\tan z = 2.2460$일 때, 다음 삼각비의 표를 이용하여 $x + y - z$의 크기를 구하시오.

각도	사인(sin)	코사인(cos)	탄젠트(tan)
66°	0.9135	0.4067	2.2460
67°	0.9205	0.3907	2.3559
68°	0.9272	0.3746	2.4751

[84~85] 다음 삼각비의 표를 이용하여 물음에 답하시오.

각도	사인(sin)	코사인(cos)	탄젠트(tan)
4°	0.0698	0.9976	0.0699
6°	0.1045	0.9945	0.1051
8°	0.1392	0.9903	0.1405
10°	0.1736	0.9848	0.1763
12°	0.2079	0.9781	0.2126

84 하

$\sin 10° - \cos 12° + \tan 8°$의 값을 구하시오.

85 중

$\sin x = 0.2079$, $\cos y = 0.9945$일 때, $\tan(x - y)$의 값을 구하시오.

유형 17 삼각비의 표를 이용하여 변의 길이 구하기

86 대표 문제

오른쪽 그림과 같은 직각삼각형 ABC에서 다음 삼각비의 표를 이용하여 $\overline{AC} + \overline{BC}$의 길이를 구하시오.

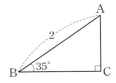

각도	사인(sin)	코사인(cos)	탄젠트(tan)
34°	0.5592	0.8290	0.6745
35°	0.5736	0.8192	0.7002
36°	0.5878	0.8090	0.7265

87 중

오른쪽 그림과 같은 직각삼각형 ABC에서 다음 삼각비의 표를 이용하여 $\overline{AC}$의 길이를 구하시오.

각도	사인(sin)	코사인(cos)	탄젠트(tan)
42°	0.6691	0.7431	0.9004
43°	0.6820	0.7314	0.9325
44°	0.6947	0.7193	0.9657

88 상

오른쪽 그림과 같이 반지름의 길이가 1인 사분원에서 $\overline{OB} = 0.7547$일 때, 다음 삼각비의 표를 이용하여 $\overline{CD}$의 길이를 구하시오.

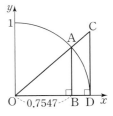

각도	사인(sin)	코사인(cos)	탄젠트(tan)
39°	0.6293	0.7771	0.8098
40°	0.6428	0.7660	0.8391
41°	0.6561	0.7547	0.8693

89 유형 01

오른쪽 그림과 같이 ∠C=90°인 직각삼각형 ABC에서 $\overline{AB}=9$, $\overline{BC}=6$일 때, $\sin A \times \cos A$의 값을 구하시오.

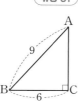

90 유형 02

오른쪽 그림과 같은 △ABC에서 $\overline{AH} \perp \overline{BC}$이고 $\overline{AB}=10$, $\overline{BC}=13$, $\sin B=\dfrac{3}{5}$일 때, $\overline{AC}$의 길이는?

① $\sqrt{61}$　　　　② $\sqrt{62}$
③ $3\sqrt{7}$　　　　④ 8
⑤ $\sqrt{65}$

91 유형 03

$\cos A=\dfrac{3}{5}$일 때, $\sin A + \tan A$의 값을 구하시오.

(단, $0° < A < 90°$)

92 유형 04

오른쪽 그림과 같이 ∠A=90°인 직각삼각형 ABC에서 $\overline{AH} \perp \overline{BC}$일 때, $\sin x + \cos y$의 값을 구하시오.

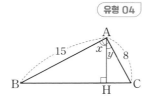

93 유형 05

오른쪽 그림과 같이 ∠A=90°인 직각삼각형 ABC에서 $\overline{DE} \perp \overline{BC}$일 때, $\sin x - \cos x$의 값은?

① $\dfrac{3}{13}$　　　② $\dfrac{5}{13}$　　　③ $\dfrac{7}{13}$
④ $\dfrac{9}{13}$　　　⑤ $\dfrac{13}{11}$

94 유형 06

오른쪽 그림과 같이 한 모서리의 길이가 6인 정사면체에서 $\overline{BM}=\overline{CM}$이다. 꼭짓점 A에서 밑면에 내린 수선의 발을 H라 하고 ∠ADM$=x$라 할 때, $\sin x$의 값을 구하시오.

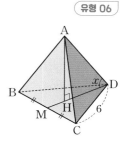

95 유형 08

삼각형의 세 내각의 크기의 비가 3 : 4 : 5이고 세 내각 중 가장 작은 각의 크기를 A라 할 때, $\sin A \times \cos A$의 값을 구하시오.

96 유형 10

오른쪽 그림에서 ∠ADC = ∠BAC = 90°, ∠ACB = 30°, ∠CAD = 45°이고 $\overline{BC}=6$일 때, xy의 값을 구하시오.

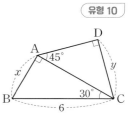

• 정답과 해설 10쪽

97
유형 10

오른쪽 그림과 같이 ∠C=90°인
직각삼각형 ABC에서
∠B=22.5°, ∠ADC=45°이고
$\overline{AC}=2$일 때, tan 22.5°의 값을
구하시오.

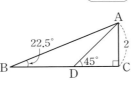

98
유형 12

오른쪽 그림과 같이 반지름의 길이가 1
인 사분원을 좌표평면 위에 나타낼 때,
다음 중 점 B의 좌표를 나타내는 것은?

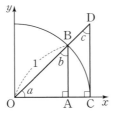

① $(\sin a, \sin b)$ ② $(\cos a, \tan c)$
③ $(\sin b, \cos c)$ ④ $(\cos b, \sin a)$
⑤ $(\sin c, \tan a)$

99
유형 08 ✤ 13

다음 중 그 값이 가장 큰 것은?

① $4 \cos 60° \times \tan 0° - \sqrt{3} \sin 30° \times \sin 0°$
② $\cos 45° \times \sin 90° - \tan 45°$
③ $\tan 60° \times \tan 30° + \cos 45° \times \sin 45°$
④ $(1 + \tan 0°) \times (\tan 45° - \cos 0°)$
⑤ $\sin 60° \times \cos 90° + \sin 90° \times \cos 30°$

100
유형 14

다음 삼각비의 값 중 두 번째로 큰 것을 구하시오.

$$\sin 0°, \quad \cos 45°, \quad \tan 50°, \quad \tan 65°, \quad \sin 70°$$

101
유형 16

$\cos x° = 0.1219$, $\tan 84° = y$일 때, 다음 삼각비의 표를 이용
하여 $x + y$의 값을 구하시오.

각도	사인(sin)	코사인(cos)	탄젠트(tan)
83°	0.9925	0.1219	8.1443
84°	0.9945	0.1045	9.5144
85°	0.9962	0.0872	11.4301
86°	0.9976	0.0698	14.3007

서술형 문제

102
유형 01

오른쪽 그림과 같이 가로의 길이
가 8, 세로의 길이가 2인 직사각
형 모양의 종이 ABCD를 점 D
가 점 B에 오도록 접었다.
∠DEF=x라 할 때, tan x의 값
을 구하시오.

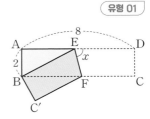

103
유형 10

오른쪽 그림에서
∠ABC=∠BCD=90°,
∠BAC=60°, ∠BDC=45°이고
$\overline{BD}=2\sqrt{6}$ cm일 때, $\overline{AB}$의 길이를 구
하시오.

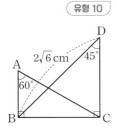

만점 문제 뛰어넘기

• 정답과 해설 11쪽

104 오른쪽 그림과 같이 한 변의 길이가 2인 정삼각형 ABC의 한 꼭짓점 A에서 $\overline{BC}$에 내린 수선의 발을 D라 하자. $\overline{AD}$를 한 변으로 하는 정삼각형 ADE를 그리고 ∠ABE=x라 할 때, sin$x$의 값을 구하시오.

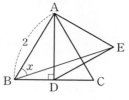

105 오른쪽 그림에서 ∠ACD=∠AED=90°, $\overline{DB}=\overline{BC}=2$, sin$x=\dfrac{1}{3}$일 때, cos$y$의 값을 구하시오.

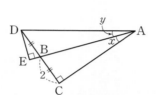

106 오른쪽 그림과 같이 한 모서리의 길이가 5인 정육면체의 한 꼭짓점 D에서 $\overline{BH}$에 내린 수선의 발을 M이라 하고 ∠MDH=x라 할 때, sin$x$의 값은?

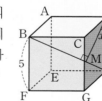

① $\dfrac{1}{3}$ ② $\dfrac{\sqrt{2}}{3}$

③ $\dfrac{\sqrt{3}}{3}$ ④ $\dfrac{2}{3}$

⑤ $\dfrac{\sqrt{6}}{3}$

107 오른쪽 그림과 같이 ∠C=90°인 직각삼각형 ABC에서 $\overline{AD}=\overline{CD}=\overline{BC}$이고 $\overline{BD}=\sqrt{6}$이다. ∠ABD=x라 할 때, tan$x$의 값을 구하시오.

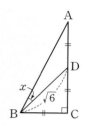

108 오른쪽 그림에서 □CDEF는 직사각형이고, ∠BAE=30°, ∠AEB=90°, $\overline{BE}=4$이다. $\overline{AD}=\overline{DE}$일 때, sin75°의 값을 구하시오.

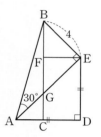

109 오른쪽 그림과 같이 직선 $y=ax+b$와 x축, y축의 교점을 각각 A, B라 하고 원점 O에서 직선 $y=ax+b$에 내린 수선의 발을 H라 하자. $\overline{OH}=2$이고 △AOB에서 tan$A=\dfrac{4}{3}$일 때, 상수 a, b에 대하여 ab의 값을 구하시오.

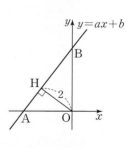

2.

삼각비의 활용

01 삼각형의 변의 길이

유형 01 직각삼각형의 변의 길이 구하기

유형 02 실생활에서 직각삼각형의 변의 길이 구하기

유형 03 일반 삼각형의 변의 길이 구하기 (1)
― 두 변의 길이와 그 끼인각의 크기를 알 때

유형 04 일반 삼각형의 변의 길이 구하기 (2)
― 한 변의 길이와 그 양 끝 각의 크기를 알 때

02 삼각형과 사각형의 넓이

유형 05 삼각형의 높이 (1)
― 밑변의 양 끝 각이 모두 예각일 때

유형 06 삼각형의 높이 (2)
― 밑변의 한 끝 각이 둔각일 때

유형 07 삼각형의 넓이 (1) ― 끼인각이 예각일 때

유형 08 삼각형의 넓이 (2) ― 끼인각이 둔각일 때

유형 09 다각형의 넓이

유형 10 평행사변형의 넓이

유형 11 사각형의 넓이

유형 모아 보기 01 삼각형의 변의 길이

• 정답과 해설 12쪽

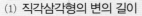

유형 01~02 직각삼각형의 변의 길이 구하기 중요

(1) 직각삼각형의 변의 길이

$\angle B=90^\circ$인 직각삼각형 ABC에서

① $\angle A$의 크기와 빗변의 길이 b를 알 때

➡ $a=b\sin A$, $c=b\cos A$

② $\angle A$의 크기와 밑변의 길이 c를 알 때

➡ $a=c\tan A$, $b=\dfrac{c}{\cos A}$

③ $\angle A$의 크기와 높이 a를 알 때

➡ $b=\dfrac{a}{\sin A}$, $c=\dfrac{a}{\tan A}$

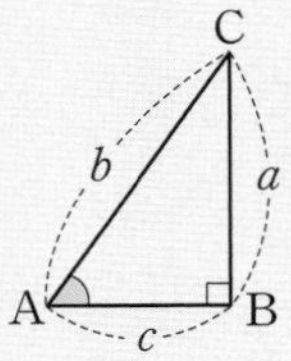

예 오른쪽 그림과 같은 직각삼각형 ABC에서

• $\sin 30^\circ=\dfrac{a}{4}$ $\quad\therefore a=4\sin 30^\circ=2$

• $\cos 30^\circ=\dfrac{c}{4}$ $\quad\therefore c=4\cos 30^\circ=2\sqrt{3}$

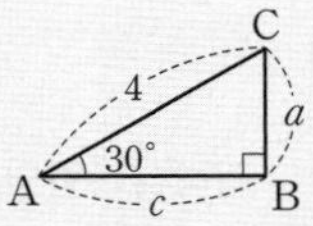

(2) 실생활에서 직각삼각형의 변의 길이

❶ 주어진 그림에서 직각삼각형을 찾는다.

❷ 삼각비를 이용하여 변의 길이를 구한다.

대표 문제

01 오른쪽 그림과 같은 직각삼각형 ABC에서 다음 중 옳은 것을 모두 고르면? (정답 2개)

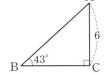

① $\overline{AB}=6\sin 47^\circ$

② $\overline{AB}=6\tan 43^\circ$

③ $\overline{AB}=\dfrac{6}{\sin 43^\circ}$

④ $\overline{BC}=\dfrac{6}{\cos 43^\circ}$

⑤ $\overline{BC}=6\tan 47^\circ$

02 오른쪽 그림과 같이 나무로부터 5 m 떨어진 지점에서 시후가 나무의 꼭대기를 올려본각의 크기는 38°이다. 시후의 눈높이가 1.5 m일 때, 나무의 높이를 구하시오.

(단, $\tan 38^\circ=0.78$로 계산한다.)

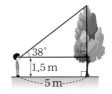

유형 03 일반 삼각형의 변의 길이 구하기 (1) – 두 변의 길이와 그 끼인각의 크기를 알 때

$\triangle ABH$에서 $\overline{AH}=c\sin B$,

$\overline{BH}=c\cos B$이므로 $\overline{CH}=a-c\cos B$

➡ $\overline{AC}=\sqrt{\overline{AH}^2+\overline{CH}^2}$

$=\sqrt{(c\sin B)^2+(a-c\cos B)^2}$

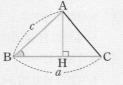

참고 수선을 그어 구하는 변을 빗변으로 하는 직각삼각형을 만든다.

대표 문제

03 오른쪽 그림과 같은 $\triangle ABC$에서 $\overline{AB}=8\,\text{cm}$, $\overline{BC}=5\sqrt{3}\,\text{cm}$이고 $\angle B=30^\circ$일 때, $\overline{AC}$의 길이를 구하시오.

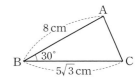

유형 04 일반 삼각형의 변의 길이 구하기 (2) – 한 변의 길이와 그 양 끝 각의 크기를 알 때

$\triangle ABH$에서 $\overline{AH}=c\sin B$

➡ $\overline{AC}=\dfrac{\overline{AH}}{\sin C}=\dfrac{c\sin B}{\sin C}$

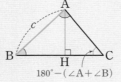

참고 30°, 45°, 60°의 삼각비를 이용할 수 있도록 내각이 가장 큰 꼭짓점에서 수선을 긋는다.

대표 문제

04 오른쪽 그림과 같은 $\triangle ABC$에서 $\overline{AB}=10\,\text{cm}$이고 $\angle A=75^\circ$, $\angle B=60^\circ$일 때, $\overline{AC}$의 길이를 구하시오.

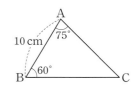

유형 완성하기

핵심 문제만 골라 Pick

• 정답과 해설 12쪽

유형 01 직각삼각형의 변의 길이 구하기

01-1 직각삼각형의 변의 길이 구하기

05 대표 문제

오른쪽 그림과 같이 $\angle B=90^\circ$인 직각삼각형 ABC에서 다음 중 $\overline{BC}$의 길이를 나타내는 것을 모두 고르면? (정답 2개)

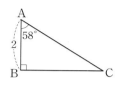

① $2\sin 32^\circ$ ② $2\cos 32^\circ$ ③ $\dfrac{2}{\tan 32^\circ}$

④ $2\tan 58^\circ$ ⑤ $\dfrac{2}{\tan 58^\circ}$

Pick

06 하

오른쪽 그림과 같이 $\angle C=90^\circ$인 직각삼각형 ABC에서 $\overline{BC}+\overline{AC}$의 길이를 구하시오. (단, $\sin 37^\circ=0.602$, $\cos 37^\circ=0.799$로 계산한다.)

07 중

오른쪽 그림과 같이 $\triangle ABC$의 꼭짓점 A에서 $\overline{BC}$에 내린 수선의 발을 H라 하자. $\angle B=30^\circ$, $\angle C=45^\circ$이고 $\overline{AB}=x$, $\overline{AC}=y$일 때, $\overline{BC}$의 길이를 x, y에 대한 식으로 나타내면?

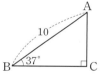

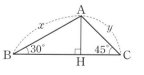

① $\dfrac{\sqrt{2}x+y}{2}$ ② $\dfrac{x+\sqrt{3}y}{2}$ ③ $\dfrac{\sqrt{3}x+y}{2}$

④ $\dfrac{\sqrt{2}x+\sqrt{3}y}{2}$ ⑤ $\dfrac{\sqrt{3}x+\sqrt{2}y}{2}$

01-2 입체도형에서 직각삼각형의 변의 길이의 응용

08 중

오른쪽 그림과 같은 직육면체에서 $\overline{FG}=8\,\text{cm}$, $\overline{CH}=8\,\text{cm}$이고 $\angle HCG=60^\circ$일 때, 이 직육면체의 부피를 구하시오.

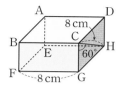

09 중

오른쪽 그림과 같이 $\overline{BC}=4\sqrt{2}\,\text{cm}$, $\overline{BE}=6\,\text{cm}$이고 $\angle BAC=90^\circ$, $\angle ABC=45^\circ$인 삼각기둥의 부피는?

① $24\,\text{cm}^3$ ② $36\,\text{cm}^3$

③ $48\,\text{cm}^3$ ④ $60\,\text{cm}^3$

⑤ $72\,\text{cm}^3$

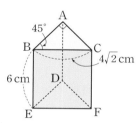

10 중 서술형

오른쪽 그림과 같이 원뿔의 꼭짓점 A에서 밑면에 내린 수선의 발을 H라 하자. 모선의 길이가 6 cm이고 $\angle ABH=60^\circ$일 때, 이 원뿔의 부피를 구하시오.

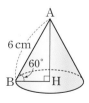

유형 02 실생활에서 직각삼각형의 변의 길이 구하기 중요

11 대표 문제

오른쪽 그림과 같이 서준이의 손 위의 A 지점에서 드론의 위치 C 지점까지의 거리가 5 m가 되도록 드론을 띄웠더니 A 지점에서 드론을 올려본각의 크기가 35°이었다. 지면에서 A 지점까지의 높이가 1.5 m일 때, 지면에서 드론까지의 높이는? (단, $\sin 35°=0.57$로 계산한다.)

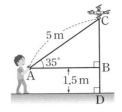

① 2.85 m
② 3.7 m
③ 4.35 m
④ 6.5 m
⑤ 8.77 m

12 하

다음 그림과 같이 수평면에 대하여 12°만큼 기울어진 비탈길이 있다. 자동차가 수평면 위의 A 지점에서 250 m 떨어진 C 지점까지 비탈길을 따라 이동할 때, C 지점은 A 지점보다 몇 m 높은지 구하시오. (단, $\sin 12°=0.2$로 계산한다.)

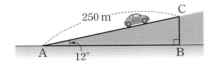

13 하

오른쪽 그림과 같이 태양이 달의 분화구의 한 지점 A를 32°로 비출 때 생기는 그림자의 끝 지점이 C이고, $\overline{AB}=300$ m이다. 이때 달의 분화구의 깊이 $\overline{BC}$를 구하시오. (단, $\tan 32°=0.62$로 계산한다.)

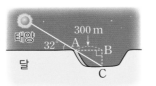

14 중

오른쪽 그림과 같이 지면에 수직으로 서 있던 나무가 바람에 부러졌다. 부러진 나무의 꼭대기 부분과 지면이 이루는 각의 크기가 30°일 때, 부러지기 전의 나무의 높이를 구하시오.

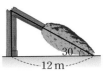

15 중 Pick

오른쪽 그림과 같이 45 m 떨어진 두 건물 P, Q가 있다. 건물 P의 A 지점에서 건물 Q를 올려본각의 크기는 30°이고 내려본각의 크기는 45°일 때, 건물 Q의 높이는?

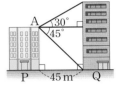

① $45\sqrt{2}$ m
② $45\sqrt{3}$ m
③ $(15\sqrt{2}+45)$ m
④ $(15\sqrt{3}+45)$ m
⑤ $(15\sqrt{6}+45)$ m

16 중 Pick

오른쪽 그림과 같이 지면으로부터 높이가 200 m인 타워의 꼭대기 C를 A 지점과 B 지점에서 올려본각의 크기가 각각 30°, 45°일 때, 두 지점 A, B 사이의 거리를 구하시오.

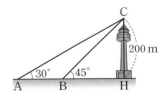

17 중 서술형

다음 그림과 같이 ㈎ 나무의 꼭대기 P 지점에 있던 새가 지면의 C 지점에 있는 먹이를 잡아서 ㈏ 나무의 꼭대기 Q 지점으로 올라갔다. ㈏ 나무의 높이가 $3\sqrt{3}$ m이고 두 나무 ㈎, ㈏ 사이의 거리가 15 m일 때, ㈎ 나무의 높이를 구하시오.

(단, 새는 직선으로 날아간다.)

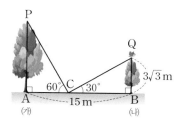

18 중

철탑의 높이를 측정하기 위해 오른쪽 그림과 같이 지면 위에 거리가 100 m가 되도록 두 지점 A, B를 잡고 필요한 각의 크기를 측량하였다. 이때 철탑의 높이 $\overline{PQ}$를 구하시오.

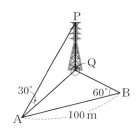

19 상

오른쪽 그림과 같이 길이가 50 cm인 실에 매달린 추가 양옆으로 30°씩 흔들리고 있다. 이 추가 B 지점에 있을 때, B 지점은 가장 낮은 A 지점보다 몇 cm 위에 있는지 구하시오.

(단, 추의 크기는 생각하지 않는다.)

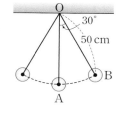

유형 03 일반 삼각형의 변의 길이 구하기 (1)
— 두 변의 길이와 그 끼인각의 크기를 알 때

20 대표 문제

오른쪽 그림과 같은 △ABC에서 $\overline{AB}=3\sqrt{2}$, $\overline{BC}=9$이고 ∠B=45°일 때, $\overline{AC}$의 길이를 구하시오.

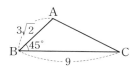

Pick
21 중

연못의 가장자리의 두 지점 A, B 사이의 거리를 구하기 위해 오른쪽 그림과 같이 측량하였다. 이때 두 지점 A, B 사이의 거리를 구하시오.

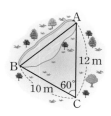

22 중

오른쪽 그림과 같이 $\overline{AB}=9$, $\overline{BC}=12$인 △ABC에서 $\cos B=\dfrac{1}{3}$일 때, $\overline{AC}$의 길이는?

① $3\sqrt{15}$ ② $2\sqrt{37}$

③ $3\sqrt{17}$ ④ $4\sqrt{10}$

⑤ $2\sqrt{41}$

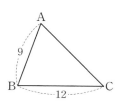

23 중

오른쪽 그림과 같은 △ABC에서
$\overline{AC}=6$, $\overline{BC}=2\sqrt{2}$이고 ∠C=135°
일 때, $\overline{AB}$의 길이를 구하시오.

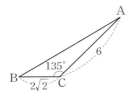

Pick

24 중

오른쪽 그림과 같은 평행사변형
ABCD에서 $\overline{AB}=2\,\mathrm{cm}$,
$\overline{BC}=3\,\mathrm{cm}$이고 ∠ABC=60°일 때,
$\overline{BD}$의 길이는?

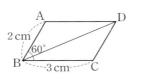

① $\sqrt{13}\,\mathrm{cm}$ ② $\sqrt{15}\,\mathrm{cm}$ ③ $\sqrt{17}\,\mathrm{cm}$

④ $\sqrt{19}\,\mathrm{cm}$ ⑤ $\sqrt{21}\,\mathrm{cm}$

  일반 삼각형의 변의 길이 구하기 (2)
— 한 변의 길이와 그 양 끝 각의 크기를 알 때

25 대표 문제

오른쪽 그림과 같은 △ABC에서
$\overline{AB}=6\,\mathrm{cm}$이고 ∠A=75°,
∠C=45°일 때, $\overline{BC}$의 길이를 구하
시오.

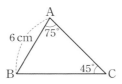

Pick

26 중

오른쪽 그림과 같은 어느 캠핑장에
서 두 텐트 A, B 사이의 거리는
30 m이다. 이 두 텐트에서 공동 식
수대 C를 바라본 각의 크기가 각각
75°, 45°일 때, 텐트 A에서 공동 식
수대까지의 거리를 구하시오.

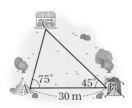

27 중 서술형

오른쪽 그림과 같은 △ABC에서
∠B=105°, ∠C=30°이고
$\overline{BC}=8\,\mathrm{cm}$일 때, $\overline{AB}$의 길이를 구하
시오.

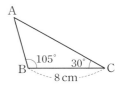

28 중

오른쪽 그림과 같이 잔디밭의 양
쪽에 있는 두 지점 A, B 사이의
거리를 구하기 위해 필요한 각의
크기와 거리를 측량하였더니
∠A=105°, ∠C=45°이고 $\overline{AC}=40\,\mathrm{m}$이었다. 이때 두 지
점 A, B 사이의 거리는?

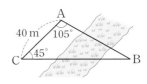

① $20(1+\sqrt{3})\,\mathrm{m}$ ② $40\sqrt{2}\,\mathrm{m}$

③ $20(\sqrt{2}+\sqrt{6})\,\mathrm{m}$ ④ $60\sqrt{2}\,\mathrm{m}$

⑤ 100 m

• 정답과 해설 15쪽

유형 05 삼각형의 높이 (1)
　　　　 − 밑변의 양 끝 각이 모두 예각일 때

△ABC에서 $\overline{BC}$의 길이와 ∠B, ∠C의 크기를 알 때
　　　　　　　　　　　　（단, ∠B, ∠C는 모두 예각）

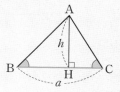 ➡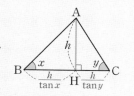

➡ $a = \dfrac{h}{\tan x} + \dfrac{h}{\tan y}$　$\therefore h = \dfrac{a\tan x\tan y}{\tan x + \tan y}$
　　 └ $\overline{BC} = \overline{BH} + \overline{CH}$

대표 문제

29 오른쪽 그림과 같은 △ABC에서 ∠B=60°, ∠C=45°이고 $\overline{BC}=6$일 때, $\overline{AH}$의 길이를 구하시오.

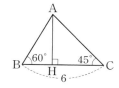

유형 06 삼각형의 높이 (2)
　　　　 − 밑변의 한 끝 각이 둔각일 때

△ABC에서 $\overline{BC}$의 길이와 ∠B, ∠C의 크기를 알 때
　　　　　　　　　　　　（단, ∠C는 둔각）

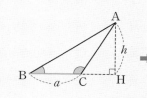 ➡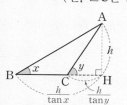

➡ $a = \dfrac{h}{\tan x} - \dfrac{h}{\tan y}$　$\therefore h = \dfrac{a\tan x\tan y}{\tan y - \tan x}$
　　 └ $\overline{BC} = \overline{BH} - \overline{CH}$

대표 문제

30 오른쪽 그림과 같은 △ABC에서 ∠B=30°, ∠ACB=120°이고 $\overline{BC}=10$일 때, $\overline{AH}$의 길이를 구하시오.

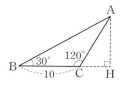

유형 07 삼각형의 넓이 (1) − 끼인각이 예각일 때

△ABC에서 두 변의 길이가 a, c이고
그 끼인각 ∠B가 예각일 때
△ABH에서 $\overline{AH} = c\sin B$

➡ $\triangle ABC = \dfrac{1}{2}ac\sin B$

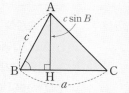

대표 문제

31 오른쪽 그림과 같은 △ABC에서 ∠B=30°이고 $\overline{AB}=4\,\text{cm}$, $\overline{BC}=5\,\text{cm}$일 때, △ABC의 넓이를 구하시오.

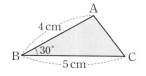

유형 08 삼각형의 넓이 (2) − 끼인각이 둔각일 때 중요

△ABC에서 두 변의 길이가 a, c이고
그 끼인각 ∠B가 둔각일 때
△AHB에서 $\overline{AH} = c\sin(180° - B)$

➡ $\triangle ABC = \dfrac{1}{2}ac\sin(180° - B)$

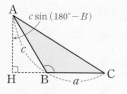

대표 문제

32 오른쪽 그림과 같은 △ABC에서 ∠C=120°이고 $\overline{AC}=\overline{BC}=8\,\text{cm}$일 때, △ABC의 넓이를 구하시오.

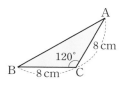

• 정답과 해설 15쪽

유형 09 다각형의 넓이 〈중요〉

❶ 다각형에 보조선을 그어 여러 개의 삼각형으로 나눈다.

❷ 각 삼각형의 넓이를 구하여 더한다.

(예) 대각선 AC를 그으면
$$\square ABCD = \triangle ABC + \triangle ACD$$

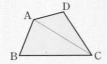

대표 문제

33 오른쪽 그림과 같은 □ABCD의 넓이를 구하시오.

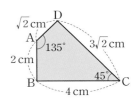

유형 10 평행사변형의 넓이 〈중요〉

평행사변형 ABCD에서 두 변의 길이 a, b와 그 끼인각 ∠B의 크기를 알 때

(1) ∠B가 예각일 때
➡ $\square ABCD = ab \sin B$

(2) ∠B가 둔각일 때
➡ $\square ABCD = ab \sin(180° - B)$

대표 문제

34 오른쪽 그림과 같은 평행사변형 ABCD의 넓이를 구하시오.

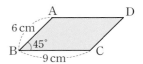

유형 11 사각형의 넓이

□ABCD에서 두 대각선의 길이 a, b와 두 대각선이 이루는 각 x의 크기를 알 때

(1) x가 예각일 때
➡ $\square ABCD = \dfrac{1}{2} ab \sin x$

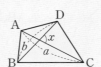

(2) x가 둔각일 때
➡ $\square ABCD = \dfrac{1}{2} ab \sin(180° - x)$

대표 문제

35 오른쪽 그림과 같은 □ABCD에서 두 대각선이 이루는 각의 크기가 60°이고 $\overline{AC} = 8$, $\overline{BD} = 15$일 때, □ABCD의 넓이를 구하시오.

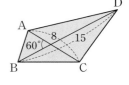

유형 05 삼각형의 높이 (1)
― 밑변의 양 끝 각이 모두 예각일 때

36 대표 문제

오른쪽 그림과 같은 △ABC에서
∠B=45°, ∠C=60°이고 $\overline{BC}$=8일
때, △ABC의 넓이를 구하시오.

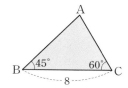

37 중

오른쪽 그림과 같이 두 지점 B, C
에서 건물의 꼭대기 A 지점을 올
려본각의 크기가 각각 30°, 45°이
고 $\overline{BC}$=150 m일 때, 이 건물의
높이를 구하시오.

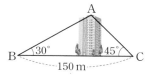

38 중

오른쪽 그림과 같은 △ABC에서
$\overline{AH}\perp\overline{BC}$이고 ∠B=35°,
∠C=65°, $\overline{BC}$=7일 때, 다음 중
△ABC의 높이 $\overline{AH}$를 구하는 식으
로 알맞은 것은?

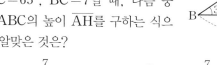

① $\dfrac{7}{\tan 65° - \tan 35°}$

② $\dfrac{7}{\tan 65° + \tan 35°}$

③ $\dfrac{7}{\tan 55° - \tan 25°}$

④ $\dfrac{7}{\tan 55° + \tan 25°}$

⑤ $\dfrac{7}{\tan 55° + \tan 35°}$

Pick
39 상

오른쪽 그림과 같은 두 직각삼각형
ABC와 DBC에서 ∠A=60°,
∠DBC=45°이고 $\overline{DC}$=$3\sqrt{2}$ cm
일 때, △EBC의 넓이를 구하시오.

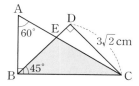

유형 06 삼각형의 높이 (2)
― 밑변의 한 끝 각이 둔각일 때

40 대표 문제

오른쪽 그림과 같은 △ABC에서
∠ABH=60°, ∠C=45°이고 $\overline{BC}$=12
일 때, △ABC의 넓이를 구하시오.

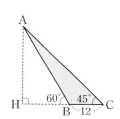

Pick
41 중

오른쪽 그림과 같이 200 m 떨어진
두 지점 B, C에서 산꼭대기 A 지
점을 올려본각의 크기가 각각 30°,
45°일 때, 이 산의 높이를 구하시오.

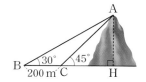

42 상

오른쪽 그림과 같이 100 m 떨어진 두 지점 B, C에서 열기구의 A 지점을 올려본각의 크기가 각각 28°, 58°이었다. 이 열기구의 높이를 h m라 할 때, h의 값을 구하시오. (단, $\tan 32°=0.6$, $\tan 62°=1.9$로 계산한다.)

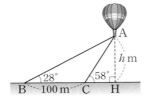

유형 07 삼각형의 넓이 (1) — 끼인각이 예각일 때 중요

 Pick

43 대표 문제

오른쪽 그림과 같은 △ABC에서 ∠B=60°이고 $\overline{AB}=5$ cm, $\overline{BC}=12$ cm일 때, △ABC의 넓이를 구하시오.

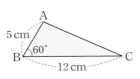

---

44 하

오른쪽 그림과 같이 ∠B=45°, $\overline{AB}=4\sqrt{3}$ cm인 △ABC의 넓이가 $6\sqrt{6}$ cm²일 때, $\overline{BC}$의 길이는?

① 4 cm
② $3\sqrt{2}$ cm
③ $2\sqrt{6}$ cm
④ $3\sqrt{3}$ cm
⑤ 6 cm

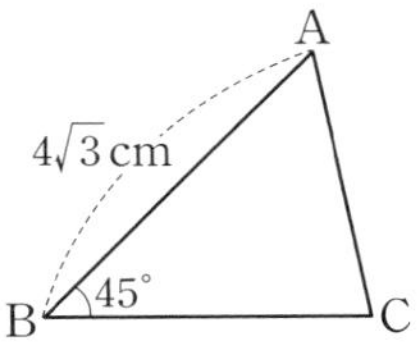

---

45 중 서술형

오른쪽 그림과 같이 $\overline{AB}=6$ cm, $\overline{AC}=10$ cm이고 ∠A가 예각인 △ABC의 넓이가 $15\sqrt{2}$ cm²일 때, ∠A의 크기를 구하시오.

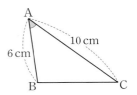

---

46 중

오른쪽 그림에서 점 G는 △ABC의 무게중심이다. ∠A=60°이고 $\overline{AB}=4$ cm, $\overline{AC}=6$ cm일 때, △GBC의 넓이는?

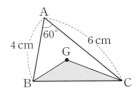

① $2\sqrt{3}$ cm²
② 4 cm²
③ 6 cm²
④ $4\sqrt{3}$ cm²
⑤ $6\sqrt{3}$ cm²

---

47 중

오른쪽 그림에서 $\overline{AC}/\!/\overline{DE}$이고 $\overline{AB}=12$ cm, $\overline{BC}=9$ cm, $\overline{CE}=7$ cm이다. ∠B=60°일 때, □ABCD의 넓이를 구하시오.

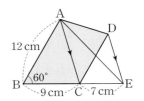

P!ck
48 중

오른쪽 그림과 같은 △ABC에서 $\overline{AD}$는 ∠A의 이등분선이다. ∠BAC=60°이고 $\overline{AB}$=10 cm, $\overline{AC}$=8 cm일 때, $\overline{AD}$의 길이를 구하시오.

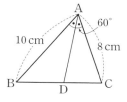

P!ck
51 하

오른쪽 그림과 같이 ∠C=150°, $\overline{BC}$=12인 △ABC의 넓이가 30일 때, $\overline{AC}$의 길이는?

① $6\sqrt{2}$ ② 9

④ $6\sqrt{3}$ ⑤ 11

③ 10

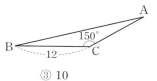

49 중

오른쪽 그림과 같이 한 변의 길이가 4 cm인 정사각형 ABCD에서 △PBC가 정삼각형이 되도록 점 P를 잡았다. 이때 △PBD의 넓이를 구하시오.

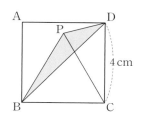

52 중

오른쪽 그림과 같이 ∠A=60°인 △ABC의 외접원의 반지름의 길이가 8 cm일 때, △OBC의 넓이를 구하시오.

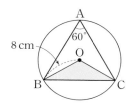

 유형 08   **삼각형의 넓이 (2) ― 끼인각이 둔각일 때** 중요

50 대표 문제

오른쪽 그림과 같은 △ABC의 넓이를 구하시오.

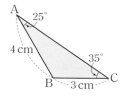

P!ck
53 중

오른쪽 그림에서 □ABCD는 한 변의 길이가 4 cm인 정사각형이고 △ADE는 $\overline{AD}$를 빗변으로 하는 직각삼각형일 때, △ABE의 넓이는?

① $\sqrt{3}$ cm²   ② 2 cm²

③ 3 cm²   ④ $2\sqrt{3}$ cm²

⑤ 6 cm²

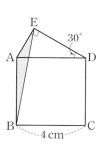

^{Pick}
54 중

오른쪽 그림과 같이 반지름의 길이가 $4\sqrt{3}$ cm인 반원 O에서 색칠한 부분의 넓이를 구하시오.

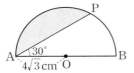

57 중

오른쪽 그림과 같이 반지름의 길이가 6 cm인 원 O에 내접하는 정팔각형의 넓이를 구하시오.

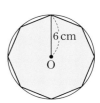

유형 09 | **다각형의 넓이** 중요

55 대표 문제

오른쪽 그림과 같은 □ABCD의 넓이를 구하시오.

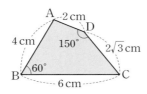

^{Pick}
58 상

오른쪽 그림과 같이 한 변의 길이가 2 cm인 정사각형 ABCD에서 두 점 M, N은 각각 $\overline{BC}$, $\overline{CD}$의 중점이다. ∠MAN=x라 할 때, $\sin x$의 값을 구하시오.

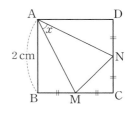

---

^{Pick}
56 중

오른쪽 그림과 같은 □ABCD의 넓이는?

① $85\sqrt{3}$ cm² ② $100\sqrt{3}$ cm²
③ $120\sqrt{3}$ cm² ④ $135\sqrt{3}$ cm²
⑤ $170\sqrt{3}$ cm²

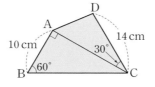

유형 10 | **평행사변형의 넓이** 중요

59 대표 문제

오른쪽 그림과 같이 한 변의 길이가 8 cm인 마름모 ABCD에서 ∠A=45°일 때, □ABCD의 넓이를 구하시오.

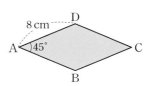

60 중 서술형

오른쪽 그림과 같이
$\overline{AB}=5\,\text{cm}$, $\overline{BC}=10\,\text{cm}$이고
∠B가 예각인 평행사변형
ABCD의 넓이가 $25\sqrt{2}\,\text{cm}^2$일
때, ∠B의 크기를 구하시오.

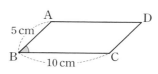

61 중

오른쪽 그림과 같은 평행사변형
ABCD에서 점 P는 두 대각선
AC와 BD의 교점이다.
∠ADC=60°이고 $\overline{AB}=4\,\text{cm}$,
$\overline{BC}=6\,\text{cm}$일 때, △ABP의 넓이는?

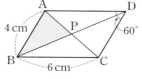

① $\dfrac{3\sqrt{3}}{2}\,\text{cm}^2$ ② $3\sqrt{2}\,\text{cm}^2$ ③ $3\sqrt{3}\,\text{cm}^2$

④ $6\,\text{cm}^2$ ⑤ $6\sqrt{3}\,\text{cm}^2$

62 중

오른쪽 그림은 서로 합동인 마름모 6개로
이루어진 도형이다. 마름모의 한 변의 길
이가 $12\,\text{cm}$일 때, 이 도형의 넓이를 구하
시오.

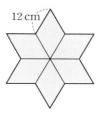

유형 11 사각형의 넓이

63 대표 문제

오른쪽 그림과 같은 평행사변
형 ABCD에서 두 대각선 AC
와 BD의 교점을 O라 하자.
∠AOD=120°이고 $\overline{BO}=11$,
$\overline{CO}=5$일 때, □ABCD의 넓이를 구하시오.

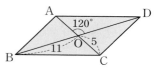

64 하

오른쪽 그림과 같은 □ABCD의
넓이가 $30\sqrt{2}$일 때, x의 값은?

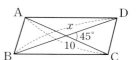

① 10 ② $10\sqrt{2}$
③ 11 ④ $11\sqrt{2}$
⑤ 12

65 중

오른쪽 그림과 같은 □ABCD에서
$\overline{AC}=16\,\text{cm}$, $\overline{BD}=8\sqrt{3}\,\text{cm}$이고
넓이가 $96\,\text{cm}^2$일 때, x의 크기를 구
하시오. (단, $0°<x<90°$)

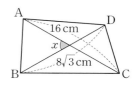

66 유형 01

오른쪽 그림과 같이 ∠C＝90°인 직
각삼각형 ABC에서 $\overline{AB}$의 길이를
구하시오.

(단, sin 50°＝0.8로 계산한다.)

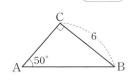

67 유형 02

오른쪽 그림과 같이 건물의 A 지점에서
8 m 떨어진 나무의 꼭대기 B 지점을 올
려본각의 크기는 52°이고 나무의 밑 C
지점을 내려본각의 크기는 25°일 때, 나
무의 높이를 구하시오.

(단, tan 25°＝0.5, tan 52°＝1.3으로
계산한다.)

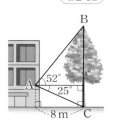

68 유형 02

오른쪽 그림은 산꼭대기 위에 설치된
송신탑의 높이를 측정하기 위해 산 아
래의 C 지점으로부터 $50\sqrt{3}$ m 떨어진
B 지점에서 송신탑의 양 끝을 올려본
각의 크기를 측량한 것이다. 송신탑의
높이 $\overline{AD}$는?

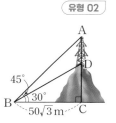

① $50(\sqrt{3}-\sqrt{2})$ m
② 20 m
③ $50(\sqrt{2}-1)$ m
④ 30 m
⑤ $50(\sqrt{3}-1)$ m

69 유형 03

오른쪽 그림과 같은 평행사
변형 ABCD에서
$\overline{AB}=2\sqrt{3}$ cm, $\overline{BC}=4$ cm
이고 ∠B＝150°일 때, $\overline{AC}$
의 길이를 구하시오.

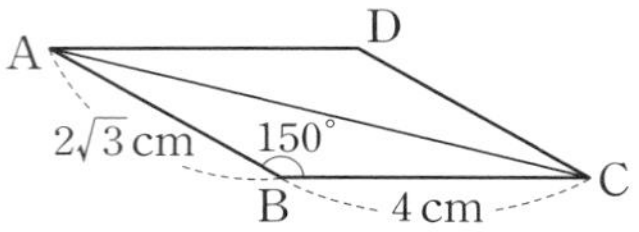

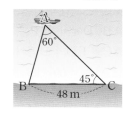

70 유형 04

배가 떠 있는 A 지점에서 해변 위의
한 지점 C 사이의 거리를 구하기 위하
여 오른쪽 그림과 같이 측량하였다.
두 지점 A, C 사이의 거리를 구하시
오.

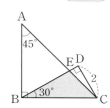

71 유형 05

오른쪽 그림과 같은 두 직각삼각형
ABC와 DBC에서 ∠A＝45°,
∠DBC＝30°이고 $\overline{CD}=2$일 때,
△EBC의 넓이를 구하시오.

72

유형 06

오른쪽 그림과 같이 20 m 떨어진 두 섬의 지점 C, D에서 등대의 꼭대기 A를 올려본각의 크기가 각각 30°, 60°일 때, 등대의 높이를 구하시오.

73

유형 07

오른쪽 그림과 같이 $\overline{AB}=8\,\text{cm}$, $\overline{BC}=9\,\text{cm}$인 △ABC에서 $\tan B=2\sqrt{2}$일 때, △ABC의 넓이는?

(단, $0°<\angle B<90°$)

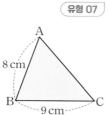

① $24\,\text{cm}^2$
② $24\sqrt{2}\,\text{cm}^2$
③ $24\sqrt{3}\,\text{cm}^2$
④ $48\,\text{cm}^2$
⑤ $48\sqrt{2}\,\text{cm}^2$

74

유형 07

오른쪽 그림과 같이 한 변의 길이가 20인 정삼각형 ABC 안에 정삼각형 DEF가 내접해 있다. 이때 △DEF의 넓이를 구하시오.

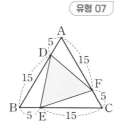

75

유형 08

오른쪽 그림과 같이 $\overline{AB}=20\,\text{cm}$, $\overline{BC}=8\,\text{cm}$이고 ∠B가 둔각인 △ABC의 넓이가 $40\sqrt{2}\,\text{cm}^2$일 때, ∠B의 크기를 구하시오.

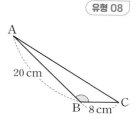

76

유형 08

다음 그림과 같이 폭이 10 cm인 직사각형 모양의 종이를 $\overline{AC}$를 접는 선으로 하여 접었다. ∠ABC=120°일 때, △ABC의 넓이를 구하시오.

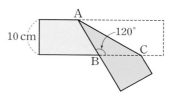

77

유형 09

오른쪽 그림과 같은 □ABCD의 넓이를 구하시오.

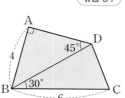

78
유형 09

오른쪽 그림에서 □ABCD는 정사각형
이고 두 점 E, F는 각각 $\overline{AD}$, $\overline{CD}$의
중점일 때, $\cos x$의 값은?

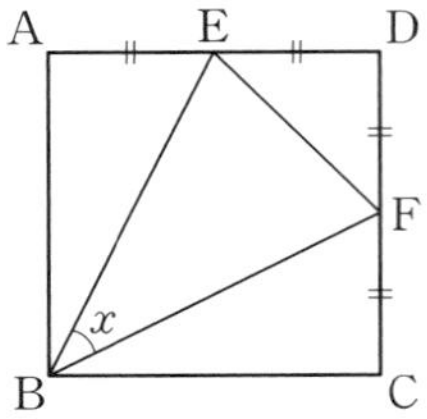

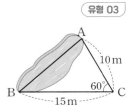

① $\dfrac{1}{5}$ ② $\dfrac{2}{5}$

③ $\dfrac{3}{5}$ ④ $\dfrac{4}{5}$

⑤ 1

79
유형 10

오른쪽 그림과 같은 평행사변형
ABCD에서 $\overline{AB}=4\,\text{cm}$,
$\angle A=120°$이고 넓이가 $24\,\text{cm}^2$
일 때, $\overline{AD}$의 길이를 구하시오.

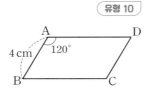

80
유형 10

오른쪽 그림과 같은 평행사변형
ABCD에서 점 M은 $\overline{BC}$의 중점
이고 $\overline{AB}=8\,\text{cm}$, $\overline{AD}=12\,\text{cm}$,
$\angle D=60°$일 때, △AMC의 넓이
를 구하시오.

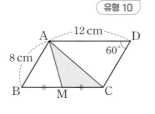

서술형 문제

81
유형 03

호수의 가장자리의 두 지점 A, B
사이의 거리를 구하기 위해 오른쪽
그림과 같이 측량하였다. 이때 두
지점 A, B 사이의 거리를 구하시오.

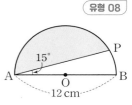

82
유형 08

오른쪽 그림과 같이 지름의 길이가
$12\,\text{cm}$인 반원 O에서 $\angle PAB=15°$
일 때, 색칠한 부분의 넓이를 구하
시오.

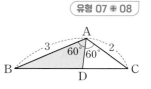

83
유형 07 ⊕ 08

오른쪽 그림과 같은 △ABC에서
$\overline{AB}=3$, $\overline{AC}=2$이고
$\angle BAD=\angle DAC=60°$일 때,
△ABD의 넓이를 구하시오.

만점 문제 뛰어넘기

• 정답과 해설 21쪽

84 다음 그림과 같이 폭이 각각 5 cm로 서로 같은 직사각형 모양의 두 종이테이프가 겹쳐져 있을 때, 겹쳐진 부분의 넓이를 구하시오.

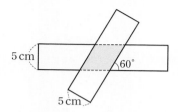

85 오른쪽 그림과 같이 한 변의 길이가 8인 정사각형 ABCD를 꼭 짓점 B를 중심으로 시계 반대 방향으로 30°만큼 회전시켜 정사각형 A′BC′D′을 만들었다. 이때 두 정사각형이 겹쳐지는 부분의 넓이를 구하시오.

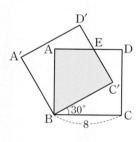

86 오른쪽 그림과 같이 ∠C=90°인 직각삼각형 ABC에서 ∠ABC=45°, ∠DBC=30°, ∠AEC=75°이고 $\overline{BE}$=6일 때, $\overline{AD}$의 길이를 구하시오.
(단, $\tan 75°=2+\sqrt{3}$으로 계산한다.)

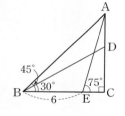

87 다음 그림과 같이 지면으로부터 높이가 50 m인 빌딩의 전망대 P에서 직선 도로 위를 일정한 속력으로 달리고 있는 자동차를 내려다보았다. 자동차가 A 지점에 있을 때 전망대 P에서 자동차를 내려본각의 크기가 30°, 3초 후에 자동차가 B 지점에 있을 때 내려본각의 크기가 45°일 때, 이 자동차의 속력은 초속 몇 m인지 구하시오.

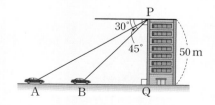

88 오른쪽 그림과 같이 △ABC에서 $\overline{AB}$의 길이는 30 % 줄이고 $\overline{BC}$의 길이는 20 % 늘여서 새로운 △A′BC′을 만들었을 때, △A′BC′의 넓이는 △ABC의 넓이보다 몇 % 증가하거나 감소하는지 구하시오.

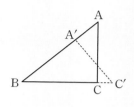

89 다음 순서에 따라 직사각형 모양의 종이를 접어 △BEF를 만들었다. △BEF의 넓이가 $12\sqrt{3}\,cm^2$일 때, 원래 종이의 가로의 길이 $\overline{BC}$를 구하시오.

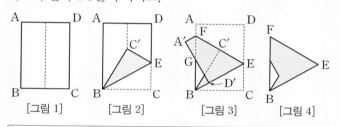

[그림 1] [그림 2] [그림 3] [그림 4]

❶ 직사각형 모양의 종이를 [그림 1]과 같이 반으로 접었다가 편다.
❷ 꼭짓점 C가 ❶에서 접은 선 위에 오도록 [그림 2]와 같이 접는다.
❸ $\overline{DE}$가 $\overline{BE}$ 위에 오도록 [그림 3]과 같이 접은 후, △A′GF를 뒤쪽으로 접어 [그림 4]와 같이 △BEF를 완성한다.

90 오른쪽 그림과 같은 □ABCD의 넓이를 구하시오.

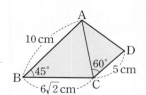

3.

원과 직선

01 원과 현

유형 01 원의 중심과 현의 수직이등분선 (1)

유형 02 원의 중심과 현의 수직이등분선 (2)

유형 03 원의 일부분이 주어질 때, 원의 중심과 현의 수직이등분선

유형 04 원의 일부분을 접었을 때, 원의 중심과 현의 수직이등분선

유형 05 중심이 같은 두 원에서의 현의 수직이등분선

유형 06 원의 중심과 현의 길이 (1)

유형 07 원의 중심과 현의 길이 (2)

02 원의 접선 (1)

유형 08 원의 접선의 성질 (1)

유형 09 원의 접선의 성질 (2)

유형 10 원의 접선의 성질의 응용

유형 11 반원에서의 접선의 길이

03 원의 접선 (2)

유형 12 삼각형의 내접원

유형 13 직각삼각형의 내접원

유형 14 원에 외접하는 사각형의 성질

유형 15 원에 외접하는 사각형의 성질의 응용

유형 01~02 원의 중심과 현의 수직이등분선 <small>중요</small>

(1) 원에서 현의 수직이등분선은 그 원의 중심을 지난다.

(2) 원의 중심에서 현에 내린 수선은 그 현을 이등분한다.

➡ $\overline{AB}\perp\overline{OM}$이면 $\overline{AM}=\overline{BM}$

참고 직각삼각형 OMB에서
$\overline{BM}^2+\overline{OM}^2=\overline{OB}^2$

대표 문제

01 오른쪽 그림의 원 O에서 $\overline{AB}\perp\overline{OM}$이고 $\overline{OA}=3$, $\overline{OM}=2$일 때, $\overline{AB}$의 길이를 구하시오.

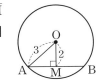

02 오른쪽 그림의 원 O에서 $\overline{AB}\perp\overline{OC}$이고 $\overline{AM}=4$, $\overline{CM}=2$일 때, x의 값을 구하시오.

유형 03 원의 일부분이 주어질 때, 원의 중심과 현의 수직이등분선

원의 일부분이 주어진 경우 원의 반지름의 길이는 다음과 같은 방법으로 구한다.

❶ 현의 수직이등분선은 그 원의 중심을 지남을 이용하여 원의 중심을 찾는다.

❷ 원의 반지름의 길이를 r로 놓고 피타고라스 정리를 이용한다.

➡ $(r-a)^2+b^2=r^2$

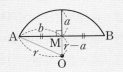

대표 문제

03 오른쪽 그림에서 $\overparen{AB}$는 원의 일부분이다. $\overline{AB}\perp\overline{CD}$이고 $\overline{AD}=\overline{BD}=6\sqrt{2}$, $\overline{CD}=4$일 때, 이 원의 반지름의 길이를 구하시오.

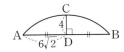

유형 04 원의 일부분을 접었을 때, 원의 중심과 현의 수직이등분선

원 위의 한 점이 원의 중심에 오도록 접은 경우 원의 중심에서 현에 수선을 그어 다음을 이용한다.

(1) $\overline{AM}=\overline{BM}$

(2) $\overline{OM}=\overline{CM}=\dfrac{1}{2}\overline{OC}=\dfrac{1}{2}\overline{OA}$

(3) 직각삼각형 OAM에서
$\overline{AM}^2+\overline{OM}^2=\overline{OA}^2$

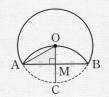

대표 문제

04 오른쪽 그림과 같이 반지름의 길이가 10 cm인 원 위의 한 점이 원의 중심 O에 오도록 접었을 때, $\overline{AB}$의 길이를 구하시오.

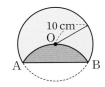

유형 05 | **중심이 같은 두 원에서의 현의 수직이등분선**

중심이 같고 반지름의 길이가 다른 두 원에서 큰
원의 현 AB가 작은 원의 접선일 때
(1) $\overline{AB} \perp \overline{OH}$
(2) $\overline{AH} = \overline{BH}$
(3) 직각삼각형 OAH에서
$\overline{AH}^2 + \overline{OH}^2 = \overline{OA}^2$

대표 문제

05 오른쪽 그림과 같이 점 O를 중심
으로 하는 두 원의 반지름의 길이가 각
각 2, 4이고 큰 원의 현 AB가 작은 원
의 접선일 때, $\overline{AB}$의 길이를 구하시오.

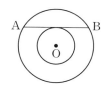

유형 06 | **원의 중심과 현의 길이 (1)** 〈중요〉

한 원에서
(1) 원의 중심으로부터 같은 거리에 있는 두 현
의 길이는 같다.
➡ $\overline{OM} = \overline{ON}$이면 $\overline{AB} = \overline{CD}$
(2) 길이가 같은 두 현은 원의 중심으로부터 같
은 거리에 있다. ➡ $\overline{AB} = \overline{CD}$이면 $\overline{OM} = \overline{ON}$

〈참고〉 (1) △OAM≡△OCN(RHS 합동)이므로
$\overline{AM} = \overline{CN}$
이때 $\overline{AB} = 2\overline{AM}$, $\overline{CD} = 2\overline{CN}$이므로
$\overline{AB} = \overline{CD}$

대표 문제

06 오른쪽 그림의 원 O에서
$\overline{AB} \perp \overline{OM}$, $\overline{CD} \perp \overline{ON}$이고
$\overline{OM} = \overline{ON} = 5$이다. 원 O의 반지름의
길이가 9일 때, $\overline{CD}$의 길이를 구하시
오.

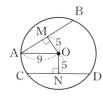

유형 07 | **원의 중심과 현의 길이 (2)**

원 O에서 $\overline{OM} = \overline{ON}$이면 $\overline{AB} = \overline{AC}$
➡ △ABC는 이등변삼각형
➡ ∠ABC = ∠ACB

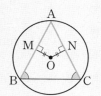

대표 문제

07 오른쪽 그림의 원 O에서
$\overline{AB} \perp \overline{OM}$, $\overline{AC} \perp \overline{ON}$이고 $\overline{OM} = \overline{ON}$이
다. ∠BAC = 44°일 때, ∠ABC의 크기
를 구하시오.

유형 01 원의 중심과 현의 수직이등분선 (1) 🔴중요

Pick
08 대표 문제

오른쪽 그림의 원 O에서 $\overline{AB}\perp\overline{OM}$이고 $\overline{AB}=24$, $\overline{OM}=5$일 때, $\overline{OA}$의 길이를 구하시오.

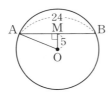

09 하

다음은 '원의 중심에서 현에 내린 수선은 그 현을 이등분한다.'를 설명하는 과정이다. (개)~(매)에 알맞은 것을 쓰시오.

원 O의 중심에서 현 AB에 내린 수선의 발을 M이라 하면
△OAM과 △OBM에서
∠OMA = [(개)] = 90°,
$\overline{OA}$ = [(내)] (원의 반지름),
[(대)] 은 공통이므로
△OAM≡△OBM([(래)] 합동)
∴ $\overline{AM}$ = [(매)]

10 중

오른쪽 그림에서 $\overline{AB}$는 원 O의 지름이고 $\overline{CD}\perp\overline{OM}$이다. $\overline{AB}=10\,cm$, $\overline{CD}=8\,cm$일 때, $\overline{OM}$의 길이를 구하시오.

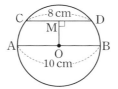

11 중

오른쪽 그림의 원 O에서 $\overline{AB}\perp\overline{OM}$, $\overline{CD}\perp\overline{ON}$이고 $\overline{OM}=3$, $\overline{ON}=5$, $\overline{AB}=20$일 때, $\overline{CD}$의 길이를 구하시오.

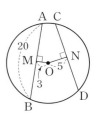

12 중

오른쪽 그림에서 원 O의 지름의 길이는 $12\,cm$이고 $\overline{AB}=4\,cm$일 때, △AOB의 넓이는?

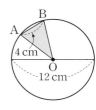

① $7\sqrt{2}\,cm^2$　　② $6\sqrt{3}\,cm^2$
③ $8\sqrt{2}\,cm^2$　　④ $3\sqrt{15}\,cm^2$
⑤ $4\sqrt{10}\,cm^2$

13 중

오른쪽 그림에서 $\overline{CM}$은 원 O의 중심을 지나고 $\overline{AB}\perp\overline{CM}$이다. ∠AOC=120°이고 $\overline{AB}=8\sqrt{3}\,cm$일 때, 원 O의 둘레의 길이는?

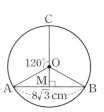

① $12\pi\,cm$　　② $16\pi\,cm$
③ $16\sqrt{3}\pi\,cm$　　④ $32\pi\,cm$
⑤ $24\sqrt{3}\pi\,cm$

유형 02 원의 중심과 현의 수직이등분선 (2)

P⃗ck
14 대표 문제

오른쪽 그림의 원 O에서 $\overline{AB} \perp \overline{OC}$이
고 $\overline{AB} = 12$ cm, $\overline{CM} = 4$ cm일 때,
원 O의 둘레의 길이는?

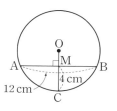

① 12π cm   ② 13π cm

③ 14π cm   ④ 15π cm

⑤ 16π cm

15 중

오른쪽 그림의 원 O에서 $\overline{AB} \perp \overline{OC}$이고
$\overline{BC} = 15$, $\overline{CM} = 9$일 때, x의 값을 구하
시오.

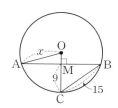

16 중

오른쪽 그림과 같이
$\overline{AB} = \overline{AC} = 4\sqrt{5}$ cm인 이등변삼각형
ABC가 원 O에 내접하고
$\overline{BC} = 16$ cm일 때, 원 O의 반지름의
길이를 구하시오.

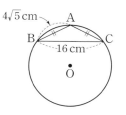

17 중   서술형

오른쪽 그림에서 $\overline{CD}$는 원 O의 지
름이고 $\overline{AB} \perp \overline{CD}$이다.
$\overline{CD} = 20$ cm, $\overline{DM} = 2$ cm일 때,
$\overline{AB}$의 길이를 구하시오.

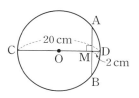

유형 03 원의 일부분이 주어질 때,
원의 중심과 현의 수직이등분선

18 대표 문제

오른쪽 그림에서 $\overset{\frown}{AB}$는 원 O의 일부
분이다. $\overline{AB} \perp \overline{OC}$이고
$\overline{AD} = \overline{BD} = 4$ cm, $\overline{CD} = 2$ cm일 때,
원 O의 반지름의 길이는?

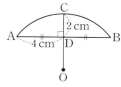

① 5 cm   ② $\dfrac{11}{2}$ cm   ③ 6 cm

④ $\dfrac{13}{2}$ cm   ⑤ 7 cm

19 중

오른쪽 그림에서 $\overset{\frown}{AB}$는 반지름의 길
이가 10 cm인 원의 일부분이다.
$\overline{AB} \perp \overline{CD}$이고 $\overline{AD} = \overline{BD}$,
$\overline{AB} = 12$ cm일 때, $\overline{CD}$의 길이를 구하시오.

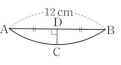

20 중

오른쪽 그림에서 $\overset{\frown}{AB}$는 반지름의 길이가 20 cm인 원의 일부분이다. $\overline{AB}\perp\overline{CD}$이고 $\overline{AD}=\overline{BD}$, $\overline{CD}=4$ cm일 때, $\triangle ABC$의 넓이를 구하시오.

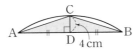

Pick
21 중 서술형

오른쪽 그림과 같이 깨진 원 모양의 접시를 복원하려고 한다. $\overline{AH}\perp\overline{BC}$이고 $\overline{AH}=4$ cm, $\overline{BC}=16$ cm일 때, 원래 접시의 넓이를 구하시오.

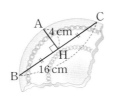

22 상

오른쪽 그림은 원을 현 AB를 따라 자르고 남은 도형이다. 원 위의 한 점 P에서 $\overline{AB}$에 내린 수선의 발을 H라 하면 $\overline{PH}=10$ cm, $\overline{AH}=\overline{BH}=2$ cm일 때, 이 원의 반지름의 길이는?

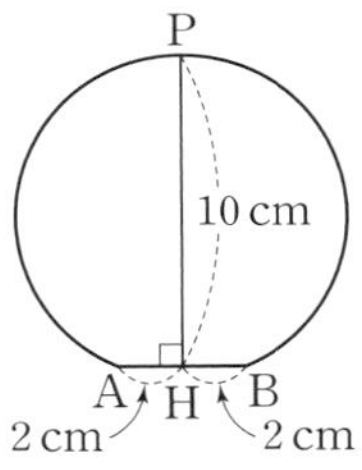

① $\dfrac{26}{5}$ cm   ② $\dfrac{27}{5}$ cm

③ $\dfrac{28}{5}$ cm   ④ $\dfrac{29}{5}$ cm

⑤ 6 cm

유형 04 원의 일부분을 접었을 때, 원의 중심과 현의 수직이등분선

23 대표 문제

오른쪽 그림과 같이 반지름의 길이가 4 cm인 원 위의 한 점이 원의 중심 O에 오도록 접었을 때, $\overline{AB}$의 길이는?

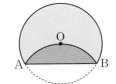

① $2\sqrt{3}$ cm   ② 4 cm

③ $2\sqrt{5}$ cm   ④ $4\sqrt{3}$ cm

⑤ $4\sqrt{5}$ cm

Pick
24 중

오른쪽 그림과 같이 원 O를 $\overline{AB}$를 접는 선으로 하여 접었더니 $\overset{\frown}{AB}$가 원 O의 중심을 지나게 되었다. $\overline{AB}=6\sqrt{3}$ cm일 때, 원 O의 반지름의 길이를 구하시오.

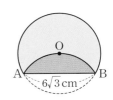

25 상

오른쪽 그림과 같이 반지름의 길이가 8 cm인 원을 $\overset{\frown}{AB}$가 원의 중심 O를 지나도록 $\overline{AB}$를 접는 선으로 하여 접었을 때, $\overset{\frown}{AB}$의 길이를 구하시오.

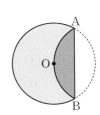

유형 05 중심이 같은 두 원에서의 현의 수직이등분선

26 대표 문제

오른쪽 그림과 같이 점 O를 중심으로 하는 두 원의 반지름의 길이가 각각 4 cm, 10 cm이고 큰 원의 현 AB가 작은 원의 접선일 때, $\overline{AB}$의 길이를 구하시오.

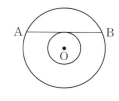

27 하

오른쪽 그림과 같이 점 O를 중심으로 하는 두 원에서 $\overline{AB}=22$ cm, $\overline{CD}=14$ cm일 때, $\overline{AC}$의 길이를 구하시오.

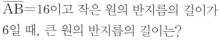

28 중

오른쪽 그림과 같이 점 O를 중심으로 하는 두 원에서 큰 원의 현 AB는 작은 원의 접선이고 점 P는 그 접점이다. $\overline{AB}=16$이고 작은 원의 반지름의 길이가 6일 때, 큰 원의 반지름의 길이는?

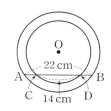

① $\dfrac{17}{2}$ ② 9 ③ $\dfrac{19}{2}$

④ 10 ⑤ $\dfrac{21}{2}$

29 중

오른쪽 그림과 같이 점 O를 중심으로 하는 두 원에서 작은 원의 접선이 큰 원과 만나는 두 점을 각각 A, B라 하자. $\overline{AB}=10$ cm일 때, 색칠한 부분의 넓이를 구하시오.

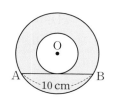

유형 06 원의 중심과 현의 길이 (1) 중요

30 대표 문제

오른쪽 그림의 원 O에서 $\overline{AB} \perp \overline{OM}$, $\overline{CD} \perp \overline{ON}$이고 $\overline{OM}=\overline{ON}=3$이다. $\overline{OA}=5$일 때, $\overline{AB}+\overline{CD}$의 길이를 구하시오.

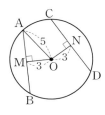

31 하

다음은 '한 원에서 길이가 같은 두 현은 원의 중심으로부터 같은 거리에 있다.'를 설명하는 과정이다. ☐ 안에 들어갈 것으로 알맞지 않은 것은?

원 O의 중심에서 두 현 AB, CD에 내린 수선의 발을 각각 M, N이라 하면 현에 내린 수선은 그 현을 이등분하므로

$\overline{AM}=\dfrac{1}{2} \times$ ① $=\dfrac{1}{2}\overline{CD}=$ ②

△OAM과 △OCN에서

∠OMA= ③ $=90°$, $\overline{OA}=$ ④ , $\overline{AM}=\overline{CN}$

이므로 △OAM≡△OCN(RHS 합동)

따라서 $\overline{OM}=$ ⑤ 이므로 한 원에서 길이가 같은 두 현은 원의 중심으로부터 같은 거리에 있다.

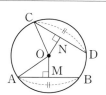

① $\overline{AB}$ ② $\overline{CN}$ ③ ∠ONC

④ $\overline{OM}$ ⑤ $\overline{ON}$

• 정답과 해설 25쪽

32 중

오른쪽 그림의 원 O에서 $\overline{AB} \perp \overline{OM}$이고
$\overline{AB} = \overline{CD}$이다. $\overline{OC} = 5$ cm, $\overline{OM} = 3$ cm
일 때, △COD의 넓이는?

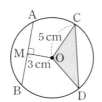

① 9 cm²　　　　② 12 cm²

③ 15 cm²　　　　④ 18 cm²

⑤ 21 cm²

33 중

오른쪽 그림의 원 O에서 $\overline{AB} \perp \overline{OM}$,
$\overline{CD} \perp \overline{ON}$이고 $\overline{OM} = \overline{ON}$이다.
∠ABO=30°, $\overline{CD}$=12 cm일 때,
원 O의 넓이를 구하시오.

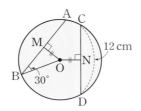

34 중

오른쪽 그림과 같이 지름의 길이가 50 cm
인 원에서 평행한 두 현 AB와 CD의 길
이가 같고 그 사이의 간격이 20 cm일 때,
$\overline{AB} + \overline{CD}$의 길이를 구하시오.

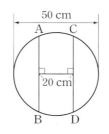

35 대표 문제

오른쪽 그림의 원 O에서 $\overline{AB} \perp \overline{OP}$,
$\overline{BC} \perp \overline{OQ}$이고 $\overline{OP} = \overline{OQ}$이다.
∠POQ=100°일 때, ∠ACB의 크기를
구하시오.

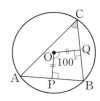

Pⁱck

36 중

오른쪽 그림의 원 O에서 $\overline{AB} \perp \overline{OM}$,
$\overline{AC} \perp \overline{ON}$이고 $\overline{OM} = \overline{ON}$이다.
$\overline{AM}$=3, ∠BAC=60°일 때, △ABC의
넓이를 구하시오.

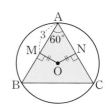

37 상

오른쪽 그림의 원 O에서 $\overline{AB} \perp \overline{OD}$,
$\overline{BC} \perp \overline{OE}$, $\overline{CA} \perp \overline{OF}$이고
$\overline{OD} = \overline{OE} = \overline{OF}$이다. $\overline{AB} = 8\sqrt{3}$ cm
일 때, 원 O의 둘레의 길이는?

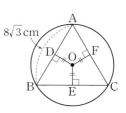

① 16π cm　　　　② 12√2 π cm

③ 18π cm　　　　④ 12√3 π cm

⑤ 24π cm

• 정답과 해설 25쪽

유형 08 원의 접선의 성질 (1)

원 O 밖의 한 점 P에서 원 O에 그은 두 접선의 접점을 각각 A, B라 하면
(1) ∠PAO=∠PBO=90°
(2) △PAO≡△PBO(RHS 합동)
(3) ∠APO=∠BPO

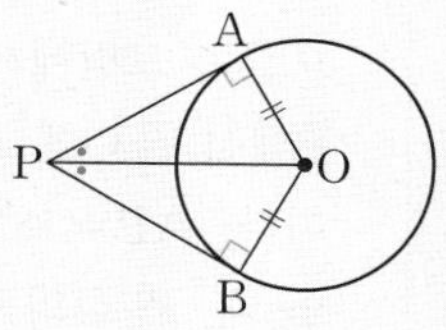

참고 (2), (3) △PAO와 △PBO에서
∠PAO=∠PBO=90°, $\overline{PO}$는 공통, $\overline{OA}=\overline{OB}$(반지름)
이므로 △PAO≡△PBO(RHS 합동)
∴ ∠APO=∠BPO

대표 문제

38 오른쪽 그림에서 두 점 A, B는 점 P에서 원 O에 그은 두 접선의 접점이다. $\overline{OA}=6$ cm, ∠APB=50°일 때, 색칠한 부분의 넓이를 구하시오.

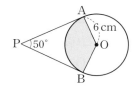

유형 09 원의 접선의 성질 (2) 〔중요〕

원 O 밖의 한 점 P에서 원 O에 그은 두 접선의 접점을 각각 A, B라 하면
➡ △PAO≡△PBO이므로
$\overline{PA}=\overline{PB}$

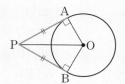

대표 문제

39 오른쪽 그림에서 두 점 A, B는 점 P에서 원 O에 그은 두 접선의 접점일 때, x, y의 값을 각각 구하시오.

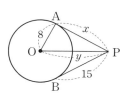

유형 10 원의 접선의 성질의 응용 〔중요〕

$\overline{AD}$, $\overline{AE}$, $\overline{BC}$는 원 O의 접선이고 세 점 D, E, F는 그 접점일 때
(1) $\overline{AD}=\overline{AE}$, $\overline{BD}=\overline{BF}$, $\overline{CE}=\overline{CF}$
(2) (△ABC의 둘레의 길이)
$=\overline{AB}+(\overline{BF}+\overline{CF})+\overline{CA}$
$=(\overline{AB}+\overline{BD})+(\overline{CE}+\overline{CA})$
$=\overline{AD}+\overline{AE}$ ┐
$=2\overline{AD}=2\overline{AE}$ ◄── $\overline{AD}=\overline{AE}$

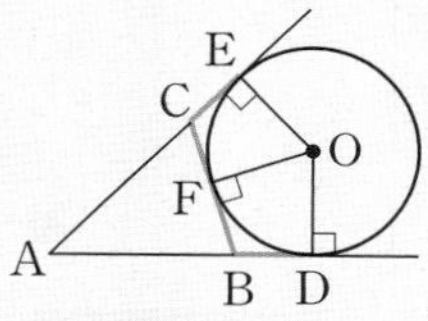

대표 문제

40 오른쪽 그림에서 $\overline{AD}$, $\overline{AE}$, $\overline{BC}$는 원 O의 접선이고 세 점 D, E, F는 그 접점이다. $\overline{AB}=7$ cm, $\overline{BC}=5$ cm, $\overline{CA}=6$ cm일 때, $\overline{BD}$의 길이를 구하시오.

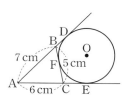

유형 11 반원에서의 접선의 길이

$\overline{AD}$, $\overline{BC}$, $\overline{CD}$가 반원 O의 접선일 때
(1) $\overline{CD}=\overline{AD}+\overline{BC}$ → $\overline{AD}=\overline{DT}$, $\overline{BC}=\overline{CT}$
(2) 점 D에서 $\overline{BC}$에 내린 수선의 발을 H라 하면 $\overline{AB}=\overline{DH}=\sqrt{\overline{CD}^2-\overline{CH}^2}$

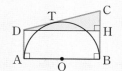

대표 문제

41 오른쪽 그림에서 $\overline{AD}$, $\overline{BC}$, $\overline{CD}$는 반원 O의 접선이고 세 점 A, B, P는 그 접점이다. $\overline{AD}=12$ cm, $\overline{BC}=3$ cm일 때, $\overline{AB}$의 길이를 구하시오.

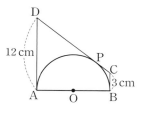

유형 08 원의 접선의 성질 (1)

42 대표 문제

오른쪽 그림에서 두 점 A, B는 점 P에서 원 O에 그은 두 접선의 접점이다. $\overline{OA}=12\,cm$, $\angle APB=80°$일 때, 색칠한 부분의 넓이는?

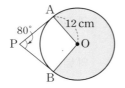

① $100\pi\,cm^2$ ② $102\pi\,cm^2$
③ $104\pi\,cm^2$ ④ $106\pi\,cm^2$
⑤ $108\pi\,cm^2$

43 중

오른쪽 그림에서 점 T는 점 P에서 원 O에 그은 접선의 접점이고 $\overline{PT}=13\,cm$, $\overline{OP}=14\,cm$일 때, 원 O의 둘레의 길이를 구하시오.

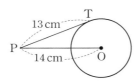

44 중

오른쪽 그림에서 두 점 A, B는 점 P에서 원 O에 그은 두 접선의 접점이고 $\overline{OA}=8\,cm$, $\overline{OP}=17\,cm$일 때, □APBO의 넓이는?

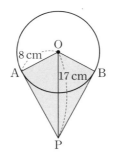

① $80\,cm^2$ ② $90\,cm^2$
③ $100\,cm^2$ ④ $110\,cm^2$
⑤ $120\,cm^2$

45 중

Pick

오른쪽 그림에서 두 점 A, B는 점 P에서 원 O에 그은 두 접선의 접점이다. $\overline{AP}=18\,cm$, $\angle APB=60°$일 때, 원 O의 반지름의 길이를 구하시오.

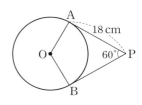

46 상

오른쪽 그림은 반지름의 길이가 6 m인 구 모양의 열기구의 단면을 원 모양으로 나타낸 것이다. $\overline{PA}$, $\overline{PB}$는 원 O의 접선이고, 두 점 A, B는 그 접점이다. $\angle APB=60°$일 때, 원 O의 일부분을 두르고 P 지점에 연결된 줄의 전체의 길이를 구하시오.

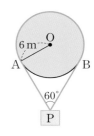

유형 09 원의 접선의 성질 (2)

중요

47 대표 문제

오른쪽 그림에서 두 점 A, B는 점 P에서 원 O에 그은 두 접선의 접점이다. $\overline{PC}=8\,cm$, $\overline{OA}=4\,cm$일 때, $\overline{PB}$의 길이를 구하시오.

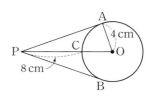

48 하

오른쪽 그림에서 세 점 A, B, C가 원 O의 접점일 때, x의 값은?

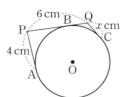

① 1
② $\dfrac{4}{3}$
③ $\dfrac{5}{3}$
④ 2
⑤ $\dfrac{7}{3}$

Pick
49 중

오른쪽 그림에서 $\overline{PA}$, $\overline{PB}$, $\overline{PC}$는 원 O 또는 원 O′의 접선이고 세 점 A, B, C는 그 접점일 때, x의 값을 구하시오.

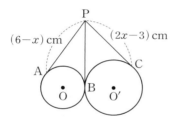

50 중

오른쪽 그림에서 두 점 A, B는 점 P에서 원 O에 그은 두 접선의 접점이다. ∠APB＝60°일 때, △APB의 넓이는?

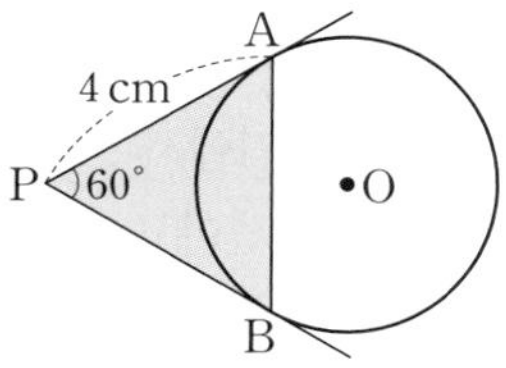

① 4 cm²
② 4√2 cm²
③ 4√3 cm²
④ 8 cm²
⑤ 8√3 cm²

Pick
51 중

오른쪽 그림에서 두 점 A, B는 점 P에서 원 O에 그은 두 접선의 접점이다. $\overline{BC}$는 원 O의 지름이고 ∠ABC＝22°일 때, ∠APB의 크기를 구하시오.

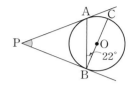

52 중

오른쪽 그림에서 두 점 A, B는 점 P에서 원 O에 그은 두 접선의 접점이다. 원 O 위의 한 점 C에 대하여 $\overline{AC}＝\overline{BC}$이고 ∠PAC＝26°, ∠ACB＝128°일 때, ∠APB의 크기를 구하시오.

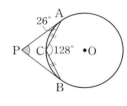

53 중 서술형

오른쪽 그림에서 두 점 A, B는 점 P에서 원 O에 그은 두 접선의 접점이고, 점 C는 $\overline{OP}$와 원 O의 교점이다. $\overline{PA}＝12$ cm, $\overline{PC}＝8$ cm일 때, 원 O의 넓이를 구하시오.

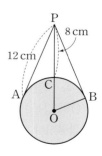

유형 10 원의 접선의 성질의 응용 ⓤ

54 대표 문제

오른쪽 그림에서 $\overrightarrow{AD}$, $\overrightarrow{AE}$, $\overline{BC}$는 원 O의 접선이고 세 점 D, E, F는 그 접점이다. $\overline{AB}=6\,cm$, $\overline{BC}=8\,cm$, $\overline{CA}=10\,cm$일 때, $\overline{CE}$의 길이는?

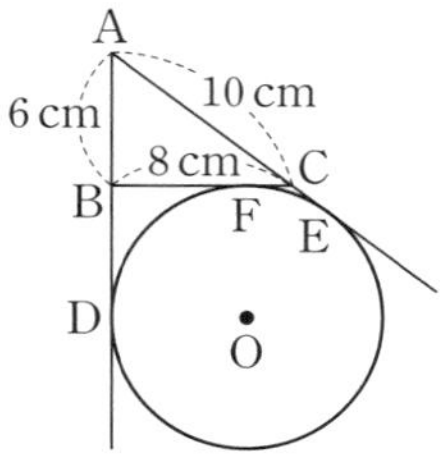

① 1 cm ② $\dfrac{3}{2}$ cm

③ 2 cm ④ $\dfrac{5}{2}$ cm

⑤ 3 cm

55 ⓗ

오른쪽 그림에서 $\overrightarrow{PA}$, $\overrightarrow{PB}$, $\overline{DE}$는 원 O의 접선이고 세 점 A, B, C는 그 접점이다. △DPE의 둘레의 길이가 8 cm일 때, $\overline{PB}$의 길이는?

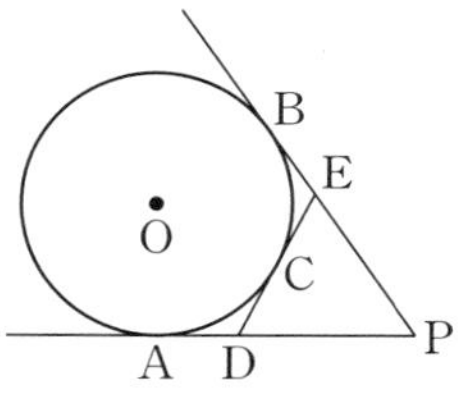

① 3 cm ② $\dfrac{7}{2}$ cm

③ 4 cm ④ $\dfrac{9}{2}$ cm

⑤ 5 cm

Pick
56 ⓒ

오른쪽 그림에서 $\overrightarrow{PA}$, $\overrightarrow{PB}$, $\overline{CE}$는 원 O의 접선이고 세 점 A, B, D는 그 접점이다. $\overline{AC}=3$, $\overline{CE}=7$, $\overline{PC}=10$일 때, $\overline{PE}$의 길이를 구하시오.

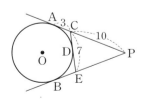

57 ⓒ

오른쪽 그림에서 $\overrightarrow{PC}$, $\overrightarrow{PE}$, $\overline{AB}$는 원 O의 접선이고 세 점 C, E, D는 그 접점이다. $\overline{PA}=14$, $\overline{PB}=12$, $\overline{PE}=18$일 때, $\overline{AB}$의 길이를 구하시오.

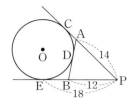

58 ⓒ

오른쪽 그림에서 원 O가 △ABC의 변 또는 그 연장선과 접하고 세 점 D, E, F는 그 접점일 때, △ABC의 둘레의 길이는?

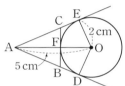

① $\sqrt{21}$ cm ② $\sqrt{26}$ cm

③ $2\sqrt{21}$ cm ④ $2\sqrt{26}$ cm

⑤ $2\sqrt{29}$ cm

59 ⓢ

오른쪽 그림에서 $\overline{AD}$, $\overline{AE}$, $\overline{BC}$는 원 O의 접선이고 세 점 D, E, F는 그 접점이다. $\overline{OD}=12\,cm$, $\angle BAC=60°$일 때, △ACB의 둘레의 길이를 구하시오.

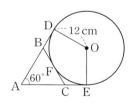

유형 11 반원에서의 접선의 길이

60 대표 문제

오른쪽 그림과 같이 반원 O의 지름의 양 끝 점 A, B에서 그은 두 접선과 원 위의 점 P에서 그은 접선의 교점을 각각 C, D 라 하자. $\overline{AC}=5$ cm, $\overline{BD}=7$ cm일 때, 반원 O의 반지름의 길이를 구하시오.

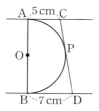

61 중

오른쪽 그림에서 $\overline{AD}$, $\overline{BC}$, $\overline{CD}$는 $\overline{AB}$를 지름으로 하는 반원 O의 접선 이고 세 점 A, B, E는 그 접점이다. $\overline{OA}=5$ cm, $\overline{CD}=14$ cm일 때, □ABCD의 둘레의 길이는?

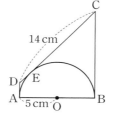

① 36 cm　　② 38 cm
③ 40 cm　　④ 42 cm
⑤ 44 cm

Pick
62 중

오른쪽 그림에서 $\overline{AD}$, $\overline{BC}$, $\overline{CD}$는 반원 O의 접선이고 세 점 A, B, E는 그 접점이다. $\overline{AD}=2$ cm, $\overline{BC}=8$ cm일 때, □ABCD의 넓 이를 구하시오.

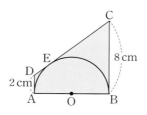

Pick
63 중

오른쪽 그림과 같이 원 O의 지름의 양 끝 점 A, B에서 그은 두 접선과 원 위의 점 P에서 그은 접선이 만나는 점을 각각 C, D라 하자. $\overline{OA}=3\sqrt{2}$, $\overline{BD}=6$일 때, $\overline{AC}$의 길이는?

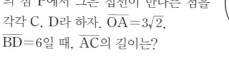

① 2　　　② $\dfrac{5}{2}$　　　③ 3

④ $\dfrac{7}{2}$　　⑤ 4

64 중

오른쪽 그림과 같이 반원 O의 지름의 양 끝 점 A, B에서 그은 접선 l, m과 점 E에서 그은 접선의 교점을 각각 C, D라 할 때, 다음 중 옳지 <u>않은</u> 것은?

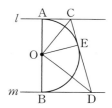

① $\angle OAC = \angle OEC$
② $\overline{CA}=\overline{CE}$
③ $\triangle OAC \equiv \triangle OEC$
④ $\angle COD = 90°$
⑤ $\overline{AC}+\overline{BD}=\overline{AB}$

• 정답과 해설 28쪽

유형 12 **삼각형의 내접원** 중요

원 O가 △ABC의 내접원이고 세 점 D, E, F가 그 접점일 때
→ $\overline{AD}=\overline{AF}$, $\overline{BD}=\overline{BE}$, $\overline{CE}=\overline{CF}$

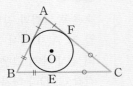

대표 문제

65 오른쪽 그림에서 원 O는 △ABC의 내접원이고 세 점 D, E, F는 그 접점이다. $\overline{AB}=10$ cm, $\overline{BC}=12$ cm, $\overline{CA}=8$ cm일 때, $\overline{CE}$의 길이를 구하시오.

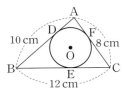

유형 13 **직각삼각형의 내접원** 중요

∠C=90°인 직각삼각형 ABC의 내접원 O와 $\overline{BC}$, $\overline{AC}$의 접점을 각각 D, E라 하면 □ODCE는 정사각형이다.
└ (한 변의 길이)=(원 O의 반지름의 길이)

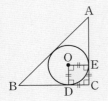

대표 문제

66 오른쪽 그림에서 원 O는 ∠B=90°인 직각삼각형 ABC의 내접원이고 세 점 D, E, F는 그 접점이다. $\overline{AC}=10$ cm, $\overline{BC}=8$ cm 일 때, 원 O의 반지름의 길이를 구하시오.

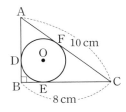

유형 14 **원에 외접하는 사각형의 성질**

원 O에 외접하는 □ABCD에서
→ $\overline{AB}+\overline{CD}=\overline{AD}+\overline{BC}$
└ 대변의 길이의 합이 같다.

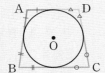

대표 문제

67 오른쪽 그림에서 □ABCD는 원 O에 외접하고 네 점 E, F, G, H는 그 접점이다.
$\overline{AB}=12$ cm, $\overline{AD}=6$ cm, $\overline{BF}=8$ cm, $\overline{CD}=8$ cm일 때, $\overline{CF}$의 길이를 구하시오.

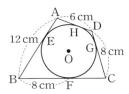

유형 15 **원에 외접하는 사각형의 성질의 응용**

원 O가 직사각형 ABCD의 세 변과 $\overline{DE}$에 접하고 네 점 P, Q, R, S가 그 접점일 때
(1) $\overline{DE}=\overline{DS}+\overline{EQ}$
└ $\overline{DS}=\overline{DR}$, $\overline{EQ}=\overline{ER}$
(2) □ABED에서
$\overline{AB}+\overline{DE}=\overline{AD}+\overline{BE}$
(3) 직각삼각형 DEC에서
$\overline{CE}^2+\overline{CD}^2=\overline{DE}^2$

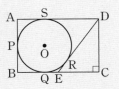

대표 문제

68 오른쪽 그림에서 원 O는 직사각형 ABCD의 세 변과 $\overline{DE}$에 접한다. $\overline{AB}=8$ cm, $\overline{AD}=12$ cm일 때, $\overline{DE}$의 길이를 구하시오.

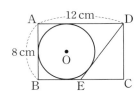

유형 완성하기

유형 12   삼각형의 내접원   중요

69 대표 문제

오른쪽 그림에서 원 O는 △ABC의 내접원이고 세 점 D, E, F는 그 접점이다. $\overline{AB}=20\,cm$, $\overline{BC}=22\,cm$, $\overline{CA}=18\,cm$일 때, $\overline{AD}$의 길이를 구하시오.

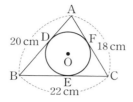

70 중

오른쪽 그림에서 원 O는 △ABC의 내접원이고 세 점 D, E, F는 그 접점이다. $\overline{AB}=9\,cm$, $\overline{AC}=11\,cm$, $\overline{AD}=6\,cm$일 때, $\overline{BC}$의 길이를 구하시오.

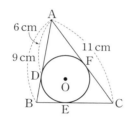

71 중   서술형

오른쪽 그림에서 원 O는 △ABC의 내접원이고 세 점 D, E, F는 그 접점이다. △ABC의 둘레의 길이가 30 cm이고 $\overline{BD}=6\,cm$, $\overline{CF}=5\,cm$일 때, x의 값을 구하시오.

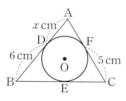

72 중

오른쪽 그림에서 원 O는 △ABC의 내접원이고 세 점 D, E, F는 그 접점이다. $\overline{AC}=10\,cm$, $\overline{CE}=6\,cm$, $\overline{OF}=3\,cm$일 때, $\overline{AG}$의 길이를 구하시오.

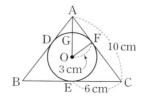

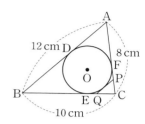

73 상

오른쪽 그림에서 원 O는 △ABC의 내접원이고 세 점 D, E, F는 그 접점이다. $\overline{PQ}$는 원 O의 접선이고 $\overline{AB}=12\,cm$, $\overline{BC}=10\,cm$, $\overline{CA}=8\,cm$일 때, △CPQ의 둘레의 길이를 구하시오.

유형 13   직각삼각형의 내접원   중요

74 대표 문제

오른쪽 그림에서 원 O는 ∠A=90°인 직각삼각형 ABC의 내접원이고 세 점 D, E, F는 그 접점이다. $\overline{AB}=5\,cm$, $\overline{BC}=13\,cm$일 때, 원 O의 반지름의 길이를 구하시오.

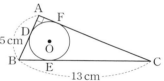

75 중

오른쪽 그림에서 원 O는 ∠C=90°인 직각삼각형 ABC의 내접원이고 세 점 D, E, F는 그 접점이다. $\overline{AD}=6\,cm$, $\overline{BD}=9\,cm$일 때, 원 O의 넓이를 구하시오.

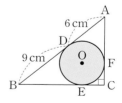

76 중

오른쪽 그림에서 원 O는 ∠C=90°인 직각삼각형 ABC의 내접원이고 세 점 D, E, F는 그 접점이다. $\overline{AC}$=12 cm, ∠A=30°일 때, 원 O의 반지름의 길이를 구하시오.

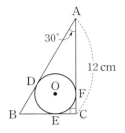

---

80 중 [서술형]

오른쪽 그림에서 □ABCD는 반지름의 길이가 4 cm인 원 O에 외접한다. ∠A=∠B=90°이고 $\overline{CD}$=10 cm일 때, □ABCD의 넓이를 구하시오.

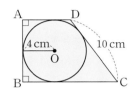

유형 14 원에 외접하는 사각형의 성질

Pick
77 대표 문제

오른쪽 그림에서 □ABCD는 원 O에 외접하고 네 점 P, Q, R, S는 그 접점이다. $\overline{AB}$=10 cm, $\overline{AS}$=4 cm, $\overline{CD}$=9 cm, $\overline{CQ}$=5 cm일 때, $\overline{BQ}+\overline{DS}$의 길이를 구하시오.

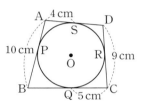

유형 15 원에 외접하는 사각형의 성질의 응용

81 대표 문제

오른쪽 그림에서 원 O는 직사각형 ABCD의 세 변과 $\overline{DE}$에 접한다. $\overline{AB}$=12 cm, $\overline{AD}$=15 cm일 때, △DEC의 둘레의 길이를 구하시오.

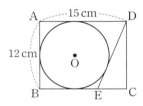

---

78 중

오른쪽 그림과 같이 □ABCD가 원 O에 외접한다. ∠B=90°이고 $\overline{AB}$=8 cm, $\overline{AC}$=$4\sqrt{13}$ cm, $\overline{AD}$=6 cm일 때, $\overline{CD}$의 길이를 구하시오.

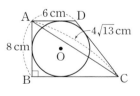

---

82 중

오른쪽 그림에서 원 O는 직사각형 ABCD의 세 변과 $\overline{BE}$에 접한다. $\overline{AB}$=15 cm, $\overline{BE}$=17 cm일 때, $\overline{BC}$의 길이를 구하시오.

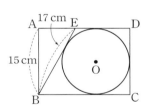

---

79 중

오른쪽 그림과 같이 □ABCD는 원 O에 외접하고 $\overline{AB}:\overline{CD}$=7 : 5이다. $\overline{AD}$=14 cm, $\overline{BC}$=16 cm일 때, $\overline{AB}$의 길이를 구하시오.

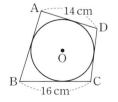

Pick
83 중

오른쪽 그림에서 원 O는 직사각형 ABCD의 세 변과 $\overline{DI}$에 접하고 네 점 E, F, G, H는 그 접점이다. $\overline{AB}$=4 cm, $\overline{AD}$=6 cm일 때, $\overline{GI}$의 길이를 구하시오.

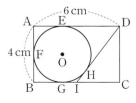

• 정답과 해설 30쪽

84 〔유형 01〕

오른쪽 그림에서 △ABC는 원 O에 내접하는 정삼각형이다. $\overline{BC}\perp\overline{OM}$이고 $\overline{AB}=12\,cm$, $\overline{OM}=2\sqrt{3}\,cm$일 때, 원 O의 넓이를 구하시오.

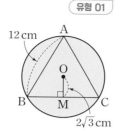

85 〔유형 02〕

오른쪽 그림의 원 O에서 $\overline{AB}\perp\overline{OC}$이고 $\overline{BM}=8\,cm$, $\overline{CM}=2\,cm$일 때, △AOM의 넓이는?

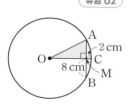

① $56\,cm^2$　　② $60\,cm^2$
③ $64\,cm^2$　　④ $70\,cm^2$
⑤ $72\,cm^2$

86 〔유형 03〕

오른쪽 그림과 같이 깨진 원 모양의 거울을 복원하려고 한다. $\overline{AB}\perp\overline{CM}$이고 $\overline{AM}=\overline{BM}=12\,cm$, $\overline{CM}=6\,cm$일 때, 원래 거울의 둘레의 길이를 구하시오. (단, 거울의 테두리의 두께는 생각하지 않는다.)

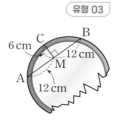

87 〔유형 04〕

오른쪽 그림과 같이 원 O를 $\overline{AB}$를 접는 선으로 하여 접었더니 $\overparen{AB}$가 원 O의 중심을 지나게 되었다. $\overline{AB}=18$일 때, 원 O의 둘레의 길이를 구하시오.

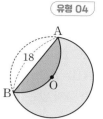

88 〔유형 05〕

오른쪽 그림과 같이 점 O를 중심으로 하는 두 원에서 작은 원의 접선이 큰 원과 만나는 두 점을 각각 A, B라 하자. 두 원의 넓이의 차가 $32\pi\,cm^2$일 때, $\overline{AB}$의 길이를 구하시오.

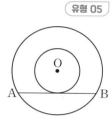

89 〔유형 01 ⊕ 06〕

다음 중 x의 값이 가장 큰 것은?

①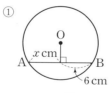

②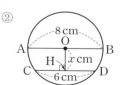

③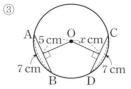

④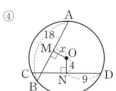

⑤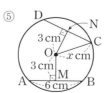

90

유형 07

오른쪽 그림의 원 O에서 $\overline{AB} \perp \overline{OM}$, $\overline{AC} \perp \overline{ON}$이고 $\overline{OM} = \overline{ON}$이다. $\overline{AB} = 8\,\text{cm}$, $\angle BAC = 60°$일 때, 다음 중 옳지 <u>않은</u> 것은?

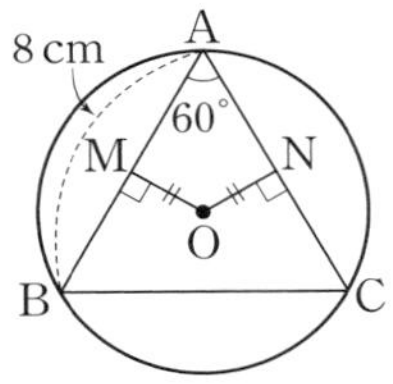

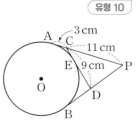

① $\overline{AC} = 8\,\text{cm}$

② $\angle ABC = 60°$

③ $\angle ACB = 60°$

④ $\overline{BC} = 8\sqrt{2}\,\text{cm}$

⑤ $\triangle ABC = 16\sqrt{3}\,\text{cm}^2$

91

유형 08

오른쪽 그림에서 두 점 A, B는 점 P에서 원 O에 그은 두 접선의 접점이다. $\overline{PA} = 12\,\text{cm}$, $\angle APB = 60°$일 때, 색칠한 부분의 넓이를 구하시오.

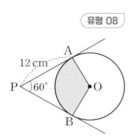

92

유형 09

오른쪽 그림과 같이 100원, 50원, 500원짜리 동전이 서로 접해 있다. $\overline{PA}$, $\overline{PB}$, $\overline{PC}$, $\overline{PD}$는 세 동전의 접선이고 네 점 A, B, C, D는 그 접점일 때, $x+y$의 값을 구하시오.

93

유형 10

오른쪽 그림에서 $\overline{PA}$, $\overline{PB}$, $\overline{CD}$는 원 O의 접선이고 세 점 A, B, E는 그 접점이다. $\overline{AC} = 3\,\text{cm}$, $\overline{PC} = 11\,\text{cm}$, $\overline{CD} = 9\,\text{cm}$일 때, $\overline{PD}$의 길이를 구하시오.

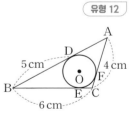

94

유형 11

오른쪽 그림에서 $\overline{AD}$, $\overline{BC}$, $\overline{CD}$는 반원 O의 접선이고 세 점 A, B, E는 그 접점이다. $\overline{AD} = 3\,\text{cm}$, $\overline{BC} = 5\,\text{cm}$일 때, $\square ABCD$의 둘레의 길이를 구하시오.

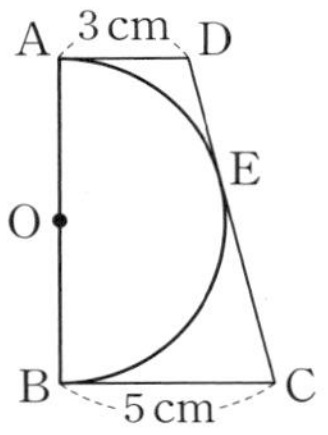

95

유형 12

오른쪽 그림에서 원 O는 $\triangle ABC$의 내접원이고 세 점 D, E, F는 그 접점이다. $\overline{AC} = 4\,\text{cm}$, $\overline{BC} = 6\,\text{cm}$, $\overline{BD} = 5\,\text{cm}$일 때, $\overline{AD}$의 길이는?

① $\dfrac{3}{2}\,\text{cm}$ ② $2\,\text{cm}$ ③ $\dfrac{5}{2}\,\text{cm}$

④ $3\,\text{cm}$ ⑤ $\dfrac{7}{2}\,\text{cm}$

96

유형 13

오른쪽 그림에서 원 O는 ∠A=90°
인 직각삼각형 ABC의 내접원이
고 세 점 D, E, F는 그 접점이다.
$\overline{BE}$=3cm, $\overline{CE}$=2cm일 때, 색
칠한 부분의 넓이를 구하시오.

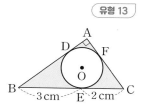

97

유형 14

오른쪽 그림과 같이 □ABCD는
원 O에 외접하고 네 점 P, Q, R,
S는 그 접점이다.
∠C=∠D=90°, $\overline{AB}$=10 cm,
$\overline{AD}$=6 cm, $\overline{CD}$=8 cm일 때, x
의 값은?

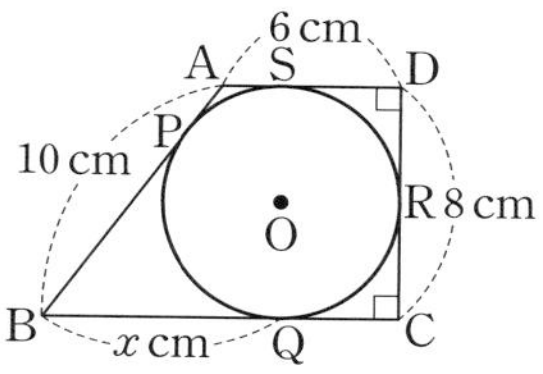

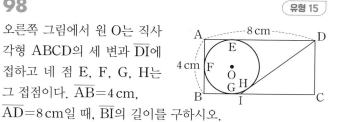

① 7
② $\dfrac{22}{3}$
③ $\dfrac{23}{3}$

④ 8
⑤ $\dfrac{25}{3}$

98

유형 15

오른쪽 그림에서 원 O는 직사
각형 ABCD의 세 변과 $\overline{DI}$에
접하고 네 점 E, F, G, H는
그 접점이다. $\overline{AB}$=4 cm,
$\overline{AD}$=8 cm일 때, $\overline{BI}$의 길이를 구하시오.

99

유형 09

오른쪽 그림에서 두 점 A, B는 점
P에서 원 O에 그은 두 접선의 접점
이다. $\overline{AC}$는 원 O의 지름이고
∠APB=52°일 때, ∠BAC의 크
기를 구하시오.

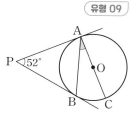

100

유형 11

오른쪽 그림에서 $\overline{AD}$, $\overline{BC}$, $\overline{CD}$는 반원
O의 접선이고 $\overline{AB}$는 반원 O의 지름이
다. $\overline{OA}$=$2\sqrt{10}$ cm, $\overline{AD}$=5 cm일 때,
□ABCD의 넓이를 구하시오.

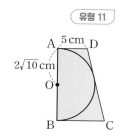

101

유형 12

오른쪽 그림에서 원 O는 △ABC
의 내접원이고 세 점 D, E, F는
그 접점이다. $\overline{PQ}$는 원 O의 접선이
고 $\overline{AB}$=9 cm, $\overline{BC}$=10 cm,
$\overline{CA}$=8 cm일 때, △BQP의 둘레
의 길이를 구하시오.

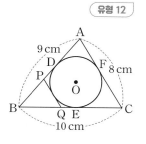

102 오른쪽 그림의 원 O에서 두 현 AB, CD는 점 P에서 수직으로 만난다. $\overline{AP}=8$, $\overline{BP}=6$, $\overline{CP}=12$, $\overline{DP}=4$일 때, 원 O의 넓이를 구하시오.

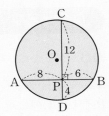

103 오른쪽 그림과 같이 반지름의 길이가 $6\sqrt{3}$ cm인 원 O를 현 AB를 접는 선으로 하여 접었더니 $\overgroup{AB}$가 원의 중심 O를 지나게 되었다. 이때 색칠한 부분의 넓이를 구하시오.

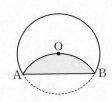

104 오른쪽 그림에서 두 점 P, Q 는 점 A에서 원 O에 그은 두 접선의 접점이고, $\overline{AO}$가 원 O와 만나는 점을 D, 점 D에서 원 O에 그은 접선이 $\overline{AP}$, $\overline{AQ}$와 만나는 점을 각각 B, C라 하자. $\overline{AC}=5$ cm, $\overline{CQ}=3$ cm일 때, 원 O의 둘레의 길이는?

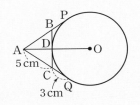

① 8π cm   ② 9π cm   ③ 10π cm

④ 11π cm   ⑤ 12π cm

105 오른쪽 그림에서 $\overline{AB}$, $\overline{BC}$, $\overline{CD}$, $\overline{DE}$, $\overline{EF}$, $\overline{AF}$는 원의 접선이고 $\overline{AC}$, $\overline{AD}$, $\overline{AE}$는 두 원의 공통인 접선이다. 이때 $\overline{AF}$의 길이를 구하시오.

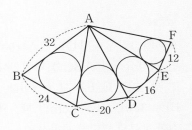

106 오른쪽 그림과 같이 원 O가 육각형 ABCDEF의 각 변과 접하고 $\overline{AB}+\overline{CD}+\overline{EF}=15$ cm일 때, 육각형 ABCDEF의 둘레의 길이를 구하시오.

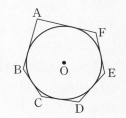

107 오른쪽 그림에서 $\overline{AD}$, $\overline{BC}$, $\overline{CD}$는 반원 O의 접선이고 세 점 A, B, P는 그 접점이다. $\overline{AD}=4$ cm, $\overline{BC}=6$ cm일 때, △OCD의 넓이를 구하시오.

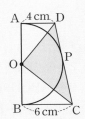

108 오른쪽 그림과 같이 ∠A=90°
인 직각삼각형 ABC의 외접원의 반
지름의 길이는 5 cm이고 내접원의
반지름의 길이는 2 cm일 때, △ABC
의 넓이를 구하시오. (단, $\overline{AB}>\overline{AC}$)

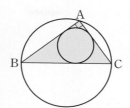

109 오른쪽 그림과 같이
$\overline{AB}=4$ cm, $\overline{BC}=6$ cm인 직사각
형 ABCD를 꼭짓점 B가 $\overline{AD}$ 위
의 점 E에 오도록 접었을 때,
△CDE에 내접하는 원의 반지름
의 길이를 구하시오.

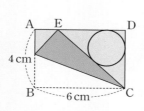

110 오른쪽 그림에서 원 O는
∠C=90°인 △ABC의 내접원이다.
$\overline{AD}$가 ∠A의 이등분선이고 $\overline{BD}=5$ cm,
$\overline{CD}=4$ cm일 때, 원 O의 반지름의 길
이는?

① $\dfrac{7}{3}$ cm   ② $\dfrac{8}{3}$ cm

③ 3 cm   ④ $\dfrac{10}{3}$ cm

⑤ $\dfrac{11}{3}$ cm

111 오른쪽 그림과 같이 반원 O에
내접하는 원 P와 반원 Q가 서로 외접
하고 있다. 원 P의 지름의 길이가
12 cm일 때, 반원 Q의 반지름의 길이
는?

① 3 cm   ② $\dfrac{7}{2}$ cm   ③ 4 cm

④ $\dfrac{9}{2}$ cm   ⑤ 5 cm

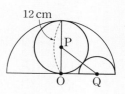

112 오른쪽 그림과 같이 정사각형 안에
반지름의 길이가 2 cm인 원 4개와 작은 원
1개가 꼭 맞게 들어 있다. 이때 작은 원의
반지름의 길이는?

① $(\sqrt{2}-1)$ cm   ② $(2\sqrt{2}-2)$ cm

③ $\sqrt{2}$ cm   ④ $(4\sqrt{2}-4)$ cm

⑤ $(2\sqrt{2}-1)$ cm

4

원주각

01 원주각 (1)

유형 01   원주각과 중심각의 크기 (1)

유형 02   원주각과 중심각의 크기 (2)

유형 03   두 접선이 주어졌을 때, 원주각과 중심각의 크기

유형 04   원주각의 성질

유형 05   반원에 대한 원주각의 크기

유형 06   원주각의 성질과 삼각비

02 원주각 (2)

유형 07   원주각의 크기와 호의 길이 (1)

유형 08   원주각의 크기와 호의 길이 (2)

유형 09   원주각의 크기와 호의 길이 (3)

유형 01 원주각과 중심각의 크기 (1) 〔중요〕

(1) **원주각**: 원 O에서 $\overarc{AB}$ 위에 있지 않은 점 P에 대하여 ∠APB를 $\overarc{AB}$에 대한 원주각이라 하고, $\overarc{AB}$를 원주각 ∠APB에 대한 호라 한다.

(2) 원에서 한 호에 대한 원주각의 크기는 그 호에 대한 중심각의 크기의 $\frac{1}{2}$이다.

➡ $\angle APB = \frac{1}{2}\angle AOB$

〔참고〕 호 AB에 대한 중심각은 하나이지만 원주각은 무수히 많다.

대표 문제

01 다음 그림의 원 O에서 ∠x의 크기를 구하시오.

(1) 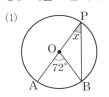 (2)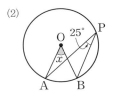

(단, $\overline{AP}$는 원 O의 지름)

유형 02 원주각과 중심각의 크기 (2)

원 O의 두 반지름과 두 현 AP, BP로 이루어진 □AOBP에서

$\angle APB = \frac{1}{2} \times (360° - \angle AOB)$
↳ $\overarc{ACB}$에 대한 중심각의 크기

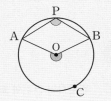

대표 문제

02 오른쪽 그림의 원 O에서 ∠AOB=150°일 때, ∠x의 크기를 구하시오.

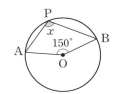

유형 03 두 접선이 주어졌을 때, 원주각과 중심각의 크기

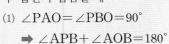
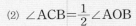

두 점 A, B가 점 P에서 원 O에 그은 두 접선의 접점일 때

(1) ∠PAO = ∠PBO = 90°
  ➡ ∠APB + ∠AOB = 180°

(2) $\angle ACB = \frac{1}{2}\angle AOB$

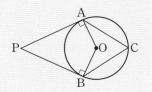

대표 문제

03 오른쪽 그림에서 두 점 A, B는 점 P에서 원 O에 그은 두 접선의 접점이다. ∠ACB=65°일 때, ∠x의 크기를 구하시오.

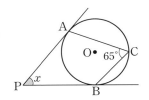

유형 04　원주각의 성질　중요

원에서 한 호에 대한 원주각의 크기는 모두 같다.

➡ $\angle APB = \angle AQB = \angle ARB$
　└ $\overset{\frown}{AB}$에 대한 원주각

대표 문제

04 오른쪽 그림에서 점 P는 두 현 AC, BD의 교점이다. $\angle ACD = 30°$, $\angle DPC = 110°$일 때, $\angle x$의 크기를 구하시오.

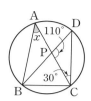

유형 05　반원에 대한 원주각의 크기　중요

반원에 대한 원주각의 크기는 90°이다.

➡ $\overline{AB}$가 원 O의 지름이면

$\angle APB = \angle AQB = 90°$
　　└ $\frac{1}{2}\angle AOB$

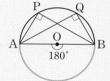

참고 도형에서 원의 지름이 주어지면 반원에 대한 원주각의 크기를 생각한다.

대표 문제

05 오른쪽 그림에서 $\overline{BD}$는 원 O의 지름이고 $\angle BAC = 60°$일 때, $\angle x$의 크기를 구하시오.

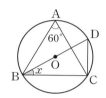

유형 06　원주각의 성질과 삼각비

$\triangle ABC$가 원 O에 내접할 때, 원의 지름 BD를 그어 원에 내접하는 직각삼각형 BCD를 만들면

➡ $\angle BAC = \angle BDC$이므로
　　└ $\overset{\frown}{BC}$에 대한 원주각

$\sin A = \sin D = \dfrac{\overline{BC}}{\overline{BD}}$

$\cos A = \cos D = \dfrac{\overline{CD}}{\overline{BD}}$

$\tan A = \tan D = \dfrac{\overline{BC}}{\overline{CD}}$

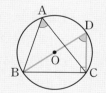

대표 문제

06 오른쪽 그림과 같이 반지름의 길이가 3인 원 O에 내접하는 $\triangle ABC$에서 $\overline{BC} = 4$일 때, $\cos A$의 값은?

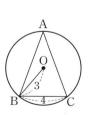

① $\dfrac{1}{2}$ 　　② $\dfrac{\sqrt{5}}{4}$

③ $\dfrac{2}{3}$ 　　④ $\dfrac{\sqrt{5}}{3}$

⑤ $\dfrac{3}{4}$

유형 01 원주각과 중심각의 크기 (1) 중요

07 대표 문제

오른쪽 그림의 원 O에서 ∠BAC=64°
일 때, ∠x의 크기를 구하시오.

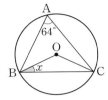

08 중 서술형

오른쪽 그림과 같이 반지름의 길이
가 8 cm인 원 O에 내접하는
△ABC에서 ∠BAC=75°일 때,
△OBC의 넓이를 구하시오.

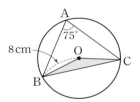

09 중

오른쪽 그림에서 원 O의 반지름의 길이
는 9 cm이고 $\overparen{AB}$=6π cm일 때,
∠x의 크기는?

① 45°　　② 50°
③ 55°　　④ 60°
⑤ 65°

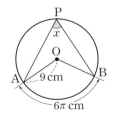

10 중 Pick

오른쪽 그림의 원 O에서 ∠APB=10°,
∠BQC=20°일 때, ∠AOC의 크기를
구하시오.

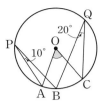

11 중

오른쪽 그림의 원 O에서 ∠AQC=60°,
∠BOC=50°일 때, ∠APB의 크기는?

① 20°　　② 25°
③ 30°　　④ 35°
⑤ 40°

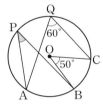

12 중

오른쪽 그림의 원 O에서 ∠PAO=20°,
∠PBO=35°일 때, ∠x의 크기는?

① 100°　　② 105°
③ 110°　　④ 115°
⑤ 120°

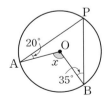

• 정답과 해설 34쪽

Pick

13 상

오른쪽 그림에서 점 P는 원 O의 두 현 AB, CD의 연장선의 교점이다. $\angle AOC=76°$, $\angle BOD=28°$일 때, $\angle APC$의 크기를 구하시오.

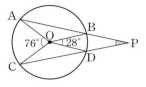

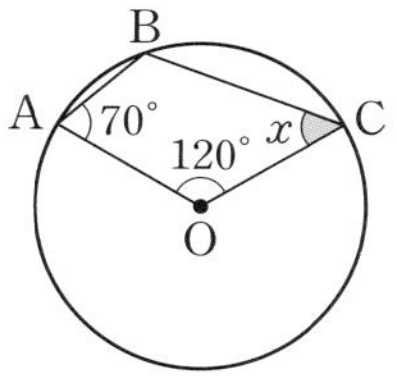

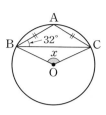

유형 02 원주각과 중심각의 크기 (2)

14 대표 문제

오른쪽 그림의 원 O에서 $\angle APB=100°$일 때, $\angle x$의 크기를 구하시오.

Pick

15 하

오른쪽 그림의 원 O에서 $\angle AOC=120°$, $\angle BAO=70°$일 때, $\angle x$의 크기는?

① 45°　② 50°　③ 55°　④ 60°　⑤ 65°

16 중

오른쪽 그림과 같이 $\overline{AB}=\overline{AC}$인 이등변삼각형 ABC가 원 O에 내접하고 $\angle ABC=32°$일 때, $\angle x$의 크기는?

① 116°　② 118°　③ 120°　④ 124°　⑤ 128°

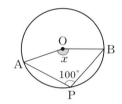

17 중

오른쪽 그림과 같이 반지름의 길이가 5 cm인 원 O에서 $\angle ABC=108°$일 때, $\widehat{ABC}$의 길이를 구하시오.

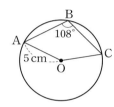

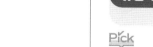

유형 03 두 접선이 주어졌을 때, 원주각과 중심각의 크기

Pick

18 대표 문제

오른쪽 그림에서 두 점 A, B는 점 P에서 원 O에 그은 두 접선의 접점이다. $\angle APB=72°$일 때, $\angle x$의 크기를 구하시오.

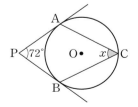

19 중

오른쪽 그림에서 두 점 A, B는 점 P에서 원 O에 그은 두 접선의 접점이다. $\angle AOB = 140°$일 때, $\angle y - \angle x$의 크기를 구하시오.

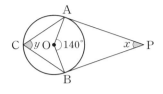

20 중

오른쪽 그림에서 두 점 A, B는 점 P에서 원 O에 그은 두 접선의 접점이다. $\angle APB = 52°$일 때, $\angle x$의 크기를 구하시오.

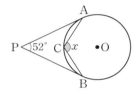

21 중

오른쪽 그림에서 두 점 A, B는 점 P에서 원 O에 그은 두 접선의 접점이고 △ABC는 원 O에 내접한다. $\angle APB = 64°$일 때, 다음 중 옳지 <u>않은</u> 것은?

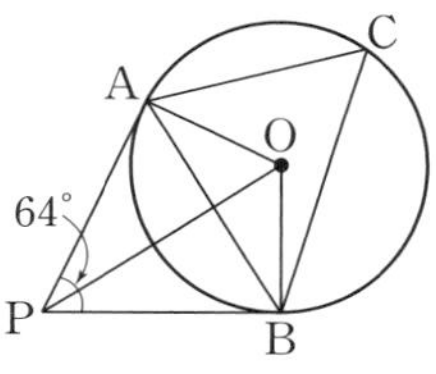

① $\angle PAO = 90°$ ② $\angle AOB = 116°$
③ $\angle ACB = 64°$ ④ $\angle ABO = 32°$
⑤ $\angle PAB = 58°$

유형 04 원주각의 성질 중요

22 대표 문제

오른쪽 그림에서 $\angle ACD = 35°$, $\angle BAC = 60°$일 때, $\angle x + \angle y$의 크기는?

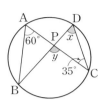

① 150°   ② 152°
③ 155°   ④ 158°
⑤ 160°

23 하

오른쪽 그림의 원 O에서 $\angle x$, $\angle y$의 크기를 각각 구하시오.

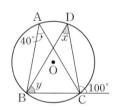

24 중

오른쪽 그림과 같이 두 현 AB, CD의 연장선의 교점을 P라 하자. $\angle ABC = 65°$, $\angle APC = 40°$일 때, $\angle x$의 크기를 구하시오.

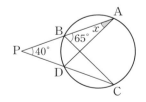

Pick
25 중

오른쪽 그림의 원 O에서 $\angle AQC=60°$, $\angle BOC=80°$일 때, $\angle x$의 크기는?

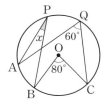

① 20° ② 23°
③ 25° ④ 28°
⑤ 30°

26 중

오른쪽 그림에서 점 P는 두 현 AC, BD의 교점이다. $\angle ADB=38°$, $\angle ACD=27°$, $\angle BAC=62°$일 때, $\angle DBC$의 크기를 구하시오.

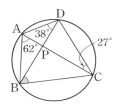

Pick
27 중

오른쪽 그림과 같이 두 현 AD와 BC의 교점을 E, 두 현 AB와 CD의 연장선의 교점을 P라 하자. $\angle ABC=15°$, $\angle BED=55°$일 때, $\angle x$의 크기는?

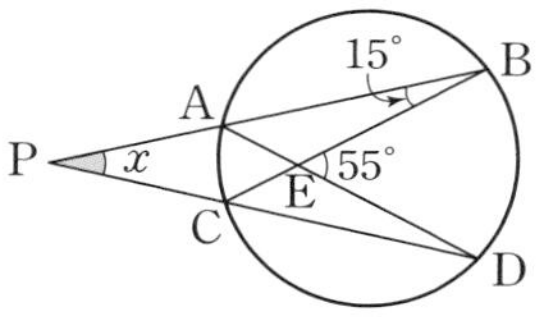

① 15° ② 20° ③ 25°
④ 30° ⑤ 35°

28 상

오른쪽 그림에서 $\angle a+\angle b+\angle c+\angle d+\angle e$의 크기를 구하시오.

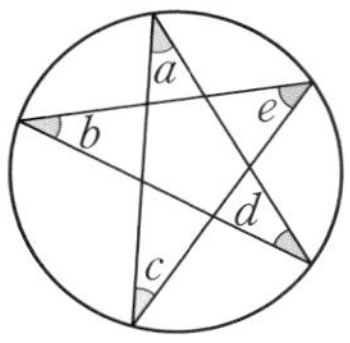

중요

유형 05 **반원에 대한 원주각의 크기**

29 대표 문제

오른쪽 그림에서 $\overline{BD}$는 원 O의 지름이고 $\angle ADB=35°$일 때, $\angle ACD$의 크기를 구하시오.

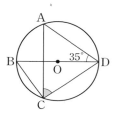

30 하

오른쪽 그림에서 $\overline{AB}$는 원 O의 지름이고 $\angle OCA=70°$일 때, $\angle x$의 크기는?

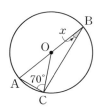

① 10° ② 12°
③ 15° ④ 18°
⑤ 20°

31 중

오른쪽 그림에서 $\overline{AB}$는 원 O의 지름이고
∠COB=104°일 때, ∠x의 크기는?

① 36° ② 38°

③ 40° ④ 42°

⑤ 44°

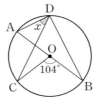

32 중

오른쪽 그림에서 $\overline{AB}$는 원 O의 지름이
고 ∠ACD=73°일 때, ∠BAD의 크
기는?

① 11° ② 13°

③ 15° ④ 17°

⑤ 19°

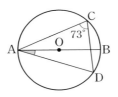

33 중

오른쪽 그림에서 $\overline{AC}$는 원 O의 중심을
지나고 ∠ABD=56°, ∠DEC=80°일 때,
∠y− ∠x의 크기를 구하시오.

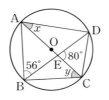

34 중

오른쪽 그림에서 $\overline{AB}$는 원 O의 지름이
고 ∠BQR=60°일 때, ∠APR의 크
기를 구하시오.

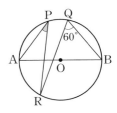

35 중 서술형

오른쪽 그림과 같이 $\overline{AB}$를 지름으로
하는 반원 O에서 $\overline{AC}$, $\overline{BD}$의 연장선
의 교점을 P라 하자. ∠APB=65°일
때, ∠x의 크기를 구하시오.

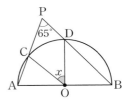

36 상

오른쪽 그림과 같이 $\overline{AB}$, $\overline{CD}$를 지름
으로 하는 원 O에서 $\overline{CE}$는 ∠ACB의
이등분선이다. ∠AOD=70°일 때,
∠x의 크기는?

① 6° ② 8°

③ 10° ④ 12°

⑤ 14°

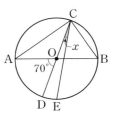

유형 06 원주각의 성질과 삼각비

37 대표 문제

오른쪽 그림과 같이 반지름의 길이가 5인 원 O에 내접하는 △ABC에서 $\overline{BC}=6$일 때, $\sin A+\cos A$의 값을 구하시오.

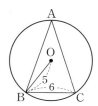

40 중

오른쪽 그림과 같이 원 O에 내접하는 △ABC에서 $\overline{BC}=4\sqrt{2}$ cm이고 $\tan A=2\sqrt{2}$일 때, 원 O의 둘레의 길이는?

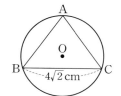

① 4π cm ② 6π cm

③ 8π cm ④ 9π cm

⑤ 10π cm

38 하

오른쪽 그림과 같이 반지름의 길이가 6 cm인 반원 O에 내접하는 △ABC에서 ∠ABC=30°일 때, △ABC의 둘레의 길이를 구하시오.

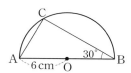

41 중

오른쪽 그림과 같이 원 모양의 야외 극장 한쪽에 길이가 15 m인 무대가 있다. 이 극장 가장자리의 한 지점 P에서 무대의 양 끝을 바라본 각의 크기가 60°일 때, 이 극장의 지름의 길이를 구하시오.

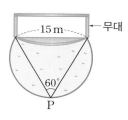

39 하

오른쪽 그림과 같이 $\overline{AB}$를 지름으로 하는 원 O에 내접하는 △ABC에서 $\overline{AC}=8$ cm이고 $\tan A=\dfrac{3}{2}$일 때, 원 O의 반지름의 길이는?

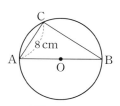

① $2\sqrt{13}$ cm ② $2\sqrt{14}$ cm ③ $2\sqrt{15}$ cm

④ 8 cm ⑤ $2\sqrt{17}$ cm

42 중

오른쪽 그림과 같이 $\overline{AB}$를 지름으로 하는 원 O 위의 점 C에서 $\overline{AB}$에 내린 수선의 발을 D라 하자. $\overline{AB}=20$, $\overline{AC}=16$일 때, $\cos x$의 값을 구하시오.

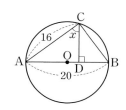

• 정답과 해설 37쪽

유형 07 　원주각의 크기와 호의 길이 (1)　^{중요}

한 원 또는 합동인 두 원에서
(1) 길이가 같은 호에 대한 원주각의 크기는
　　같다.
　　➡ $\overarc{AB}=\overarc{CD}$이면 $\angle APB=\angle CQD$
(2) 크기가 같은 원주각에 대한 호의 길이는
　　같다.
　　➡ $\angle APB=\angle CQD$이면 $\overarc{AB}=\overarc{CD}$

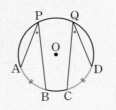

대표 문제

43 오른쪽 그림에서 점 P는 두 현 AB, CD의 교점이다. $\overarc{AC}=\overarc{BD}$이고 $\angle ABC=20°$일 때, $\angle APC$의 크기를 구하시오.

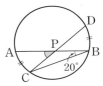

유형 08 　원주각의 크기와 호의 길이 (2)　^{중요}

한 원 또는 합동인 두 원에서 호의 길이는 그 호에 대한 원주각의 크기에 정비례한다.
　➡ $\overarc{AB}:\overarc{BC}=\angle APB:\angle BPC$

참고　호의 길이는 그 호에 대한 중심각의 크기에 정비례하므로 그 호에 대한 원주각의 크기에도 정비례한다.

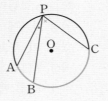

대표 문제

44 오른쪽 그림의 원 O에서 $\overarc{AB}=3\text{cm}$, $\overarc{BC}=6\text{cm}$이고 $\angle APB=30°$일 때, $\angle x+\angle y$의 크기를 구하시오.

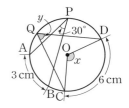

유형 09 　원주각의 크기와 호의 길이 (3)

$\overarc{AB}$의 길이가 원주의 $\dfrac{1}{n}$이면
　➡ $\angle APB=180°\times\dfrac{1}{n}$

참고　한 원에서 모든 호에 대한 중심각의 크기의 합은 360°이고 원주각의 크기의 합은 180°이다.

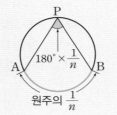

대표 문제

45 오른쪽 그림에서 점 P는 두 현 AC, BD의 교점이다. $\overarc{AB}$, $\overarc{CD}$의 길이가 각각 원의 둘레의 길이의 $\dfrac{1}{9}$, $\dfrac{1}{5}$일 때, $\angle x$의 크기를 구하시오.

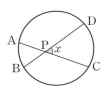

• 정답과 해설 37쪽

유형 07 원주각의 크기와 호의 길이 (1) 중요

46 대표 문제

오른쪽 그림에서 점 P는 두 현 AB, CD의 교점이다. $\overparen{AD}=\overparen{BC}$이고 ∠DPB=108°일 때, ∠ACD의 크기를 구하시오.

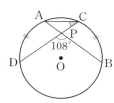

47 하

오른쪽 그림의 원 O에서 $\overparen{AB}=\overparen{BC}$이고 ∠APB=34°일 때, ∠BOC의 크기를 구하시오.

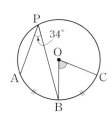

48 하

오른쪽 그림에서 점 P는 두 현 AC, BD의 교점이다. $\overparen{AB}=\overparen{BC}$이고 ∠ABD=58°, ∠BDC=35°일 때, ∠CAD의 크기를 구하시오.

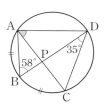

49 중

오른쪽 그림의 원 O에서 $\overparen{BC}=\overparen{CD}$이고 ∠BAC=22°일 때, ∠$x$+∠$y$의 크기는?

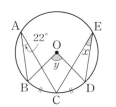

① 100° 　② 105°
③ 110° 　④ 115°
⑤ 120°

P¡ck
50 중 서술형

오른쪽 그림에서 $\overline{AB}$는 원 O의 지름이고 $\overparen{CD}=\overparen{BD}$, ∠BAD=28°일 때, ∠ABC의 크기를 구하시오.

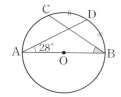

P¡ck
51 중

오른쪽 그림에서 $\overline{AD}\,/\!/\,\overline{BE}$, $\overparen{AB}=\overparen{BC}$이고 ∠ADC=56일 때, ∠DCE의 크기를 구하시오.

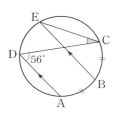

52 중

오른쪽 그림과 같이 원 O에 내접하는 정오각형 ABCDE에서 ∠BEC의 크기는?

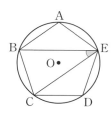

① 36° 　② 38°
③ 40° 　④ 42°
⑤ 44°

유형 08 원주각의 크기와 호의 길이 (2)

53 대표 문제

오른쪽 그림의 원 O에서
$\widehat{AB}=15\pi$ cm, $\widehat{CD}=5\pi$ cm이고
$\angle AOB=102°$일 때, $\angle x - \angle y$
의 크기는?

① 17°　　② 21°

③ 27°　　④ 29°

⑤ 34°

54 중

오른쪽 그림에서 점 P는 두 현 AC, BD
의 교점이다. $\angle ABD=20°$, $\angle BPC=60°$
이고 $\widehat{BC}=8$ cm일 때, $\widehat{AD}$의 길이를 구
하시오.

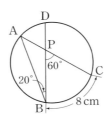

55 중

오른쪽 그림에서 $\widehat{BC}=4$ cm,
$\widehat{CD}=6$ cm이고 $\angle BAC=20°$일 때,
$\angle BED$의 크기는?

① 40°　　② 45°

③ 50°　　④ 55°

⑤ 60°

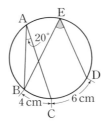

56 중

오른쪽 그림과 같이 두 현 AB, CD
의 연장선의 교점을 P라 하자.
$\widehat{AC} : \widehat{BD}=3 : 1$이고 $\angle BCD=25°$
일 때, $\angle x$의 크기를 구하시오.

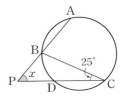

57 중

오른쪽 그림에서 $\overline{AB}$는 원 O의 지름
이고 $\widehat{BC}=15$ cm, $\angle BAC=27°$일
때, $\widehat{AC}$의 길이를 구하시오.

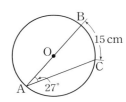

58 중

오른쪽 그림과 같이 원 O의 중심에
서 두 현 AB와 AC에 이르는 거리
가 같고 $\angle ABC=65°$,
$\widehat{AC}=26\pi$ cm일 때, $\widehat{BC}$의 길이는?

① 18π cm　　② 19π cm

③ 20π cm　　④ 21π cm

⑤ 22π cm

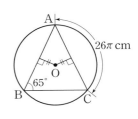

59 상

서연이가 오른쪽 그림과 같은 원 모양의
산책로를 일정한 속력으로 화살표 방향
으로 걷고 있다. 서연이가 A 지점에서
B 지점까지 가는 데 12분이 걸렸다고 할
때, B 지점에서 C 지점까지 가는 데 걸
리는 시간을 구하시오. (단, 산책로의 폭은 생각하지 않는다.)

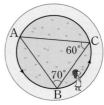

유형 09   원주각의 크기와 호의 길이 (3)

60 대표 문제

오른쪽 그림에서 점 P는 두 현 AB, CD
의 교점이다. $\widehat{BD}$의 길이는 원의 둘레
의 길이의 $\dfrac{1}{12}$이고 $\widehat{AC}=2\widehat{BD}$일 때,
∠BPD의 크기를 구하시오.

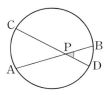

61 하

오른쪽 그림에서 원 O는 △ABC의 외접
원이다. $\widehat{AB} : \widehat{BC} : \widehat{CA}=5 : 3 : 4$일 때,
∠ABC의 크기는?

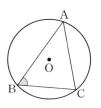

① 60°   ② 62°

③ 65°   ④ 68°

⑤ 70°

62 중

오른쪽 그림에서 점 P는 두 현 AB, CD
의 교점이다. $\widehat{BD}=5\,\mathrm{cm}$이고
∠ADC=25°, ∠DPB=85°일 때, 이
원의 둘레의 길이를 구하시오.

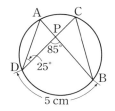

63 중

오른쪽 그림에서 원의 반지름의 길이가
$3\,\mathrm{cm}$이고 ∠APB=50°,
∠BPC=25°, ∠CPD=35°일 때,
$\widehat{PA}+\widehat{PD}$의 길이를 구하시오.

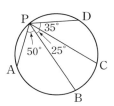

64 중

오른쪽 그림에서 점 P는 두 현 AB,
CD의 교점이다. 원 O의 반지름의 길이
가 $10\,\mathrm{cm}$이고 ∠BPD=45°일 때,
$\widehat{AC}+\widehat{BD}$의 길이를 구하시오.

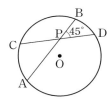

65 상

오른쪽 그림과 같이 원 O의 두
현 BA, CD의 연장선의 교점을
P라 하자. $\widehat{AB}=\widehat{BC}=\widehat{CD}$이고
∠BPC=20°일 때, ∠ACD의
크기는?

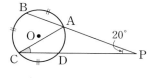

① 23°   ② 25°   ③ 27°

④ 30°   ⑤ 33°

66

오른쪽 그림의 원 O에서 ∠BAC=50°,
∠BOD=140°일 때, ∠CED의 크기를
구하시오.

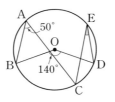

유형 01

67

오른쪽 그림에서 점 P는 원 O의 두
현 AB, CD의 연장선의 교점이다.
∠AOC=124°, ∠BOD=38°일
때, ∠APC의 크기는?

유형 01

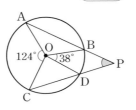

① 41°   ② 42°

③ 43°   ④ 44°

⑤ 45°

68

오른쪽 그림의 원 O에서
∠APB=110°, ∠OBP=55°일 때,
∠x의 크기를 구하시오.

유형 02

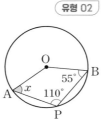

69

오른쪽 그림에서 두 점 A, B는 점
P에서 원 O에 그은 두 접선의 접점
이다. ∠APB=80°일 때, ∠x의 크
기를 구하시오.

유형 03

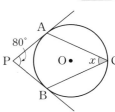

70

오른쪽 그림의 원 O에서 ∠AOB=66°,
∠BDC=22°일 때, ∠AEC의 크기는?

유형 04

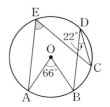

① 45°   ② 50°

③ 55°   ④ 60°

⑤ 65°

71

오른쪽 그림과 같이 두 현 AD와
BC의 교점을 P, 두 현 AB와
CD의 연장선의 교점을 Q라 하
자. ∠APC=70°, ∠AQC=30°
일 때, ∠BAD의 크기를 구하시오.

유형 04

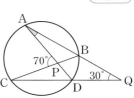

72 〔유형 05〕

오른쪽 그림에서 $\overline{AB}$가 원 O의 지름일 때,
∠ACE+∠EDB의 크기는?

① 78°   ② 81°

③ 84°   ④ 87°

⑤ 90°

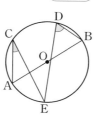

73 〔유형 05〕

오른쪽 그림과 같이 $\overline{AB}$를 지름으로
하는 반원 O에서 $\overline{AC}$, $\overline{BD}$의 연장
선의 교점을 P라 하자. ∠COD=38°
일 때, ∠x의 크기는?

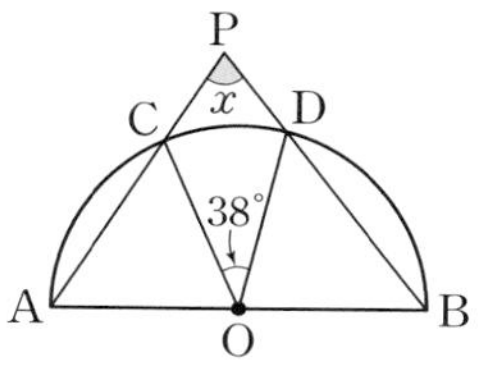

① 52°   ② 58°

③ 60°   ④ 68°

⑤ 71°

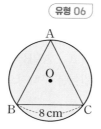

74 〔유형 06〕

오른쪽 그림과 같이 원 O에 내접하는
△ABC에서 $\overline{BC}=8\,\text{cm}$이고 $\sin A=\dfrac{4}{5}$
일 때, 원 O의 넓이를 구하시오.

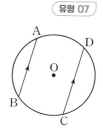

75 〔유형 07〕

오른쪽 그림에서 $\overline{AB}$는 원 O의 지름
이고 $\overset{\frown}{AC}=\overset{\frown}{CD}=\overset{\frown}{BD}$일 때, ∠CPD
의 크기를 구하시오.

76 〔유형 07〕

오른쪽 그림과 같이 원 O에서 두 현 AB
와 CD가 평행할 때, 다음 보기 중 길이가
항상 같은 것끼리 짝 지으시오.

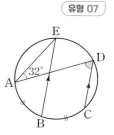

〔보기〕

ㄱ. $\overline{AB}$ ㄴ. $\overset{\frown}{BC}$ ㄷ. $\overset{\frown}{CD}$ ㄹ. $\overset{\frown}{AD}$

77 〔유형 07〕

오른쪽 그림에서 $\overline{BE}\,/\!/\,\overline{CD}$, $\overset{\frown}{AB}=\overset{\frown}{BC}$
이고 ∠EAD=32°일 때, ∠ADC의
크기는?

① 60°   ② 62°

③ 64°   ④ 66°

⑤ 68°

Pick 점검하기

• 정답과 해설 40쪽

78 유형 08

오른쪽 그림에서 $\overline{AB}$는 원 O의 지름이고 $\widehat{AC}=3\,\text{cm}$, $\angle AOC=40^\circ$, $\angle ABD=60^\circ$일 때, x, y의 값을 각각 구하시오.

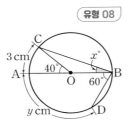

79 유형 08

오른쪽 그림에서 $\overline{AC}$는 원 O의 지름이고 $\angle APB=60^\circ$, $\widehat{BC}=7\pi$일 때, $\widehat{AB}$의 길이는?

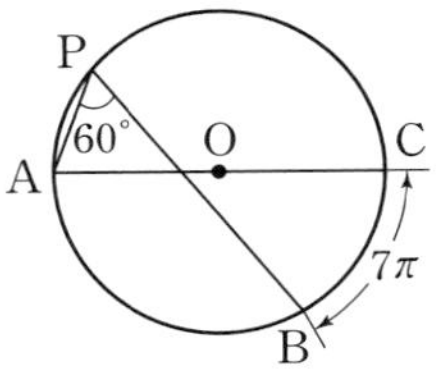

① 10π ② 11π ③ 12π ④ 13π ⑤ 14π

80 유형 09

오른쪽 그림에서 원 O는 △ABC의 외접원이고 반지름의 길이가 20 cm이다.
$\widehat{AB}:\widehat{BC}:\widehat{CA}=3:8:7$일 때, △OAB의 넓이를 구하시오.

서술형 문제

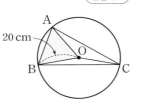

81 유형 05

오른쪽 그림에서 $\overline{BD}$는 원 O의 지름이고 $\angle BOC=152^\circ$일 때, $\angle x$의 크기를 구하시오.

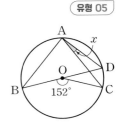

82 유형 07

오른쪽 그림과 같이 $\overline{AB}$를 지름으로 하는 반원 O에서 $\widehat{AD}=\widehat{CD}$이고 $\angle ABD=30^\circ$일 때, $\angle CPB$의 크기를 구하시오.

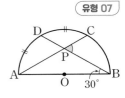

83 유형 09

오른쪽 그림에서 점 P는 두 현 AD, BC의 교점이다. $\widehat{AB}=4\pi\,\text{cm}$, $\widehat{CD}=6\pi\,\text{cm}$이고 $\angle APB=75^\circ$일 때, 원 O의 반지름의 길이를 구하시오.

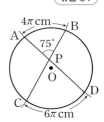

84 오른쪽 그림과 같이 원 모양의 시계가 9시 30분을 나타내고 있을 때, 시침과 분침의 연장선이 시계의 테두리와 만나는 점을 각각 A, B라 하자. 시계의 테두리 위의 한 점 P에 대하여 ∠APB의 크기를 구하시오. (단, 시계의 테두리의 두께는 무시한다.)

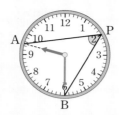

87 오른쪽 그림과 같이 원 O에 내접하는 △ABC에서 ∠ABC=60°, $\overline{AC}=12\,cm$일 때, 색칠한 부분의 넓이를 구하시오.

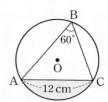

85 오른쪽 그림에서 $\overline{AB}$는 △ABC의 외접원 O의 지름이고 $\overline{AH} \perp \overline{CD}$이다. $\overline{AC}=6\,cm$, $\overline{AD}=4\,cm$, $\overline{OB}=4\,cm$일 때, $\overline{DH}$의 길이를 구하시오.

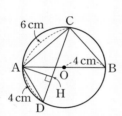

88 오른쪽 그림에서 $\overline{AB}$는 원 O의 지름이고 $\overset{\frown}{AC} : \overset{\frown}{BC}=5:4$, $\overset{\frown}{AD}=\overset{\frown}{DE}=\overset{\frown}{BE}$일 때, ∠$x$, ∠$y$의 크기를 각각 구하시오.

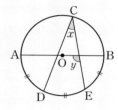

86 오른쪽 그림과 같이 중심이 O로 같은 두 원에서 $\overline{AB}$는 큰 원의 지름이고 $\overline{CB}$는 작은 원의 접선이고 점 D는 그 접점이다. $\overline{AC}=8$이고 □ACDO의 넓이가 48일 때, $\overline{AB}$의 길이를 구하시오.

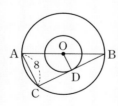

89 오른쪽 그림에서 현 MN이 두 현 AB, AC와 만나는 점을 각각 P, Q라 하자. $\overset{\frown}{AM}=\overset{\frown}{BM}$, $\overset{\frown}{AN}=\overset{\frown}{CN}$이고 ∠BAC=40°일 때, ∠AQP의 크기를 구하시오.

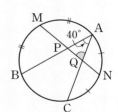

5

원주각의 활용

01 원주각의 활용 (1)

유형 01   네 점이 한 원 위에 있을 조건
유형 02   원에 내접하는 사각형의 성질 (1)
유형 03   원에 내접하는 사각형의 성질 (2)
유형 04   원에 내접하는 다각형
유형 05   원에 내접하는 사각형과 외각의 성질
유형 06   두 원에서 원에 내접하는 사각형의 성질의 응용
유형 07   사각형이 원에 내접하기 위한 조건

02 원주각의 활용 (2)

유형 08   접선과 현이 이루는 각 (1)
       — 삼각형이 원에 내접하는 경우
유형 09   접선과 현이 이루는 각 (2)
       — 사각형이 원에 내접하는 경우
유형 10   접선과 현이 이루는 각의 응용 (1)
유형 11   접선과 현이 이루는 각의 응용 (2)
유형 12   두 원에서 접선과 현이 이루는 각

유형 01 네 점이 한 원 위에 있을 조건

(1) ∠ACB＝∠ADB이면
→ 네 점 A, B, C, D는 한 원 위에 있다.
(2) 네 점 A, B, C, D가 한 원 위에 있으면
→ ∠ACB＝∠ADB

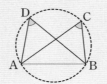

대표 문제

01 다음 보기 중 네 점 A, B, C, D가 한 원 위에 있는 것을 고르시오.

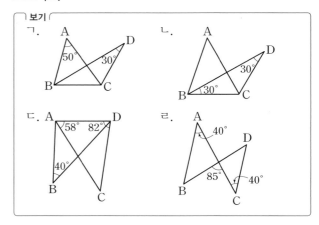

유형 02 원에 내접하는 사각형의 성질 (1) 〈중요〉

원에 내접하는 사각형에서 마주 보는 두 각의
크기의 합은 180°이다. └→ 한 쌍의 대각
→ ∠A＋∠C＝∠B＋∠D＝180°

합이 180°

대표 문제

02 오른쪽 그림과 같이 원에 내접하는 □ABCD에서 ∠BAC＝65°, ∠ACB＝40°일 때, ∠x의 크기를 구하시오.

유형 03 원에 내접하는 사각형의 성질 (2) 〈중요〉

원에 내접하는 사각형에서 한 외각의 크기
는 그와 이웃한 내각의 대각의 크기와 같다.
→ ∠DCE＝∠A → ∠A＋∠C＝180°에서
∠A＝180°－∠C＝∠DCE

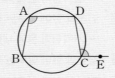

대표 문제

03 오른쪽 그림과 같이 원에 내접하는 □ABCD에서 ∠x의 크기를 구하시오.

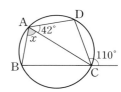

유형 04 원에 내접하는 다각형

원에 내접하는 다각형에서 각의 크기를 구할
때는 보조선을 그어 그 원에 내접하는 사각형
을 만든다.
→ 원 O에 내접하는 오각형 ABCDE에서
BD를 그으면
(1) ∠ABD＋∠AED＝180°
(2) ∠COD＝2∠CBD

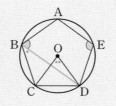

대표 문제

04 오른쪽 그림에서 오각형 ABCDE가 원 O에 내접한다. ∠BAE＝75°, ∠CDE＝140°일 때, ∠BOC의 크기를 구하시오.

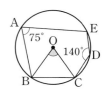

• 정답과 해설 42쪽

유형 05 **원에 내접하는 사각형과 외각의 성질**

□ABCD가 원에 내접할 때
❶ ∠CDQ= ∠x
❷ △PBC에서 ∠PCQ= ∠x+ ∠a
❸ △DCQ에서
   ∠x+(∠x+ ∠a)+ ∠b=180°

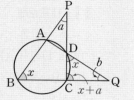

대표 문제

05 오른쪽 그림과 같이 원에 내접하는 □ABCD에서 $\overline{BA}$와 $\overline{CD}$의 연장선의 교점을 P, $\overline{AD}$와 $\overline{BC}$의 연장선의 교점을 Q라 하자. ∠APD=40°, ∠CQD=44°일 때, ∠x의 크기를 구하시오.

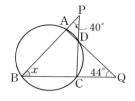

유형 06 **두 원에서 원에 내접하는 사각형의 성질의 응용**

□ABQP와 □PQCD가 각각 원에 내접할 때
(1) ∠BAP= ∠PQC= ∠CDE
   ∠ABQ= ∠QPD= ∠DCF
(2) $\overline{AB}$ // $\overline{CD}$ → 동위각의 크기가 같다.

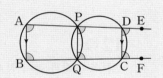

대표 문제

06 오른쪽 그림과 같이 두 원 O, O'이 두 점 P, Q에서 만나고 ∠BAP=96°일 때, ∠x의 크기를 구하시오.

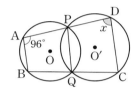

유형 07 **사각형이 원에 내접하기 위한 조건**

다음의 각 경우에 □ABCD는 원에 내접한다.
(1) ∠BAC= ∠BDC   (2) ∠A+ ∠C=180°   (3) ∠DCE= ∠A

  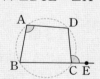

참고 • 네 점 A, B, C, D가 한 원 위에 있으면 □ABCD는 원에 내접한다.
• 직사각형, 등변사다리꼴, 정사각형은 한 쌍의 대각의 크기의 합이 180°이므로 항상 원에 내접한다.

직사각형   등변사다리꼴   정사각형

대표 문제

07 다음 중 □ABCD가 원에 내접하지 <u>않는</u> 것을 모두 고르면? (정답 2개)

①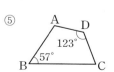

②

③

④

⑤

유형 01 네 점이 한 원 위에 있을 조건

08 대표 문제

다음 중 네 점 A, B, C, D가 한 원 위에 있는 것을 모두 고르면? (정답 2개)

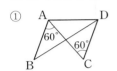

①

②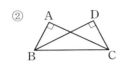

③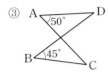

④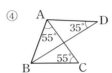

⑤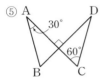

Pick
09 하

오른쪽 그림에서 네 점 A, B, C, D가 한 원 위에 있도록 하는 ∠ACB의 크기를 구하시오.

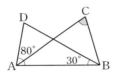

10 중

오른쪽 그림에서 네 점 A, B, C, D가 한 원 위에 있도록 하는 ∠DQC의 크기를 구하시오.

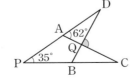

유형 02 원에 내접하는 사각형의 성질 (1) ^{중요}

11 대표 문제

오른쪽 그림과 같이 원 O에 내접하는 □ABCD에서 $\overline{AB}$는 원 O의 지름이다. ∠CAB=30°일 때, ∠ADC의 크기를 구하시오.

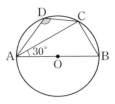

12 중

오른쪽 그림과 같이 원 O에 내접하는 □ABCD에서 ∠x−∠y의 크기는?

① 20° ② 25°
③ 30° ④ 35°
⑤ 40°

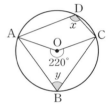

13 중

오른쪽 그림과 같이 원에 내접하는 □ABCD에서 $\overline{AB}=\overline{AC}$이고 ∠BAC=40°일 때, ∠ADC의 크기를 구하시오.

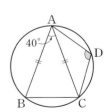

Pick
14 ㉠

오른쪽 그림과 같이 두 사각형 ABCD, ABCE가 원에 내접하고 ∠BAD=95°, ∠ECD=30°일 때, ∠x, ∠y의 크기를 각각 구하시오.

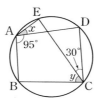

15 ㉠

오른쪽 그림과 같이 □ABCD와 △ADE 가 원에 내접하고 $\overline{AB}=\overline{AD}$, ∠BCD=80°일 때, ∠AED의 크기는?

① 100° ② 110°
③ 120° ④ 130°
⑤ 140°

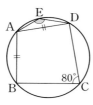

16 ㉡

오른쪽 그림과 같이 원에 내접하는 □ABCD에서 ∠BAD=60°이고 $\overline{BC}=6\,\text{cm}$, $\overline{CD}=4\,\text{cm}$이다. □ABCD의 넓이가 $25\sqrt{3}\,\text{cm}^2$이고 $\overset{\frown}{AB}=\overset{\frown}{AD}$일 때, $\overline{AC}$의 길이를 구하시오.

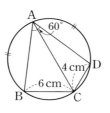

유형 03　원에 내접하는 사각형의 성질 (2)

17 대표 문제

오른쪽 그림과 같이 원에 내접하는 □ABCD에서 ∠BDC=50°, ∠DBC=72°일 때, ∠x의 크기는?

① 50° ② 54°
③ 58° ④ 62°
⑤ 66°

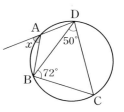

18 ㉢

오른쪽 그림과 같이 □ABCD가 원 O 에 내접하고 ∠BOD=110°일 때, ∠x 의 크기를 구하시오.

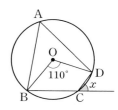

Pick
19 ㉢

오른쪽 그림과 같이 원에 내접하는 □ABCD에서 $\overline{AD}$, $\overline{BC}$의 연 장선의 교점을 P라 하자. ∠BAD=85°, ∠DPC=30°일 때, ∠ADC의 크기는?

① 95° ② 100° ③ 105°
④ 110° ⑤ 115°

20 중 서술형

오른쪽 그림과 같이 □ABCD가 원에 내접하고 ∠ABD=25°, ∠BCD=96°, ∠BAC=34°일 때, ∠x+∠y의 크기를 구하시오.

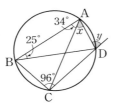

유형 04 원에 내접하는 다각형

23 대표 문제

오른쪽 그림과 같이 원 O에 내접하는 오각형 ABCDE에서 ∠ABC=100°, ∠COD=60°일 때, ∠x의 크기를 구하시오.

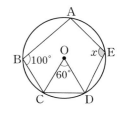

21 중

오른쪽 그림과 같이 □ABCD가 원에 내접하고 $\overset{\frown}{BAD}$의 길이는 원의 둘레의 길이의 $\dfrac{3}{5}$, $\overset{\frown}{CDA}$의 길이는 원의 둘레의 길이의 $\dfrac{4}{9}$일 때, ∠x+∠y의 크기는?

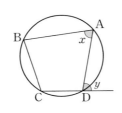

① 150° ② 152° ③ 155°
④ 158° ⑤ 160°

24 중

오른쪽 그림과 같이 원에 내접하는 오각형 ABCDE에서 ∠ABC=115°, ∠AED=117°일 때, ∠CAD의 크기를 구하시오.

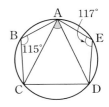

25 중

오른쪽 그림과 같이 원에 내접하는 육각형 ABCDEF에서 ∠BAF=110°, ∠BCD=120°일 때, ∠DEF의 크기를 구하시오.

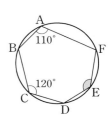

22 중

오른쪽 그림에서 □ABCD는 $\overline{AC}$가 지름인 원 O에 내접하고 점 E는 $\overline{BC}$의 연장선 위의 점이다.
∠BAC=50°, ∠DCE=120°일 때, ∠ABD의 크기를 구하시오.

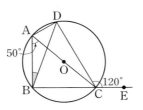

26 상

오른쪽 그림에서 육각형 ABCDEF가 원에 내접할 때, ∠BAF+∠BCD+∠DEF의 크기를 구하시오.

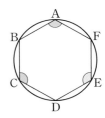

유형 05 **원에 내접하는 사각형과 외각의 성질**

Pick
27 대표 문제

오른쪽 그림과 같이 원에 내접하는
□ABCD에서 $\overline{BA}$와 $\overline{CD}$의 연장선의
교점을 P, $\overline{AD}$와 $\overline{BC}$의 연장선의 교
점을 Q라 하자. ∠APD=32°,
∠CQD=46°일 때, ∠x의 크기는?

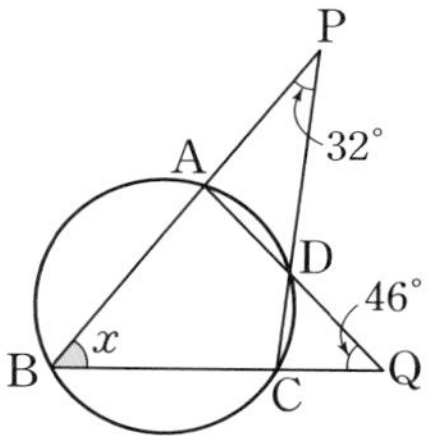

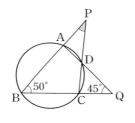

① 51°　　　　② 52°

③ 53°　　　　④ 54°

⑤ 55°

28 중

오른쪽 그림과 같이 원에 내접하는
□ABCD에서 $\overline{BA}$와 $\overline{CD}$의 연장선
의 교점을 P, $\overline{AD}$와 $\overline{BC}$의 연장선의
교점을 Q라 하자. ∠ABC=50°,
∠CQD=45°일 때, ∠APD의 크기
를 구하시오.

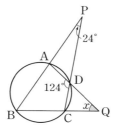

29 중

오른쪽 그림과 같이 원에 내접하는
□ABCD에서 $\overline{BA}$와 $\overline{CD}$의 연장선의
교점을 P, $\overline{AD}$와 $\overline{BC}$의 연장선의 교점
을 Q라 하자. ∠APD=24°,
∠ADC=124°일 때, ∠x의 크기를 구
하시오.

유형 06 **두 원에서 원에 내접하는 사각형의 성질의
응용**

30 대표 문제

오른쪽 그림과 같이 두 원 O, O'이
두 점 P, Q에서 만나고
∠PDC=85°, ∠DCQ=80°일 때,
∠x+∠y의 크기를 구하시오.

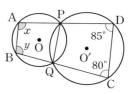

31 중

오른쪽 그림에서 $\overline{PQ}$가 두 원 O,
O'의 공통인 현이고 ∠PDC=98°
일 때, 다음 중 옳은 것을 모두 고
르면? (정답 2개)

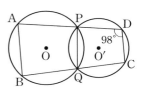

① ∠PQC=98°　　　② ∠PQB=98°

③ ∠BAP=98°　　　④ $\overline{AB}$∥$\overline{PQ}$

⑤ $\overline{AB}$∥$\overline{CD}$

32 중

오른쪽 그림과 같이 두 원 O, O'이
두 점 P, Q에서 만나고
∠BAP=100°일 때, ∠PO'C의 크
기를 구하시오.

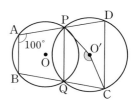

유형 07 사각형이 원에 내접하기 위한 조건

33 대표 문제

다음 보기 중 □ABCD가 원에 내접하는 것을 모두 고른 것은?

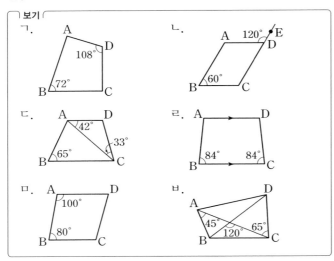

① ㄱ, ㄴ ② ㄱ, ㄹ ③ ㄴ, ㄹ
④ ㄷ, ㅁ ⑤ ㅁ, ㅂ

34 하

오른쪽 그림에서 ∠ABD=46°, ∠ADB=24°일 때, □ABCD가 원에 내접하도록 하는 ∠BCD의 크기는?

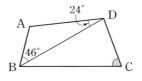

① 66° ② 68° ③ 70°
④ 72° ⑤ 74°

35 중

다음 보기 중 항상 원에 내접하는 사각형을 모두 고르시오.

보기
ㄱ. 사다리꼴   ㄴ. 등변사다리꼴
ㄷ. 평행사변형   ㄹ. 직사각형
ㅁ. 마름모   ㅂ. 정사각형

Pick

36 중 서술형

오른쪽 그림에서 ∠ADC=125°, ∠DFC=30°일 때, □ABCD가 원에 내접하도록 하는 ∠x의 크기를 구하시오.

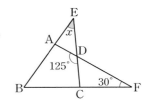

37 상

오른쪽 그림에서 점 H는 △ABC의 세 꼭짓점에서 대변에 내린 수선의 교점이다. 다음 사각형 중 원에 내접하지 <u>않는</u> 것은?

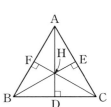

① □ABDE ② □AFHE
③ □AFDE ④ □CEHD
⑤ □BCEF

• 정답과 해설 45쪽

유형 08 접선과 현이 이루는 각 (1) 〈중요〉
— 삼각형이 원에 내접하는 경우

원의 접선과 그 접점을 지나는 현이 이루는
각의 크기는 그 각의 내부에 있는 호에 대
한 원주각의 크기와 같다.

➡ $\overleftrightarrow{AT}$가 접선이고 점 A가 그 접점일 때,
∠BAT=∠BPA

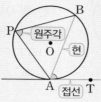

참고 오른쪽 그림과 같이 원 O의 지름 AC와 $\overline{PC}$를
그으면 ∠CAT=∠CPA=90°
이때 ∠BAT=90°−∠CAB,
∠BPA=90°−∠CPB이고
∠CAB=∠CPB이므로
∠BAT=∠BPA

대표 문제

38 오른쪽 그림에서 $\overleftrightarrow{AT}$는 원의 접
선이고 점 A는 그 접점이다.
∠CBA=64°, ∠BAT=36°일 때,
∠x+∠y의 크기를 구하시오.

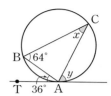

유형 09 접선과 현이 이루는 각 (2) 〈중요〉
— 사각형이 원에 내접하는 경우

$\overleftrightarrow{BT}$가 원의 접선이고 점 B가 그 접점일 때,
이 원에 내접하는 □ABCD에서
(1) ∠DAB+∠DCB=180°
   ∠ADC+∠ABC=180°
(2) ∠ABT=∠ACB

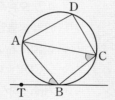

대표 문제

39 오른쪽 그림에서 $\overleftrightarrow{AT}$는 원의 접
선이고 점 A는 그 접점이다.
∠CDB=45°, ∠BAT=70°일 때,
∠ABC의 크기를 구하시오.

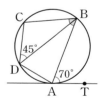

• 정답과 해설 46쪽

유형 10 　**접선과 현이 이루는 각의 응용 (1)**　중요

$\overrightarrow{PT}$는 원의 접선이고 $\overline{PB}$가 원의 중심을
지날 때, 보조선을 그어 크기가 같은 각
을 찾는다.
(1) $\angle ATB = 90°$
(2) $\angle ATP = \angle ABT$

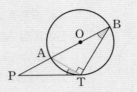

대표 문제

40 오른쪽 그림에서 $\overrightarrow{PB}$
는 원 O의 접선이고 점 B
는 그 접점이다. $\overline{AC}$는 원
O의 지름이고 $\angle CBT = 55°$
일 때, $\angle ACB$의 크기를 구하시오.

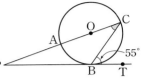

유형 11 　**접선과 현이 이루는 각의 응용 (2)**

$\overrightarrow{PA}$, $\overrightarrow{PB}$가 원의 접선이고 두 점 A, B가
그 접점일 때
(1) $\triangle PBA$는 $\overline{PA} = \overline{PB}$인 이등변삼각형
(2) $\angle PAB = \angle PBA = \angle ACB$

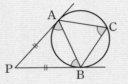

대표 문제

41 오른쪽 그림에서 $\overrightarrow{PA}$, $\overrightarrow{PB}$
는 원의 접선이고 두 점 A, B는
그 접점이다. $\angle APB = 36°$일
때, $\angle ACB$의 크기를 구하시
오.

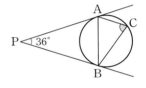

유형 12 　**두 원에서 접선과 현이 이루는 각**

$\overrightarrow{PQ}$가 두 원의 공통인 접선이고 점 T가 그 접점일 때
(1) $\angle BAT = \angle BTQ$
　　　$= \angle DTP$
　　　$= \angle DCT$ → 엇각
　➡ $\overline{AB} /\!/ \overline{CD}$

(2) $\angle BAT = \angle BTQ$
　　　$= \angle CDT$ → 동위각
　➡ $\overline{AB} /\!/ \overline{CD}$

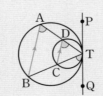

대표 문제

42 오른쪽 그림에서 $\overrightarrow{ST}$는 두
원의 공통인 접선이고 점 P는 그
접점이다. $\angle BAP = 55°$,
$\angle CDP = 60°$일 때, $\angle CPD$의 크
기를 구하시오.

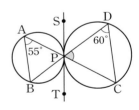

유형 08 접선과 현이 이루는 각 (1)
― 삼각형이 원에 내접하는 경우

43 대표 문제

오른쪽 그림에서 $\overleftrightarrow{AT}$는 원의 접선이고 점 A는 그 접점이다. $\angle ACB = 40°$, $\angle CAT = 80°$일 때, $\angle BAC$의 크기는?

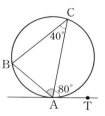

① 55°　　② 60°
③ 65°　　④ 70°
⑤ 75°

44 하

오른쪽 그림에서 $\overleftrightarrow{PT}$는 원의 접선이고 점 T는 그 접점이다. $\angle ABT = 72°$, $\angle BPT = 26°$일 때, $\angle BAT$의 크기는?

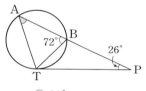

① 30°　　② 34°　　③ 38°
④ 42°　　⑤ 46°

45 중

오른쪽 그림에서 $\overleftrightarrow{AT}$는 원 O의 접선이고 점 A는 그 접점이다. $\angle BAT = 43°$일 때, $\angle OBA$의 크기를 구하시오.

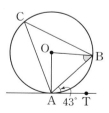

46 중

오른쪽 그림에서 $\overleftrightarrow{AT}$는 원의 접선이고 점 A는 그 접점이다. $\overparen{AB} = \overparen{BC}$이고 $\angle BAT = 55°$일 때, $\angle x$의 크기를 구하시오.

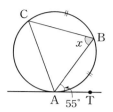

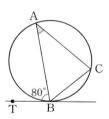
Pick
47 중

오른쪽 그림에서 $\overleftrightarrow{BT}$는 원의 접선이고 점 B는 그 접점이다. $\overparen{AB} = 2\overparen{BC}$이고 $\angle ABT = 80°$일 때, $\angle BAC$의 크기를 구하시오.

48 중

오른쪽 그림에서 $\overline{PT}$는 원의 접선이고 점 T는 그 접점이다. $\overline{AP} = \overline{AT}$이고 $\angle APT = 36°$일 때, $\angle x$의 크기를 구하시오.

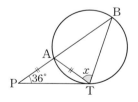

유형 09 접선과 현이 이루는 각 (2)
— 사각형이 원에 내접하는 경우

49 대표 문제

오른쪽 그림에서 $\overleftrightarrow{TT'}$은 원의 접선이고 점 D는 그 접점이다. □ABCD는 원에 내접하고 ∠BAC=28°, ∠ACB=52°, ∠CDT'=50°일 때, ∠y− ∠x의 크기는?

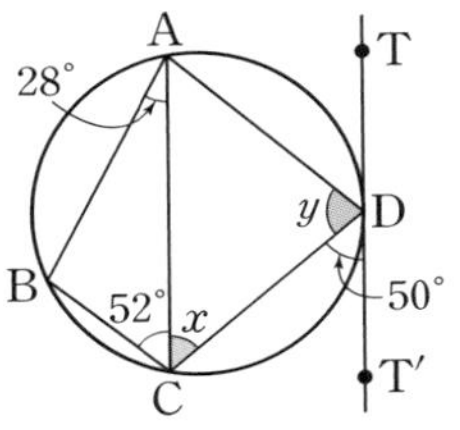

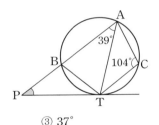

① 24° ② 30°
③ 36° ④ 42°
⑤ 48°

50 중

오른쪽 그림에서 $\overrightarrow{PT}$는 원의 접선이고 점 T는 그 접점이다. □ABTC는 원에 내접하고 ∠BAT=39°, ∠ACT=104°일 때, ∠BPT의 크기는?

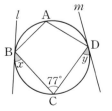

① 33° ② 35° ③ 37°
④ 38° ⑤ 41°

51 중

오른쪽 그림에서 □ABCD는 원에 내접하고 두 직선 l, m은 각각 두 점 B, D에서 원에 접한다. ∠BCD=77°일 때, ∠x+ ∠y의 크기를 구하시오.

52 상

오른쪽 그림에서 $\overrightarrow{PT}$는 원의 접선이고 점 T는 그 접점이다. $\overparen{BC}=\overparen{CT}$이고 ∠APT=30°, ∠BTC=25°일 때, ∠x의 크기를 구하시오.

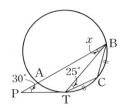

유형 10 접선과 현이 이루는 각의 응용 (1)

53 대표 문제

오른쪽 그림에서 $\overrightarrow{PT}$는 원 O의 접선이고 점 B는 그 접점이다. $\overline{AC}$는 원 O의 지름이고 ∠CBT=70°일 때, ∠x의 크기를 구하시오.

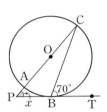

54 중

오른쪽 그림에서 $\overrightarrow{BT}$는 원 O의 접선이고 점 B는 그 접점이다. $\overline{AD}$는 원 O의 지름이고 ∠BCD=120°일 때, ∠ABT의 크기는?

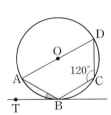

① 30° ② 33°
③ 35° ④ 38°
⑤ 40°

55 중

오른쪽 그림에서 $\overrightarrow{PT}$는 원 O의 접선이고 점 T는 그 접점이다. $\overline{BC}$가 원 O의 지름이고 ∠BTP=50°일 때, ∠x의 크기를 구하시오.

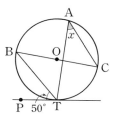

56 중

오른쪽 그림에서 $\overrightarrow{BT}$는 원 O의 접선이고 점 B는 그 접점이다. $\overline{AB}$=6이고 ∠ABT=60°일 때, 원 O의 넓이는?

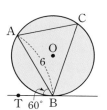

① 10π   ② 12π

③ 14π   ④ 16π

⑤ 18π

57 중 서술형

오른쪽 그림과 같이 원 O 위의 점 T를 지나는 접선과 지름 AB의 연장선의 교점을 P라 하자. ∠BPT=26°일 때, ∠x의 크기를 구하시오.

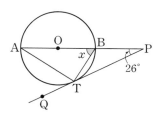

58 중

오른쪽 그림에서 $\overleftrightarrow{CD}$는 원 O의 접선이고 점 C는 그 접점이다. $\overline{AB}$는 원 O의 지름이고 ∠BAC=30°, $\overline{AB}$=6 cm일 때, $\overline{BD}$의 길이를 구하시오.

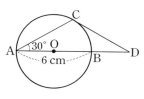

Pick
59 상

오른쪽 그림과 같이 $\overline{AB}$, $\overline{AC}$를 각각 지름으로 하는 두 반원에서 $\overline{BQ}$는 작은 반원의 접선이고 점 P는 그 접점이다. ∠APQ=55°일 때, ∠PCB−∠CBP의 크기를 구하시오.

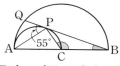

60 상

오른쪽 그림에서 $\overleftrightarrow{CP}$는 원 O의 접선이고 점 C는 그 접점이다. $\overline{AB}$는 원 O의 지름이고 $\overline{AB}$=12, $\overline{AP}$=9, $\overline{AP}\perp\overline{CP}$일 때, $\overline{AC}$의 길이는?

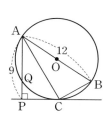

① 10   ② 6√3

③ 4√7   ④ 3√13

⑤ 11

유형 11 접선과 현이 이루는 각의 응용 (2)

61 대표 문제

오른쪽 그림에서 $\overrightarrow{PD}$, $\overrightarrow{PE}$는 원의 접선이고 두 점 A, B는 그 접점이다. ∠APB=50°, ∠CAD=72°일 때, ∠CBE의 크기는?

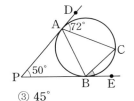

① 43° ② 44° ③ 45°

④ 46° ⑤ 47°

62 중

오른쪽 그림에서 원 O는 △ABC의 내접원이면서 △DEF의 외접원이고, 세 점 D, E, F는 접점이다. ∠DEF=60°, ∠DBE=52°일 때, ∠x의 크기를 구하시오.

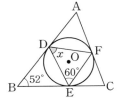

63 상

오른쪽 그림에서 두 점 A, B는 점 P에서 원 O에 그은 두 접선의 접점이다. $\overparen{AC}$: $\overparen{BC}$=2 : 1이고 ∠APB=48°일 때, ∠x의 크기를 구하시오.

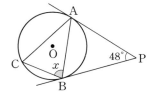

유형 12 두 원에서 접선과 현이 이루는 각

64 대표 문제

오른쪽 그림에서 $\overleftrightarrow{PQ}$는 두 원의 공통인 접선이고 점 T는 그 접점이다. ∠CAT=64°, ∠BDT=58°일 때, ∠x의 크기를 구하시오.

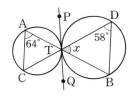

65 중

오른쪽 그림에서 $\overleftrightarrow{ST}$는 작은 원의 접선이고 점 B는 그 접점이다. ∠ACB=55°, ∠CAB=70°일 때, ∠CBT의 크기를 구하시오.

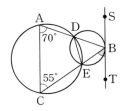

66 중

다음 중 $\overline{AC}$ ∥ $\overline{BD}$가 아닌 것은?

①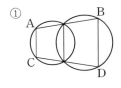

②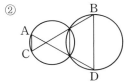

③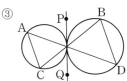

④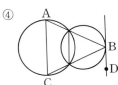

⑤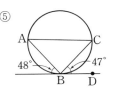

• 정답과 해설 48쪽

67

오른쪽 그림에서 $\overline{BC}=\overline{CD}$이고
∠BAC=30°일 때, 네 점 A, B, C, D
가 한 원 위에 있도록 하는 ∠x의 크기는?

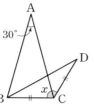

① 120°　　　　② 123°
③ 125°　　　　④ 128°
⑤ 130°

유형 01

68

오른쪽 그림과 같이 원에 내접하
는 □ABCD에서 $\overline{DA}$, $\overline{CB}$의 연
장선의 교점을 P라 하자.
∠APB=24°, ∠DAB=100°일
때, ∠ADC의 크기는?

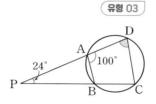

① 72°　　　　② 74°　　　　③ 76°
④ 78°　　　　⑤ 80°

유형 03

69

오른쪽 그림과 같이 원 O에 내접하는
오각형 ABCDE에서 ∠BAE=105°,
∠CDE=110°일 때, ∠x의 크기를 구
하시오.

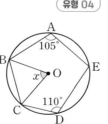

유형 04

70

오른쪽 그림과 같이 원에 내접하는
□ABCD에서 $\overline{BA}$와 $\overline{CD}$의 연장선
의 교점을 P, $\overline{DA}$와 $\overline{CB}$의 연장선
의 교점을 Q라 하자. ∠APD=25°,
∠AQB=43°일 때, ∠x의 크기를
구하시오.

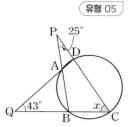

유형 05

71

오른쪽 그림에서 ∠BAD=58°,
∠BEC=33°일 때, □ABCD가 원에
내접하도록 하는 ∠x의 크기는?

① 31°　　　　② 32°
③ 33°　　　　④ 34°
⑤ 35°

유형 07

72

오른쪽 그림에서 $\overleftrightarrow{AT}$는 원 O의 접선이
고 점 A는 그 접점이다.
$\overparen{AB}$: $\overparen{BC}$: $\overparen{CA}$=2 : 3 : 4일 때, ∠x
의 크기를 구하시오.

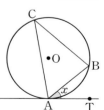

유형 08

73

유형 09

오른쪽 그림에서 $\overline{PT}$는 원의 접선
이고 점 T는 그 접점이다.
□ABTC가 원에 내접하고
∠ABT=100°, ∠PAT=38°일
때, ∠APT의 크기를 구하시오.

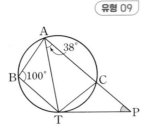

74

유형 10

오른쪽 그림에서 $\overline{PT}$는 원 O의
접선이고 점 T는 그 접점이다.
$\overline{AB}$는 원 O의 지름이고
∠PBT=33°일 때, ∠x의 크
기는?

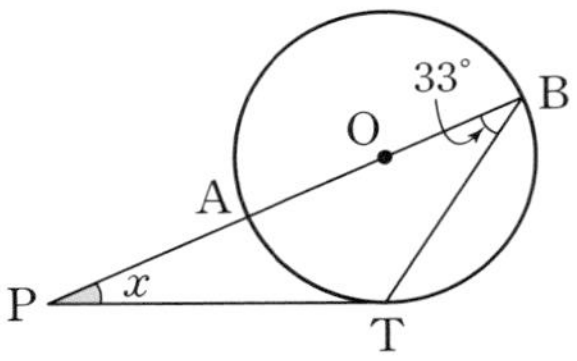

① 24°　　② 25°　　③ 26°

④ 27°　　⑤ 28°

75

유형 11

오른쪽 그림에서 원 O는 △ABC의
내접원이면서 △DEF의 외접원이고,
세 점 D, E, F는 접점이다.
∠DAF=54°, ∠DFE=50°일 때,
∠x의 크기는?

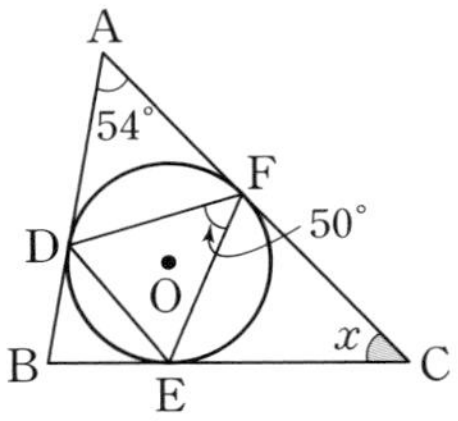

① 44°　　② 45°

③ 46°　　④ 47°

⑤ 48°

76

유형 12

오른쪽 그림에서 $\overleftrightarrow{PQ}$는 두 원 O,
O′의 공통인 접선이고 점 T는 그
접점이다. ∠TCD=75°일 때,
∠x의 크기를 구하시오.

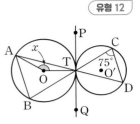

서술형 문제

77

유형 02

오른쪽 그림과 같이 두 사각형
ABCD, ABCE가 원에 내접하고
∠AEF=104°, ∠FCD=26°일 때,
∠x+∠y의 크기를 구하시오.

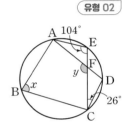

78

유형 10

오른쪽 그림과 같이 $\overline{AB}$, $\overline{BC}$를 각각
지름으로 하는 두 반원 O, O′에서 점
Q는 반원 O 위의 점 A에서 반원 O′
에 그은 접선의 접점이다. ∠QAC=22°일 때, ∠AQC의 크
기를 구하시오.

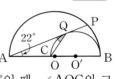

만점 문제 뛰어넘기

• 정답과 해설 49쪽

79 오른쪽 그림에서 점 Q가 $\overline{BC}$의 중점이고 ∠BAC=∠BDC=90°, ∠APD=110°일 때, ∠AQD의 크기를 구하시오.

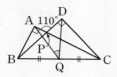

80 오른쪽 그림과 같이 원에 내접하는 □ABCD에서 ∠BAD=120°, $\overline{CD}$=6 cm이고 ∠BDC=90°일 때, □ABCD의 외접원의 넓이는?

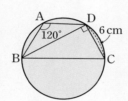

① 25π cm^2 ② 28π cm^2
③ 30π cm^2 ④ 32π cm^2
⑤ 36π cm^2

81 오른쪽 그림과 같이 원에 내접하는 △ABC에서 $\overline{BC}$의 연장선과 점 A에서 원에 그은 접선의 교점을 D, ∠ADB의 이등분선과 $\overline{AB}$의 교점을 E라 하자. ∠BAC=40°일 때, ∠x의 크기를 구하시오.

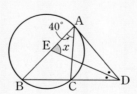

82 오른쪽 그림에서 $\overleftrightarrow{AT}$는 원의 접선이고 점 A는 그 접점이다. $\overline{AB}$와 $\overline{DC}$의 연장선의 교점을 E라 하면 $\overline{AB}=\overline{BE}$=4 cm, $\overline{ED}/\!/\overleftrightarrow{AT}$일 때, $\overline{AD}$의 길이를 구하시오.

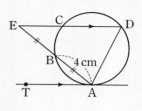

83 오른쪽 그림에서 $\overleftrightarrow{PT}$는 원의 접선이고 점 T는 그 접점이다. $\overline{AB}=\overline{BT}$이고 ∠APT=30°일 때, ∠$x$의 크기를 구하시오.

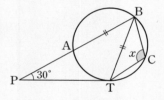

84 오른쪽 그림에서 $\overleftrightarrow{AB}$는 두 원 O, O′의 공통인 접선이고 두 점 A, B는 그 접점이다. 두 점 P, Q는 두 원 O, O′의 교점이고 ∠PAQ=23°, ∠PBQ=42°일 때, ∠APB의 크기를 구하시오.

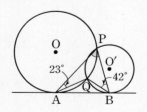

6.

대푯값과 산포도

01 대푯값

유형 01 평균

유형 02 중앙값

유형 03 최빈값

유형 04 대푯값이 주어질 때, 변량 구하기

유형 05 적절한 대푯값 찾기

02 산포도

유형 06 편차

유형 07 분산과 표준편차

유형 08 산포도가 주어질 때, 식의 값 또는 변량 구하기

유형 09 변화된 변량의 평균과 표준편차 구하기

유형 10 두 집단 전체의 분산과 표준편차 구하기

유형 11 자료의 분석

유형 01 | 평균

(1) **대푯값**: 자료 전체의 중심 경향이나 특징을 대표적으로 나타내는 값

(2) **평균**: 변량의 총합을 변량의 개수로 나눈 값

➡ $(평균) = \dfrac{(변량의\ 총합)}{(변량의\ 개수)}$ → 변량: 자료를 수량으로 나타낸 것

대표 문제

01 다음 자료는 어느 운동선수가 일주일 동안 운동을 한 시간을 조사하여 나타낸 것이다. 이 자료의 평균을 구하시오.

(단위: 시간)

| 4.5, | 3.6, | 4, | 4.4, | 3, | 5.2, | 3.3 |

유형 02 | 중앙값

(1) **중앙값**: 자료의 변량을 작은 값부터 크기순으로 나열할 때, 한가운데 있는 값

(2) **중앙값 구하기**: n개의 변량을 작은 값부터 크기순으로 나열할 때

① n이 홀수이면 $\dfrac{n+1}{2}$번째 변량

② n이 짝수이면 $\dfrac{n}{2}$번째와 $\left(\dfrac{n}{2}+1\right)$번째 변량의 평균

(예) · 3, 4, **5**, 6, 6 ➡ 중앙값: 5

· 1, 3, 6, **7, 9**, 10, 11, 12 ➡ 중앙값: $\dfrac{7+9}{2}=8$

대표 문제

02 다음 자료는 학생 9명이 학교에서 하루 동안 발표한 횟수를 조사하여 나타낸 것이다. 이 자료의 중앙값을 구하시오.

(단위: 회)

| 8, | 7, | 10, | 11, | 7, | 7, | 4, | 5, | 4 |

유형 03 | 최빈값

최빈값: 자료의 변량 중에서 가장 많이 나타난 값
이때 최빈값은 자료에 따라 2개 이상일 수도 있다.

(예) · 8, 10, 7, **9**, 11, 12, **9** ➡ 최빈값: 9

· **15**, **13**, 18, 16, **15**, **13** ➡ 최빈값: 13, 15

대표 문제

03 다음 자료는 주사위 한 개를 10번 던져서 나온 눈의 수를 나타낸 것이다. 이 자료의 최빈값을 구하시오.

| 6, | 3, | 4, | 1, | 1, | 2, | 4, | 4, | 5, | 2 |

유형 04 · 대푯값이 주어질 때, 변량 구하기 · 중요

미지수 x를 포함한 자료와 그 대푯값이 주어질 때, 다음과 같이 x의 값을 구한다.

(1) **평균이 주어질 때:** 주어진 평균을 이용하여 평균을 구하는 식을 세운 후, x의 값을 구한다.

(2) **중앙값이 주어질 때:** 변량을 작은 값부터 크기순으로 나열한 후, 주어진 중앙값을 이용하여 x가 몇 번째에 놓이는지 파악하여 x의 값을 구한다.

(3) **최빈값이 주어질 때:** 가장 많이 나타난 변량을 찾아보고, 그 값이 없는 경우 x가 최빈값이 된다.

대표 문제

04 다음 자료는 재경이네 모둠 학생 6명의 제기차기 기록을 조사하여 나타낸 것이다. 이 자료의 평균이 11개일 때, x의 값을 구하시오.

(단위: 개)

| 14, | 2, | 8, | 12, | x, | 16 |

유형 05 · 적절한 대푯값 찾기

(1) **평균:** 대푯값으로 가장 많이 쓰이며, 자료에 <u>극단적인 값</u>이 있으면 그 값에 영향을 받는다. └ 매우 크거나 매우 작은 값

(2) **중앙값:** 자료에 <u>극단적인 값</u>이 있는 경우, 중앙값이 평균보다 대푯값으로 더 적절하다.

(3) **최빈값:** 선호도를 조사할 때 주로 쓰이며, <u>변량이 중복되어 나타나는 자료</u>나 <u>수량으로 나타낼 수 없는 자료</u>의 대푯값으로 적절하다. └ 혈액형, 운동 종목 등

대표 문제

05 다음 자료는 어느 꽃 가게의 1년 동안 월 순이익을 조사하여 나타낸 것이다. 평균과 중앙값 중에서 이 자료의 중심 경향을 가장 잘 나타내어 주는 것은 어느 것인지 말하고, 그 이유를 말하시오.

(단위: 만 원)

| 185, | 200, | 210, | 230, | 1000, | 195, |
| 205, | 220, | 240, | 190, | 225, | 235 |

유형 01 평균

06 대표 문제

다음 표는 주호네 반의 종례 시간을 일주일 동안 조사하여 나타낸 것이다. 주호네 반의 평균 종례 시간은?

요일	월	화	수	목	금
시간(분)	15	13	14	11	7

① 11분   ② 12분   ③ 13분

④ 14분   ⑤ 15분

07 중

4개의 변량 a, b, c, d의 평균이 10일 때, 6개의 변량 4, a, b, c, d, 16의 평균을 구하시오.

08 중

5개의 변량 a, b, c, d, e의 평균이 5일 때, $a+8$, $b-2$, $c-3$, $d+6$, $e+1$의 평균은?

① 5   ② 6   ③ 7

④ 8   ⑤ 9

09 중

오른쪽 표는 재영이와 유나네 반의 학생 수와 평균 통학 시간을 조사하여 나타낸 것이다. 두 반 전체의 평균 통학 시간은?

	학생 수(명)	통학 시간(분)
재영	26	15
유나	24	20

① 17분   ② 17.4분   ③ 17.8분

④ 18분   ⑤ 18.4분

유형 02 중앙값

10 대표 문제

다음 자료는 A, B 두 모둠 학생들이 주말에 TV를 시청한 시간을 조사하여 나타낸 것이다. A 모둠의 자료의 중앙값을 a시간, B 모둠의 자료의 중앙값을 b시간이라 할 때, $a+b$의 값을 구하시오.

(단위: 시간)

- A 모둠: 3, 2, 6, 8, 7, 10, 4, 9, 4
- B 모둠: 4, 8, 11, 9, 2, 12, 3, 8, 5, 6

11 하

오른쪽 줄기와 잎 그림은 명수네 반 학생 25명이 1분 동안 실시한 팔 굽혀 펴기 횟수를 조사하여 나타낸 것이다. 팔 굽혀 펴기 횟수의 중앙값을 구하시오.

팔 굽혀 펴기 횟수

(0|3은 3회)

줄기				잎			
0	3	5	9				
1	0	2	3	5	6	6	
2	1	4	5	6	7	8	9
3	0	1	2	4	5	6	7
4	1	1					

• 정답과 해설 50쪽

12 중

다음 자료는 유미네 모둠 학생 9명 중 6명을 대상으로 1학기 동안 읽은 책의 수를 조사하여 나타낸 것이다. 유미네 모둠 학생 9명의 1학기 동안 읽은 책의 수의 중앙값이 될 수 있는 가장 큰 값을 구하시오.

(단위: 권)

6, 7, 1, 3, 8, 3

유형 03 최빈값

13 대표 문제

다음 표는 선규네 반 학생 15명이 집에서 기르는 반려동물의 마릿수를 조사하여 나타낸 것이다. 이 자료의 최빈값을 구하시오.

마릿수(마리)	0	1	2	3	4
학생 수(명)	2	a	5	3	1

14 하

다음은 동요 「똑같아요」의 계이름 악보이다. 주어진 악보에서 계이름의 최빈값을 구하시오.

Pick

15 중

다음 자료의 평균을 a, 중앙값을 b, 최빈값을 c라 할 때, a, b, c의 대소 관계는?

3, 5, 1, 2, 3, 3, 9, 6, 4, 8

① $a<b<c$ ② $a<c<b$ ③ $b<a<c$
④ $c<a<b$ ⑤ $c<b<a$

Pick

16 중 서술형

오른쪽 꺾은선그래프는 학생 24명이 하루 동안 다른 사람을 칭찬한 횟수를 조사하여 나타낸 것이다. 이 자료의 중앙값을 a회, 최빈값을 b회라 할 때, ab의 값을 구하시오.

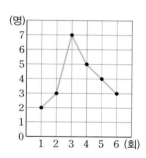

17 중

10개의 변량 0, 1, 3, 4, 4, 4, 4, 6, 9, 10에 한 개의 변량이 추가될 때, 다음 보기의 설명 중 옳은 것을 모두 고르시오.

┌ 보기 ┐
ㄱ. 이 자료의 평균은 변하지 않는다.
ㄴ. 이 자료의 중앙값은 변하지 않는다.
ㄷ. 이 자료의 최빈값은 변하지 않는다.
└────────────────┘

유형 04 대푯값이 주어질 때, 변량 구하기

18 대표 문제

다음 자료는 학생 10명이 일주일 동안 SNS에 올린 게시물의 개수를 조사하여 나타낸 것이다. 이 자료의 평균이 6개일 때, 최빈값은?

(단위: 개)

| 6, 8, 4, 5, 5, x, 6, 4, 9, 8 |

① 4개   ② 5개   6개
④ 8개   ⑤ 9개

Pick
19 하

4개의 변량 14, 17, 18, x의 중앙값이 16일 때, x의 값을 구하시오.

20 중

다음 자료의 최빈값이 3일 때, 중앙값을 구하시오.

| 4, 3, 5, 2, a, 6, 4, b |

21 중

다음은 어느 5인조 아이돌 그룹 멤버들의 나이에 대한 설명이다. 이 그룹 멤버들의 나이의 중앙값을 구하시오.

- 멤버들의 나이의 최빈값은 21세이다.
- 한 멤버의 나이는 19세이다.
- 가장 어린 멤버의 나이는 15세이다.
- 멤버들의 나이의 평균은 18.4세이다.

Pick
22 중

다음 7개의 변량의 평균과 최빈값이 서로 같을 때, x의 값을 구하시오.

| 8, 7, 5, 8, x, 6, 8 |

23 중

다음 자료의 중앙값과 최빈값이 서로 같을 때, x의 값을 구하시오. (단, 자료의 최빈값은 1개이다.)

| 10, 5, x, 7, 9, 3, 9, 12, 12, 3 |

• 정답과 해설 51쪽

Pick
24 ⊜

어느 모둠 학생 8명의 몸무게를 작은 값부터 크기순으로 나열하면 4번째 변량이 59 kg이고 중앙값은 60 kg이다. 이 모둠에 몸무게가 62 kg인 학생이 한 명 더 들어올 때, 학생 9명의 몸무게의 중앙값은?

① 59 kg   ② 60 kg   ③ 61 kg

④ 62 kg   ⑤ 63 kg

25 ⊛

다음 조건을 모두 만족시키는 두 수 a, b에 대하여 $b-a$의 값을 구하시오.

┌조건┐
㉮ 3, 9, 15, 17, a의 중앙값은 9이다.
㉯ 5, 12, 14, a, b의 중앙값은 11이고, 평균은 10이다.
└────┘

26 ⊛

어느 농구 경기의 1쿼터에 출전한 선수 5명 A, B, C, D, E의 키의 평균은 188 cm이고, 중앙값은 186 cm이다. 2쿼터에 A 대신 F가 출전하여 2쿼터에 출전한 선수들의 키의 평균이 189 cm가 되었다. F의 키가 193 cm일 때, 2쿼터에 출전한 선수 B, C, D, E, F의 키의 중앙값은?

① 186 cm   ② 187 cm   ③ 188 cm

④ 189 cm   ⑤ 190 cm

유형 05   적절한 대푯값 찾기

27 대표 문제

다음 자료 중 평균을 대푯값으로 사용하기에 가장 적절하지 <u>않은</u> 것은?

① 1, 2, 3, 4, 5

② 2, 4, 6, 8, 10

③ 7, 7, 7, 7, 7

④ 10, 10, 10, 10, 900

⑤ 10, 10, 20, 20, 30

Pick
28 ⊜

다음 자료는 어느 옷 가게에서 하루 동안 판매된 20장의 티셔츠 치수를 조사하여 나타낸 것이다. 이 가게에서 가장 많이 준비해야 할 티셔츠의 치수를 정하려고 할 때, 평균, 중앙값, 최빈값 중에서 가장 적절한 대푯값은 어느 것인지 말하고, 그 값을 구하시오.

(단위: 호)

85,	95,	80,	85,	90,	95,	85,
95,	100,	105,	95,	105,	85,	95,
100,	90,	95,	90,	80,	95	

29 ⊜

다음 세 자료 A, B, C에 대한 보기의 설명 중 옳은 것을 모두 고르시오.

자료 A	0, 1, 2, 2, 2, 3, 4
자료 B	1, 3, 5, 7, 10, 12, 14, 500
자료 C	−4, −3, −2, −1, 0, 1, 2, 3, 4

┌보기┐
ㄱ. 자료 A의 평균, 중앙값, 최빈값이 모두 같다.
ㄴ. 자료 B는 중앙값보다 평균이 자료의 중심 경향을 더 잘 나타내어 준다.
ㄷ. 자료 C는 평균이나 중앙값을 대푯값으로 정하는 것이 적절하다.
└────┘

유형 06 편차 ⓒ중요

(1) **산포도**: 자료의 변량이 흩어져 있는 정도를 하나의 수로 나타낸 값

(2) **편차**: 각 변량에서 평균을 뺀 값

➡ (편차)=(변량)−(평균)

① 편차의 총합은 항상 0이다.

② 변량이 평균보다 크면 그 편차는 양수이고, 변량이 평균보다 작으면 그 편차는 음수이다.

③ 편차의 절댓값이 클수록 그 변량은 평균에서 멀리 떨어져 있고, 편차의 절댓값이 작을수록 그 변량은 평균에 가까이 있다.

주의 편차는 주어진 자료와 같은 단위를 쓴다.

대표 문제

30 다음 표는 학생 6명의 키에 대한 편차를 나타낸 것이다. 학생들의 키의 평균이 163 cm일 때, 학생 A의 키를 구하시오.

학생	A	B	C	D	E	F
편차(cm)	x	5	2	−3	−1	0

유형 07 분산과 표준편차 ⓒ중요

(1) **분산**: 편차의 제곱의 평균

➡ (분산)$=\dfrac{\{(편차)^2의\ 총합\}}{(변량의\ 개수)}$

(2) **표준편차**: 분산의 음이 아닌 제곱근

➡ (표준편차)$=\sqrt{(분산)}$

주의 표준편차는 주어진 자료와 같은 단위를 쓰고, 분산은 단위를 쓰지 않는다.

대표 문제

31 다음 자료는 학생 5명의 턱걸이 횟수를 조사하여 나타낸 것이다. 이 자료의 분산과 표준편차를 각각 구하시오.

(단위: 회)

> 5, 7, 9, 4, 5

유형 08 산포도가 주어질 때, 식의 값 또는 변량 구하기

n개의 변량 x_1, x_2, x_3, $\cdots$, x_n의 평균이 m이고 분산이 s^2일 때, 다음을 이용하여 필요한 값을 구한다.

(1) $\dfrac{x_1+x_2+x_3+\cdots+x_n}{n}=m$

(2) $\dfrac{(x_1-m)^2+(x_2-m)^2+(x_3-m)^2+\cdots+(x_n-m)^2}{n}=s^2$

대표 문제

32 4개의 변량 4, 8, a, b의 평균이 6이고 분산이 10일 때, a^2+b^2의 값을 구하시오.

• 정답과 해설 52쪽

유형 09 변화된 변량의 평균과 표준편차 구하기

n개의 변량 x_1, x_2, $\cdots$, x_n의 평균이 m, 표준편차가 s일 때, 변량 ax_1+b, ax_2+b, $\cdots$, ax_n+b (a, b는 상수)에 대하여

(1) (평균)$=am+b$

(2) (분산)$=a^2s^2$

(3) (표준편차)$=|a|s$ ⎤ 각 변량에 일정한 수를 더하거나 빼는 것은 분산과 표준편차에 영향을 주지 않는다.

참고 (1) (평균)$=\dfrac{1}{n}\{(ax_1+b)+(ax_2+b)+\cdots+(ax_n+b)\}$

$\qquad\qquad =a\times\dfrac{x_1+x_2+\cdots+x_n}{n}+b$

$\qquad\qquad =am+b$

(2) (분산)$=\dfrac{1}{n}\{(ax_1+b-am-b)^2+(ax_2+b-am-b)^2$

$\qquad\qquad\qquad\qquad +\cdots+(ax_n+b-am-b)^2\}$

$\qquad\qquad =a^2\times\dfrac{1}{n}\{(x_1-m)^2+(x_2-m)^2+\cdots+(x_n-m)^2\}$

$\qquad\qquad =a^2s^2$

(3) (표준편차)$=\sqrt{a^2s^2}=\sqrt{a^2}\sqrt{s^2}=|a|s$

대표 문제

33 3개의 변량 a, b, c의 평균이 10이고 표준편차가 5일 때, 변량 $2a+1$, $2b+1$, $2c+1$의 평균은 m, 표준편차는 n이다. 이때 $m+n$의 값을 구하시오.

유형 10 두 집단 전체의 분산과 표준편차 구하기 (중요)

평균이 같은 두 집단 A, B의 도수와 표준편차가 오른쪽 표와 같을 때

집단	A	B
도수	a	b
표준편차	x	y

(1) (두 집단 전체의 분산)

$\quad =\dfrac{\{(편차)^2의\ 총합\}}{(도수의\ 총합)}=\dfrac{ax^2+by^2}{a+b}$

(2) (두 집단 전체의 표준편차)$=\sqrt{\dfrac{ax^2+by^2}{a+b}}$

대표 문제

34 A, B 두 모둠의 학생 수와 수면 시간에 대한 평균과 표준편차가 오른쪽 표와 같을 때,

모둠	A	B
학생 수(명)	8	10
평균(시간)	8	8
표준편차(시간)	2	$\sqrt{13}$

두 모둠 전체 학생의 수면 시간에 대한 분산을 구하시오.

유형 11 자료의 분석 (중요)

(1) 분산 또는 표준편차가 작다.

➡ 변량이 평균 가까이에 모여 있다.

➡ 변량들 간의 격차가 작다.

➡ 자료의 분포 상태가 고르다.

(2) 분산 또는 표준편차가 크다.

➡ 변량이 평균에서 멀리 떨어져 있다.

➡ 변량들 간의 격차가 크다.

➡ 자료의 분포 상태가 고르지 않다.

대표 문제

35 다음 표는 A, B, C, D, E 다섯 반의 국어 성적의 평균과 표준편차를 나타낸 것이다. 다섯 반 중 국어 성적이 가장 고른 반을 말하시오.

반	A	B	C	D	E
평균(점)	81	76	80	83	79
표준편차(점)	1.6	1.8	1.4	1.7	1.5

유형 06 편차 🔴중요

📌Pick
36 대표 문제

동훈이네 반 학생들의 영어 성적의 평균은 82점이다. 동훈이의 영어 성적의 편차가 −6점일 때, 동훈이의 영어 성적은?

① 76점   ② 80점   ③ 82점
④ 86점   ⑤ 88점

37 하

6개의 변량의 편차가 다음과 같을 때, x의 값을 구하시오.

$$2, \quad -1.5, \quad x+0.5, \quad 3, \quad -1, \quad x$$

📌Pick
38 중 서술형

다음 표는 준휘네 반 학생 5명의 1분 동안의 맥박 수와 편차를 나타낸 것이다. 이때 $a-b+c$의 값을 구하시오.

학생	A	B	C	D	E
맥박 수(회)	88	a	b	76	79
편차(회)	7	4	c	−5	−2

39 중

아래 자료는 경훈이가 다트를 6번 던져서 얻은 점수를 나타낸 것이다. 다음 중 이 자료의 편차가 될 수 없는 것은?

(단위: 점)

$$8, \quad 4, \quad 6, \quad 9, \quad 2, \quad 7$$

① −2점   ② −1점   ③ 0점
④ 1점   ⑤ 2점

40 중

아래 표는 학생 5명의 줄넘기 기록에 대한 편차를 나타낸 것이다. 이 학생 5명의 줄넘기 기록의 평균이 49회일 때, 다음 중 이 자료에 대한 설명으로 옳은 것은?

학생	A	B	C	D	E
편차(회)	−1	−12	x	13	−4

① x의 값은 −4이다.
② 학생 D의 기록은 62회이다.
③ 학생 C의 기록이 가장 낮다.
④ 중앙값은 학생 E의 기록과 같다.
⑤ 평균보다 기록이 높은 학생은 3명이다.

41 대표 문제

다음 자료는 야구 동아리 학생 7명이 지난해에 친 홈런 수를 조사하여 나타낸 것이다. 이 자료의 분산과 표준편차를 각각 구하시오.

(단위: 개)

2, 7, 6, 8, 3, 4, 5

Pick 42 중

다음 표는 5명의 학생 A, B, C, D, E가 방학 동안 읽은 책의 수의 편차를 나타낸 것이다. 이 학생들이 방학 동안 읽은 책의 수의 표준편차는?

학생	A	B	C	D	E
편차(권)	0	-3	x	1	-2

① $\sqrt{2}$권 　　② $\sqrt{3}$권 　　③ 2권
④ $\sqrt{5}$권 　　⑤ $\sqrt{6}$권

43 중

다음 5개의 변량의 평균이 8일 때, 분산을 구하시오.

5, 8, 7, 10, x

44 중

다음 4개의 변량의 분산은?

$a-4$, 　 a, 　 $a+1$, 　 $a+3$

① 6 　　② 6.2 　　③ 6.5
④ 6.8 　　⑤ 7

Pick 45 중

5개의 변량 2, 4, a, b, c의 중앙값과 최빈값이 모두 7이고 평균이 6일 때, 분산을 구하시오.

46 중

다음은 5명의 학생 A, B, C, D, E가 서로의 키에 대해 나눈 대화이다. 이 학생 5명의 키의 표준편차를 구하시오.

A: 나는 우리 5명의 키의 평균보다 4 cm가 더 커.
B: 나는 우리 5명의 키의 평균보다 2 cm가 더 작은데.
C: 나는 B보다 더 작아.
D: 나는 A보다 3 cm가 더 작아.
E: 나는 D보다 1 cm가 더 커.

유형 08 산포도가 주어질 때,
식의 값 또는 변량 구하기

Pick
47 대표 문제

5개의 변량 2, 6, x, y, 4의 평균이 5이고 분산이 3.2일 때, x^2+y^2의 값은?

① 80   ② 82   ③ 84

④ 85   ⑤ 88

48 중   서술형

5개의 변량에 대하여 그 편차가 각각 -3, -2, x, 1, y이고 표준편차가 $2\sqrt{2}$일 때, xy의 값을 구하시오.

Pick
49 중

밑변의 길이와 높이가 각각 x, y인 직각삼각형이 있다. 이 직각삼각형의 밑변의 길이와 높이의 평균이 8, 분산이 2일 때, 빗변의 길이는?

① $8\sqrt{2}$ ② $\sqrt{130}$ ③ $2\sqrt{33}$

④ $\sqrt{134}$ ⑤ $2\sqrt{34}$

50 상

어떤 세 자연수의 평균이 9, 중앙값이 10, 분산이 14일 때, 이 세 자연수를 구하시오.

유형 09 변화된 변량의 평균과 표준편차 구하기

51 대표 문제

4개의 변량 a, b, c, d의 평균이 5이고 표준편차가 2일 때, 변량 $3a-2$, $3b-2$, $3c-2$, $3d-2$의 평균은 m, 표준편차는 n이다. 이때 $m-n$의 값을 구하시오.

52 중

3개의 변량 x, y, z에 대하여 다음 보기 중 옳은 것을 모두 고르시오.

┌ 보기
ㄱ. $x+2$, $y+2$, $z+2$의 평균은 x, y, z의 평균과 같다.
ㄴ. $x+2$, $y+2$, $z+2$의 분산은 x, y, z의 분산과 같다.
ㄷ. $3x$, $3y$, $3z$의 평균은 x, y, z의 평균의 3배이다.
ㄹ. $3x$, $3y$, $3z$의 분산은 x, y, z의 분산의 3배이다.

유형 10 두 집단 전체의 분산과 표준편차 구하기 (중요)

Pck
53 대표 문제

A, B 두 반의 학생 수와 수학 성적에 대한 평균과 표준편차가 오른쪽 표와 같을 때, 두 반 전체 학생의 수학 성적에 대한 표준편차를 구하시오.

반	A	B
학생 수(명)	20	10
평균(점)	7	7
표준편차(점)	2	$\sqrt{7}$

54 (중)

남학생 8명과 여학생 12명으로 구성된 정국이네 반에서 남학생과 여학생의 체육 실기 평가 성적의 평균은 같고, 표준편차는 각각 5점, a점이다. 정국이네 반 전체 학생의 체육 실기 평가 성적에 대한 표준편차가 4점일 때, a의 값은?

① $2\sqrt{2}$
② $\sqrt{10}$
③ 5
④ 8
⑤ 10

55 (상)

4개의 변량 a, b, c, d에 대하여 a, b와 c, d의 평균과 분산이 각각 오른쪽 표와 같을 때, a, b, c, d 전체의 표준편차를 구하시오.

	a, b	c, d
평균	4	6
분산	1	9

유형 11 자료의 분석 (중요)

11-1 자료의 분석

56 대표 문제 (多 보기)

아래 표는 1반부터 5반까지의 학생들의 사회 성적에 대한 평균과 표준편차를 나타낸 것이다. 다음 중 이 자료에 대한 설명으로 옳은 것을 모두 고르면?

반	1	2	3	4	5
평균(점)	74	72	72	75	70
표준편차(점)	6	$\sqrt{3}$	7	2	$\sqrt{7}$

① 2반과 3반의 학생 수는 같다.
② 사회 성적이 가장 우수한 반은 5반이다.
③ 사회 성적에 대한 편차의 제곱의 총합이 가장 큰 반은 3반이다.
④ 1반부터 5반까지의 학생들의 사회 성적의 분포 상태를 비교할 수 없다.
⑤ 사회 성적이 가장 고른 반은 2반이다.
⑥ 1반은 5반보다 사회 성적의 산포도가 크다.
⑦ 2반보다 4반에 90점 이상인 학생이 더 많다.
⑧ 사회 성적이 평균에 가장 가까이 모여 있는 반은 3반이다.

57 (하)

다음 자료 중 표준편차가 가장 작은 것은?

① 7, 6, 8, 7, 7, 8, 6
② 5, 6, 7, 7, 8, 9, 7
③ 4, 10, 5, 7, 8, 8, 7
④ 7, 7, 7, 7, 7, 7, 7
⑤ 6, 7, 6, 6, 10, 8, 6

Pick
58 중

다음 막대그래프는 학생 수가 15명으로 같은 A, B, C 세 모둠의 학생들이 가지고 있는 필기구 개수를 조사하여 각각 나타낸 것이다. 필기구 개수의 산포도가 작은 모둠부터 차례로 나열하시오.

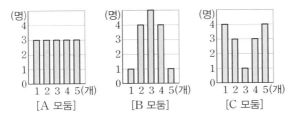

Pick
59 중

다음 표는 수면 시간의 평균이 8시간으로 같은 나래와 성훈이의 일주일 동안의 수면 시간을 조사하여 나타낸 것이다. 이 자료에 대한 설명으로 옳은 것을 보기에서 모두 고르시오.

(단위: 시간)

요일	월	화	수	목	금	토	일
나래	6	9	8	7	5	a	10
성훈	9	7	8	8	6	7	b

보기
ㄱ. a, b의 값은 11로 같다.
ㄴ. 나래와 성훈이의 수면 시간의 표준편차는 같다.
ㄷ. 일주일 동안 나래의 수면 시간이 성훈이의 수면 시간보다 기복이 더 심하다.

60 중

아래 표는 5명의 학생이 동일한 과목으로 중간고사를 봤을 때, 중간고사 성적의 평균과 표준편차를 나타낸 것이다. 다음 중 옳은 것을 모두 고르면? (정답 2개)

학생	A	B	C	D	E
평균(점)	72	68	73	70	72
표준편차(점)	4	5	6	8	3

① A는 성적이 80점 이상인 과목이 없다.
② B가 C보다 전 과목 성적의 합이 높다.
③ D가 B보다 성적이 90점 이상인 과목이 더 많다.
④ 전 과목 성적의 합이 가장 높은 학생은 C이다.
⑤ 전 과목 성적이 가장 고른 학생은 E이다.

11-2 대푯값과 산포도의 이해

Pick
61 중

다음 보기 중 옳은 것을 모두 고른 것은?

보기
ㄱ. 변량의 개수가 홀수이면 중앙값은 자료의 값 중에 있다.
ㄴ. 편차는 평균에서 변량을 뺀 값이다.
ㄷ. 산포도에는 평균, 분산, 표준편차 등이 있다.
ㄹ. 평균이 클수록 표준편차가 크다.
ㅁ. 자료들이 평균 가까이에 있을수록 산포도는 작다.

① ㄱ, ㄴ   ② ㄱ, ㅁ   ③ ㄴ, ㄹ
④ ㄷ, ㄹ   ⑤ ㄷ, ㅁ

62 중 多 보기

다음 중 옳은 것을 모두 고르면?
① 중앙값은 항상 주어진 자료 중에 있다.
② 최빈값은 항상 1개만 존재한다.
③ 대푯값으로 자료의 흩어진 정도를 알 수 있다.
④ 평균보다 큰 변량의 편차는 양수이다.
⑤ 분산은 편차의 평균이다.
⑥ 분산이 커지면 표준편차는 작아진다.
⑦ 편차의 총합은 항상 0이다.
⑧ 편차의 절댓값이 작을수록 그 변량은 평균에 가깝다.

63
유형 02 ✦ 03

다음 자료 중 중앙값과 최빈값이 서로 같은 것은?

① 1, 2, 2, 3, 3, 3
② 2, 6, 2, 7, 2, 6
③ 3, 5, 7, 5, 6, 2
④ 6, 2, 5, 2, 4, 2, 3
⑤ 8, 9, 6, 3, 4, 8, 4

64
유형 01 ✦ 02 ✦ 03

오른쪽 줄기와 잎 그림은 민정이가 SNS에 올린 20개의 게시글에 받은 하트의 개수를 조사하여 나타낸 것이다. 하트의 개수의 평균을 a개, 중앙

하트의 개수

(0 | 6은 6개)

줄기	잎
0	6 7 8
1	2 3 3 5 5 5 5 8 9
2	0 2 5 6 8 8
3	1 4

값을 b개, 최빈값을 c개라 할 때, $a-b+c$의 값을 구하시오.

65
유형 01 ✦ 02 ✦ 03

오른쪽 꺾은선그래프는 A, B 두 모둠 학생들의 여름 방학 동안의 영화 관람 횟수를 각각 조사하여 나타낸 것이다. 다음 보기 중 옳은 것을 모두 고르시오.

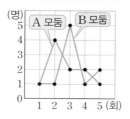

보기
ㄱ. 평균은 A 모둠이 B 모둠보다 작다.
ㄴ. 중앙값은 B 모둠이 A 모둠보다 크다.
ㄷ. 최빈값은 A, B 두 모둠이 서로 같다.

66
유형 04

다음 자료의 중앙값이 65일 때, a의 값을 구하시오.

20,	30,	90,	110,	50,	a

67
유형 04

다음 자료의 평균과 최빈값이 서로 같을 때, x의 값은?

5,	6,	10,	7,	6,	4,	x,	6

① 3　　　　② 4　　　　③ 5
④ 6　　　　⑤ 7

68
유형 04

어느 봉사동아리 학생 16명의 한 달 동안의 봉사활동 시간을 작은 값부터 크기순으로 나열할 때, 9번째 변량은 41시간이고 중앙값은 39시간이다. 이 봉사동아리에 한 달 동안의 봉사활동 시간이 38시간인 학생이 한 명 더 가입했을 때, 봉사동아리 학생 17명의 중앙값을 구하시오.

69 (유형 05)

다음 자료는 학생 8명이 낸 불우 이웃 돕기 성금이다. 평균과 중앙값 중에서 이 자료의 중심 경향을 가장 잘 나타내어 주는 것은 어느 것인지 말하고, 그 값을 구하시오.

(단위: 천 원)

2, 9, 5, 3, 4, 70, 8, 7

70 (유형 06)

아래 표는 학생 5명의 몸무게와 편차를 나타낸 것이다. 다음 중 $a \sim e$의 값으로 옳은 것은?

학생	A	B	C	D	E
몸무게(kg)	a	b	44	47	c
편차(kg)	2	d	-2	e	-3

① $a = 46$ ② $b = 48$ ③ $c = 49$
④ $d = -2$ ⑤ $e = -1$

71 (유형 07)

6개의 변량의 편차가 3, -5, -3, 6, x, 2일 때, 분산을 구하시오.

72 (유형 08)

5개의 변량 8, 12, x, 6, y의 평균이 8이고 표준편차가 $\sqrt{5}$일 때, $2xy$의 값은?

① 91   ② 95   ③ 99
④ 101   ⑤ 105

73 (유형 08)

가로와 세로의 길이가 각각 a, b이고 높이가 3인 직육면체의 모서리의 길이의 평균이 2, 분산이 1일 때, 이 직육면체의 겉넓이는?

① 12   ② 15   ③ 18
④ 21   ⑤ 24

74 (유형 10)

오른쪽 표는 A, B 두 모둠의 학생 수와 앉은키에 대한 표준편차를 나타낸 것이다. 두 모둠 학생들의 앉은키의 평균이 같을 때, 분산을 구하시오.

모둠	A	B
학생 수(명)	8	7
표준편차(cm)	$\sqrt{3}$	$\sqrt{2}$

75
유형 11

다음 그림은 사격 선수 A, B, C가 각각 10발의 사격을 마친 후의 표적판이다. A, B, C 세 선수의 사격 점수의 표준편차가 각각 a점, b점, c점일 때, a, b, c의 대소 관계를 바르게 나타낸 것은?

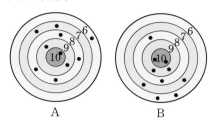

A   B   C

① $a<b<c$ ② $a<c<b$ ③ $b<a<c$

④ $b<c<a$ ⑤ $c<a<b$

76
유형 11

다음 보기 중 옳은 것을 모두 고른 것은?

┌ 보기 ┐

ㄱ. 자료의 변량 중에서 가장 많이 나타난 값을 최빈값이라 한다.

ㄴ. 편차가 0인 변량은 평균과 그 값이 같다.

ㄷ. 표준편차는 분산의 음이 아닌 제곱근이다.

ㄹ. 평균이 서로 다른 두 자료는 표준편차도 서로 다르다.

ㅁ. 어떤 자료에서 각 변량의 편차만 주어지면 평균을 구할 수 있다.

① ㄱ, ㄴ, ㄷ   ② ㄱ, ㄹ, ㅁ   ③ ㄴ, ㄷ, ㄹ

④ ㄴ, ㄷ, ㅁ   ⑤ ㄷ, ㄹ, ㅁ

서술형 문제

77
유형 06

다음 표는 학생 5명의 앉은키에 대한 편차를 조사하여 나타낸 것이다. 이 학생들의 앉은키의 평균이 83 cm일 때, 재희의 앉은키를 구하시오.

학생	준호	상미	영서	재희	동욱
편차(cm)	7	-3	-5	x	2

78
유형 07

8개의 변량 6, x, 3, 10, 8, y, 4, 7의 평균과 최빈값이 모두 7일 때, 표준편차를 구하시오.(단, $x>y$)

79
유형 11

오른쪽 꺾은선그래프는 A, B 두 지역의 20개 동의 쓰레기 배출량에 대한 재활용 비율을 각각 조사하여 나타낸 것이다. A, B 두 지역 중 재활용 비율이 평균에서 더 멀리 흩어져 있는 지역을 말하시오.

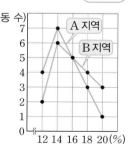

80 미현이네 반 학생 25명의 키의 평균은 165 cm이었는데 5명이 전학을 가고 5명이 새로 전학을 와서 전체 키의 평균이 168 cm가 되었다. 전학 간 학생 5명의 키의 평균을 m_1 cm, 전학 온 학생 5명의 키의 평균을 m_2 cm라 할 때, m_2-m_1의 값을 구하시오.

81 준형이네 반 학생 10명의 수학 성적의 평균을 구하는데 75점인 한 학생의 점수를 잘못 보아 실제보다 평균이 1점 더 높게 나왔다. 이 학생의 점수를 몇 점으로 잘못 보았는가?

① 81점 ② 82점 ③ 83점
④ 84점 ⑤ 85점

82 다음 두 자료 A, B에 대하여 자료 A의 중앙값이 17이고 두 자료 A, B를 섞은 전체 자료의 중앙값이 19일 때, 나올 수 있는 $a+b$의 값을 모두 구하시오. (단, a, b는 자연수)

자료 A	12	22	a	15	b
자료 B	a	25	14	$b+1$	23

83 자연수 a에 대하여 다음 자료의 중앙값과 최빈값이 모두 $3a$일 때, a의 값은?

$$a, \quad 3a, \quad a^2, \quad a^2+2a, \quad a^2+3a$$

① 1 ② 2 ③ 3
④ 4 ⑤ 5

84 오른쪽 그림은 은솔이네 반 학생 25명이 지난 1년간 받은 병원 진료 횟수를 조사하여 나타낸 막대그래프인데 일부가 찢어져 보이지 않는다. 진료 횟수의 평균이 3회일 때, 중앙값과 최빈값을 각각 구하시오.

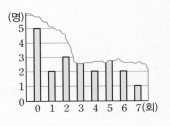

85 다음 표는 현우네 모둠 학생 5명 각각의 과학 성적에서 현우의 과학 성적을 뺀 값을 나타낸 것이다. 이 학생들의 과학 성적의 표준편차를 구하시오.

학생	A	B	C	D	E
(과학 성적)−(현우의 과학 성적)(점)	−9	3	1	−7	2

86 학생 6명의 수학 수행 평가 점수의 평균이 82점, 분산이 10이라 한다. 이 학생 6명 중에서 수학 수행 평가 점수가 82점인 한 학생을 제외한 나머지 학생 5명의 수학 수행 평가 점수의 분산은?

① 10　　　　② 11　　　　③ 12
④ 13　　　　⑤ 14

87 상우는 10개의 변량 중 변량의 값이 2, 8인 두 개의 변량을 각각 3, 7로 잘못 보고 평균을 3, 분산을 60으로 계산하였다. 10개의 변량의 실제 표준편차를 구하시오.

88 4개의 변량 a, b, c, d의 평균이 2이고 표준편차가 $\sqrt{3}$일 때, 변량 a^2, b^2, c^2, d^2의 평균은?

① 2　　　　② 4　　　　③ 7
④ 9　　　　⑤ 10

89 세 자료 A, B, C가 다음 표와 같을 때, 고르게 분포되어 있는 것부터 차례로 나열하시오.

A	4	5	6	6	7	8
B	9	6	5	7	3	6
C	4	7	8	5	7	5

상관관계

01 산점도와 상관관계

유형 01 산점도 (1)
유형 02 산점도 (2)
유형 03 상관관계
유형 04 산점도와 상관관계의 이해

유형 01 산점도 (1) 중요

(1) **산점도:** 두 변량 사이의 관계를 알기 위해 두 변량 x, y의 순서쌍 (x, y)를 좌표평면 위에 점으로 나타낸 그림

(2) **산점도의 분석**

주어진 조건에 따라 다음과 같이 기준이 되는 보조선을 긋는다.

① 이상 또는 이하에 대한 조건이 주어질 때

➡ 가로선 또는 세로선 긋기

x는 a 이상/이하이다.	y는 b 이상/이하이다.
y $x \le a$ $\|$ $x \ge a$ O ———a——— x	y $y \ge b$ b ———— $y \le b$ O ———————— x

참고 이상 또는 이하: 기준선 위의 점을 포함한다.

초과 또는 미만: 기준선 위의 점을 포함하지 않는다.

② 두 변량을 비교할 때

➡ 대각선 긋기

x와 y가 같다.	x는 y보다 크다.	y가 x보다 크다.
y $x = y$ O ———— x	y $x > y$ O ———— x	y $y > x$ O ———— x

대표 문제

01 오른쪽 그림은 학생 20명이 영어 능력 시험에서 받은 읽기 점수와 듣기 점수에 대한 산점도이다. 다음 중 옳지 않은 것은?

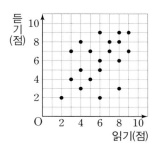

① 읽기 점수가 5점 이상인 학생은 14명이다.

② 듣기 점수가 6점 미만인 학생은 8명이다.

③ 읽기 점수와 듣기 점수가 같은 학생은 5명이다.

④ 읽기 점수와 듣기 점수가 모두 9점 이상인 학생은 3명이다.

⑤ 읽기 점수가 듣기 점수보다 높은 학생은 7명이다.

유형 02 산점도 (2) 중요

두 변량의 합, 차에 대한 조건이 주어진 경우 다음과 같이 기준이 되는 보조선을 긋는다.

두 변량의 합이 $2a$ 이상/이하이다.	두 변량의 차가 a 이상/이하이다.
y $x + y \ge 2a$ a┄┄┄ $x + y = 2a$ $x + y \le 2a$ O ——a—— x	y $x = y$ a 차가 ↙ a a 이하 차가 ↗ a 이상 O ———————— x

참고 산점도에서 오른쪽 위로 향하는 대각선을 그었을 때, 대각선에서 멀리 떨어져 있는 점일수록 두 변량의 차가 크다.

대표 문제

02 오른쪽 그림은 학생 15명이 1학기와 2학기에 관람한 영화의 편수에 대한 산점도이다. 다음을 만족시키는 학생은 몇 명인지 구하시오.

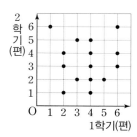

(1) 1학기와 2학기에 관람한 영화의 편수의 합이 8편 이상이다.

(2) 1학기와 2학기에 관람한 영화의 편수의 차가 3편 이상이다.

유형 03 상관관계

두 변량 x, y에 대하여 x의 값이 변함에 따라 y의 값이 변하는 경향이 있을 때, 이 두 변량 x, y 사이의 관계를 **상관관계**라 한다.

양의 상관관계	x의 값이 증가함에 따라 y의 값도 대체로 증가하는 경향이 있는 관계 [강한 경우]　[약한 경우]
음의 상관관계	x의 값이 증가함에 따라 y의 값이 대체로 감소하는 경향이 있는 관계 [강한 경우]　[약한 경우]
상관관계가 없다.	x의 값이 증가함에 따라 y의 값이 증가하는지 감소하는지 분명하지 않은 관계

참고 ▶ 양 또는 음의 상관관계가 있는 산점도에서
• 점들이 한 직선에 가까이 모여 있을수록 ➡ 상관관계가 강하다.
• 점들이 한 직선에서 멀리 흩어져 있을수록 ➡ 상관관계가 약하다.

대표 문제

03 겨울철 기온이 낮아질수록 뜨거운 음료의 판매량은 대체로 늘어난다고 한다. 겨울철 기온을 $x\,°$C, 뜨거운 음료의 판매량을 y개라 할 때, 다음 중 x와 y에 대한 산점도로 알맞은 것은?

① 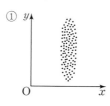　②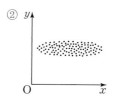

③ 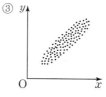　④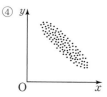

⑤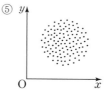

유형 04 산점도와 상관관계의 이해

오른쪽 산점도에서 점들이 모인 대략적인 모양을 따라 직선을 그어 생각한다.

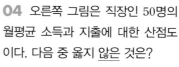

(1) A는 오른쪽 위로 향하는 대각선보다 위쪽에 있다.
　➡ A는 x의 값에 비해 y의 값이 크다.
(2) B는 오른쪽 위로 향하는 대각선보다 아래쪽에 있다.
　➡ B는 x의 값에 비해 y의 값이 작다.

대표 문제

04 오른쪽 그림은 직장인 50명의 월평균 소득과 지출에 대한 산점도이다. 다음 중 옳지 않은 것은?

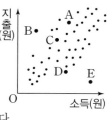

① 소득과 지출 사이에는 양의 상관관계가 있다고 할 수 있다.
② B는 소득에 비해 지출이 많은 편이다.
③ C는 D보다 지출이 많다.
④ A, B, C, D, E 5명 중에서 지출이 가장 많은 사람은 A이다.
⑤ A, B, C, D, E 5명 중에서 소득에 비해 지출이 가장 적은 사람은 D이다.

유형 01 산점도 (1)

05 대표 문제

오른쪽 그림은 어느 음식점에서 손님 15명이 평가한 맛 평점과 가격 평점에 대한 산점도이다. 다음 보기 중 옳은 것을 모두 고르시오.

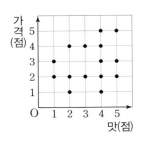

보기
ㄱ. 가격 평점이 3점 이상인 손님 중에서 맛 평점이 3점 미만인 손님은 3명이다.
ㄴ. 맛 평점이 3점 미만인 손님은 5명이다.
ㄷ. 맛 평점과 가격 평점이 모두 4점 이상인 손님은 3명이다.
ㄹ. 가격 평점이 맛 평점보다 높은 손님은 7명이다.

[06~07] 오른쪽 그림은 건후네 반 학생 20명이 음악 실기 평가에서 받은 가창 점수와 악기 연주 점수에 대한 산점도이다. 다음 물음에 답하시오.

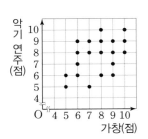

Pick
06 하

가창 점수와 악기 연주 점수가 같은 학생은 몇 명인지 구하시오.

Pick
07 중

가창 점수가 악기 연주 점수보다 높은 학생은 전체의 몇 %인가?
① 15 % ② 20 % ③ 25 %
④ 30 % ⑤ 35 %

08 하

오른쪽 그림은 지효네 반 학생 25명의 몸무게와 키에 대한 산점도이다. 몸무게가 65 kg 이상이거나 키가 170 cm 이상인 학생은 몇 명인가?

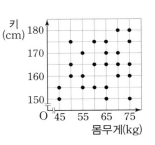

① 13명 ② 14명
③ 15명 ④ 16명
⑤ 17명

[09~10] 오른쪽 그림은 학생 12명의 두 차례에 걸친 1차, 2차 수학 쪽지 시험 점수에 대한 산점도이다. 다음 물음에 답하시오.

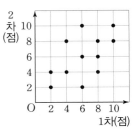

09 중

1차, 2차 수학 쪽지 시험 점수가 모두 4점 이하인 학생은 전체의 몇 %인지 구하시오.

10 중

1차, 2차 수학 쪽지 시험 점수 중 적어도 하나가 8점 미만인 학생은 몇 명인지 구하시오.

11 중 서술형

오른쪽 그림은 야구 선수 15명이 작년과 올해 친 홈런의 개수에 대한 산점도이다. 작년과 올해 친 홈런의 개수에 변화가 없는 선수의 수를 a명, 작년과 올해 모두 홈런을 19개 이상 친 선수의 수의 비율을 b라 할 때, ab의 값을 구하시오.

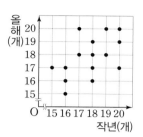

Pick
12 중

오른쪽 그림은 어느 8월의 2주 동안의 최고 기온과 습도에 대한 산점도이다. 습도가 70 % 이상인 날들의 최고 기온의 평균을 구하시오.

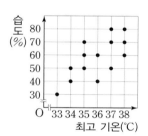

Pick
13 상

오른쪽 그림은 어느 피아노 콩쿠르에서 참가자 20명이 받은 관객 점수와 심사위원 점수에 대한 산점도이다. 다음 중 옳지 <u>않은</u> 것은?

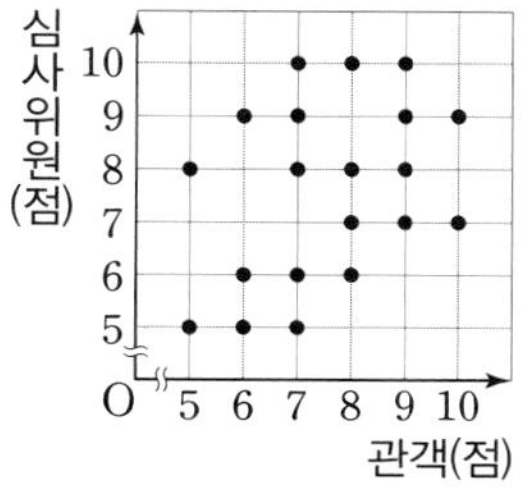

① 관객 점수와 심사위원 점수가 같은 참가자 중에서 점수가 가장 낮은 참가자의 두 점수의 총합은 10점이다.
② 관객 점수가 7점 이상인 참가자 중에서 심사위원 점수가 7점 미만인 참가자는 전체의 15 %이다.
③ 심사위원 점수가 관객 점수보다 높은 참가자들의 관객 점수의 평균은 7점이다.
④ 관객 점수와 심사위원 점수 중 적어도 하나가 9점 이상인 참가자는 10명이다.
⑤ 관객 점수와 심사위원 점수가 모두 8점 이상인 참가자가 본선에 진출한다고 할 때, 본선 진출률은 20 %이다.

유형 02 산점도 (2)

14 대표 문제

오른쪽 그림은 수현이네 반 학생 16명이 지난 2주간 먹은 과자와 음료수의 개수에 대한 산점도이다. 먹은 과자와 음료수의 개수의 합이 7개보다 적은 학생은 몇 명인가?

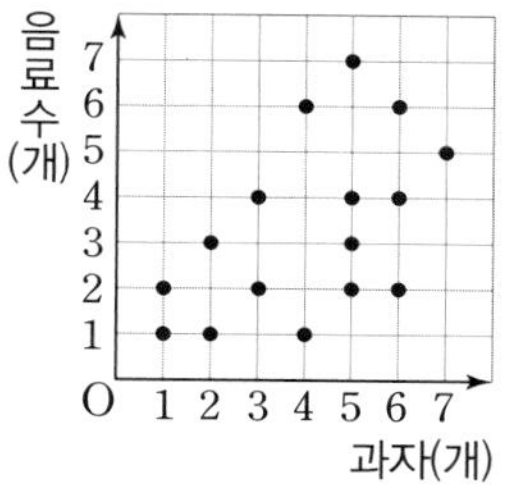

① 3명 　　② 6명
③ 8명 　　④ 10명
⑤ 11명

[15~16] 오른쪽 그림은 소민이네 반 학생 24명이 체육 실기 평가에서 받은 높이뛰기 점수와 멀리뛰기 점수에 대한 산점도이다. 다음 물음에 답하시오.

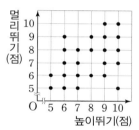

15 중

높이뛰기 점수와 멀리뛰기 점수의 차가 2점 이상인 학생은 전체의 몇 %인지 구하시오.

16 중

높이뛰기 점수와 멀리뛰기 점수의 차가 가장 큰 학생의 멀리뛰기 점수를 구하시오.

17 중

오른쪽 그림은 어느 대회에서 체조 선수 15명이 얻은 자유 종목과 규정 종목의 점수에 대한 산점도이다. 두 종목의 점수의 평균이 8점 이상 인 선수는 몇 명인지 구하시오.

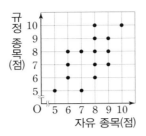

Pick
18 중

오른쪽 그림은 어느 컴퓨터 자격시험에 응시한 학생 20명의 필기 점수와 실기 점수에 대한 산점도이다. 다음 중 옳은 것을 모두 고르면? (정답 2개)

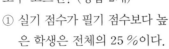

① 실기 점수가 필기 점수보다 높은 학생은 전체의 25 %이다.
② 필기 점수와 실기 점수가 같은 학생은 5명이다.
③ 필기 점수와 실기 점수의 차가 10점인 학생은 4명이다.
④ 필기 점수와 실기 점수의 합이 150점 이하인 학생은 5명이다.
⑤ 필기 점수와 실기 점수의 차가 가장 큰 학생의 두 점수의 차는 30점이다.

Pick
19 중

오른쪽 그림은 윤서네 반 학생 25명의 수학 점수와 과학 점수에 대한 산점도이다. 두 과목의 점수의 평균이 윤서보다 낮은 학생은 전체의 몇 %인가?

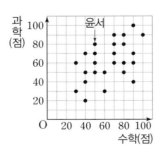

① 44 %   ② 48 %
③ 52 %   ④ 56 %
⑤ 60%

20 상

오른쪽 그림은 학생 12명이 양궁 시합에서 두 번 화살을 쏘아 얻은 점수에 대한 산점도이다. 1차 점수 와 2차 점수의 합이 높은 순으로 등수를 정할 때, 5등인 선수의 1차 점수와 2차 점수의 평균은?

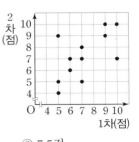

① 6.5점   ② 7점   ③ 7.5점
④ 8점   ⑤ 8.5점

유형 03   상관관계 중요

21 대표 문제

운동 시간 x시간에 대한 열량 소모량을 y kcal라 할 때, 다음 중 x와 y에 대한 산점도로 알맞은 것은?

①
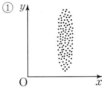

②
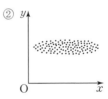

③
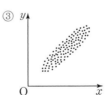

④
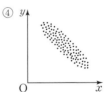

⑤
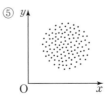

Pick
22 하

다음 산점도 중 음의 상관관계가 가장 강한 것은?

①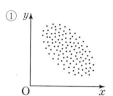

②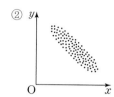

③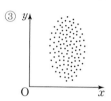

④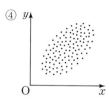

⑤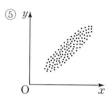

23 중

다음 그림은 도윤이가 20개의 음료수의 100 mL당 담긴 당류 함량과 열량에 대한 산점도를 그린 것이다.

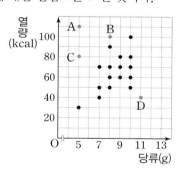

그런데 도윤이가 A, B, C, D 4개의 음료수의 당류 함량을 산점도에 잘못 표시했다고 한다. A, B, C, D 4개의 음료수의 당류 함량이 아래 표와 같을 때, 알맞게 나타낸 산점도에서 20개의 음료수의 당류 함량과 열량 사이의 상관관계를 말하시오.

음료수	A	B	C	D
당류 함량(g)	12	13	11	9

24 중

다음 중 아래 신문 기사에서 미세 먼지의 농도와 양의 상관관계가 있지 <u>않은</u> 것은?

> 미세 먼지는 대부분 도로 주행 과정에서 발생하는 <u>자동차의 배기가스</u>, 공장 내 원자재, <u>소각장의 연기</u> 등에서 발생한다. 또 가정에서 가스레인지를 사용할 때도 미세 먼지가 발생한다고 한다. 미세 먼지는 계절별로 큰 차이를 보이는데 봄에는 황사를 동반한 미세 먼지 농도가 높아질 수 있고, <u>강수량</u>이 많은 여름에는 <u>대기 오염 물질</u>이 제거되어 미세 먼지 농도가 낮아질 수 있다. 가을에는 대기 순환이 원활해 미세 먼지 농도가 낮아질 수 있고, 난방 등 <u>화석 연료 사용</u>이 증가하는 겨울이 되면 다시 미세 먼지 농도가 높아질 수 있다.

① 자동차 배기가스 ② 소각장의 연기

③ 강수량 ④ 대기 오염 물질

⑤ 화석 연료 사용

Pick
25 중 多 보기

다음 중 두 변량 x, y에 대한 산점도를 그렸을 때, 대체로 오른쪽 그림과 같은 모양이 되는 것을 모두 고르면?

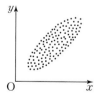

	x	y
①	산의 높이	산꼭대기에서의 기온
②	지구의 기온	빙하의 크기
③	발의 크기	신발의 크기
④	가방의 무게	성적
⑤	하루 중 낮의 길이	하루 중 밤의 길이
⑥	머리카락의 길이	지능 지수
⑦	택시의 이동 거리	택시 요금

• 정답과 해설 62쪽

26 ㉠

아래 그림은 A, B 두 식물의 일조량과 성장량에 대한 산점도이다. 다음 중 옳은 것은?

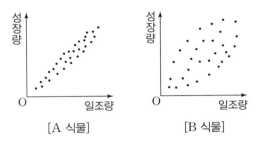

[A 식물]　　　　[B 식물]

① 일조량이 증가할수록 성장량은 대체로 감소하는 경향이 있다.
② 일조량과 성장량 사이에는 상관관계가 없다.
③ A 식물이 B 식물보다 더 잘 자란다.
④ A 식물은 일조량과 성장량 사이에 음의 상관관계가 나타난다.
⑤ B 식물이 A 식물보다 일조량과 성장량 사이에 더 약한 상관관계를 보인다.

유형 04　산점도와 상관관계의 이해

27 대표 문제

오른쪽 그림은 은정이네 반 학생들의 왼쪽 눈과 오른쪽 눈의 시력에 대한 산점도이다. 다음 중 옳지 않은 것은?

① 왼쪽 눈의 시력이 좋을수록 대체로 오른쪽 눈의 시력도 좋은 편이다.
② A는 왼쪽 눈의 시력에 비해 오른쪽 눈의 시력이 좋은 편이다.
③ E는 양쪽 눈의 시력 모두 좋은 편이다.
④ C는 B보다 왼쪽 눈의 시력이 나쁘다.
⑤ D는 E보다 좌우 시력의 차가 크다.

Pick
28 ㉮

오른쪽 그림은 어느 중학교 학생들의 키와 앉은키에 대한 산점도이다. A, B, C, D, E 5명의 학생 중에서 키에 비해 앉은키가 가장 큰 학생은?

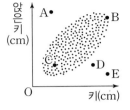

① A　　　　② B
③ C　　　　④ D
⑤ E

---

29 ㉠

오른쪽 그림은 어느 중학교 학생들의 수학 점수와 국어 점수에 대한 산점도이다. A, B, C, D, E 5명의 학생 중에서 두 과목의 점수 차가 가장 큰 학생은?

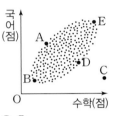

① A　　　　② B　　　　③ C
④ D　　　　⑤ E

Pick
30 ㉠

오른쪽 그림은 어느 회사의 입사 지원자들의 필기시험 점수와 면접 점수에 대한 산점도이다. 다음 보기 중 옳은 것을 모두 고른 것은?

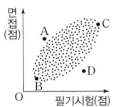

> 보기
> ㄱ. 필기시험 점수와 면접 점수 사이에는 음의 상관관계가 있다.
> ㄴ. D는 A보다 면접 점수는 낮지만 필기시험 점수는 높다.
> ㄷ. A, B, C, D 4명 중에서 필기시험 점수에 비해 면접 점수가 가장 낮은 지원자는 A이다.
> ㄹ. A, B, C, D 4명 중에서 필기시험 점수와 면접 점수가 모두 높은 지원자는 C이다.

① ㄱ, ㄴ　　　② ㄴ, ㄷ　　　③ ㄴ, ㄹ
④ ㄷ, ㄹ　　　⑤ ㄱ, ㄷ, ㄹ

[31~32] 오른쪽 그림은 현아네 반 학생 15명이 과학 수행 평가에서 받은 태도 점수와 실험 점수에 대한 산점도이다. 다음 물음에 답하시오.

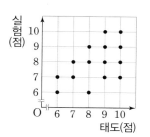

31

유형 01

태도 점수와 실험 점수가 같은 학생의 비율은?

① $\frac{1}{15}$　　　　② $\frac{2}{15}$　　　　③ $\frac{1}{5}$

④ $\frac{4}{15}$　　　　⑤ $\frac{1}{3}$

32

유형 01

태도 점수가 실험 점수보다 높은 학생은 전체의 몇 %인지 구하시오.

33

유형 01

오른쪽 그림은 소희네 반 학생 25명의 신발 크기와 키에 대한 산점도이다. 다음 중 옳지 않은 것은?

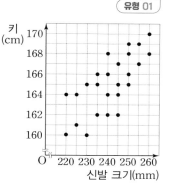

① 신발 크기가 245 mm 이상인 학생은 12명이다.

② 키가 164 cm인 학생은 전체의 16 %이다.

③ 신발 크기가 235 mm 이하인 학생 중 키가 163 cm보다 큰 학생은 4명이다.

④ 신발 크기가 250 mm 이상이거나 키가 168 cm 이상인 학생은 전체의 36 %이다.

⑤ 신발 크기가 230 mm 미만이면서 키가 162 cm 미만인 학생은 전체의 8 %이다.

34

유형 02

오른쪽 그림은 지은이네 반 학생 10명의 두 차례에 걸친 쪽지 시험 점수에 대한 산점도이다. 다음 중 옳지 않은 것은?

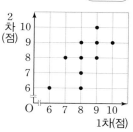

① 1차 점수와 2차 점수가 같은 학생은 3명이다.

② 1차보다 2차 시험을 더 잘 본 학생은 전체의 30 %이다.

③ 1차 점수가 9점 미만이고 2차 점수가 7점 이상인 학생은 4명이다.

④ 1차 점수가 8점인 학생들의 2차 점수의 평균은 7점이다.

⑤ 1차 점수와 2차 점수의 합이 6번째로 높은 학생의 2차 점수는 8점이다.

35

유형 03

다음 중 근무 시간과 여가 시간 사이의 상관관계와 같은 상관관계가 있는 것은?

① 키와 수학 성적

② 물건의 판매량과 매출액

③ 쌀 소비량과 쌀 재고량

④ 통학 거리와 통학 시간

⑤ 청바지의 사이즈와 가격

36

유형 03

다음 중 보기의 산점도에 대한 설명으로 옳지 <u>않은</u> 것을 모두 고르면? (정답 2개)

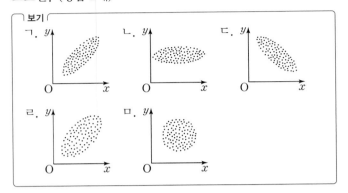

① ㄱ은 양의 상관관계가 있다.
② ㄴ은 x의 값이 커질수록 y의 값은 대체로 작아지는 경향이 있다.
③ 배추의 생산량이 줄어들수록 배추의 가격이 오르는 관계를 나타내는 산점도는 ㄷ이다.
④ 두 변량 사이의 상관관계는 ㄱ보다 ㄹ이 더 강하다.
⑤ ㅁ은 양의 상관관계도 아니고 음의 상관관계도 아니다.

37

유형 01 ❈ 03

다음 중 산점도와 상관관계에 대한 설명으로 옳은 것은?
① 산점도는 산포도를 그래프로 나타낸 것이다.
② 모든 자료는 양의 상관관계 또는 음의 상관관계로 나타난다.
③ 산점도에서 점들이 오른쪽 아래로 향하는 경향이 있으면 양의 상관관계가 있다고 한다.
④ 산점도에서 점들이 좌표축에 평행하게 분포되어 있으면 상관관계가 없다고 한다.
⑤ 양 또는 음의 상관관계가 있는 산점도에서 점들이 한 직선에서 멀리 흩어져 있을수록 상관관계는 강하다.

38

유형 04

오른쪽 그림은 어느 병원 신생아실의 신생아들의 키와 머리둘레에 대한 산점도이다. A, B, C, D, E 5명 중에서 키에 비해 머리둘레가 가장 짧은 신생아는?

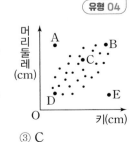

① A
② B
③ C
④ D
⑤ E

39

유형 04

오른쪽 그림은 어느 중학교 학생들의 학습 시간과 성적에 대한 산점도이다. 다음 중 옳지 <u>않은</u> 것은?

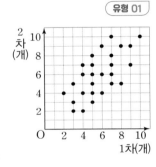

① 학습 시간이 긴 학생이 대체로 성적이 우수한 편이다.
② B는 C보다 성적이 우수하다.
③ B는 A보다 학습 시간이 길다.
④ A, B, C 중에서 D와 학습 시간이 가장 비슷한 학생은 B이다.
⑤ A, B, C, D 중에서 학습 시간에 비해 성적이 가장 우수한 학생은 A이다.

40

유형 01

오른쪽 그림은 윤기네 반 학생 27명이 두 차례에 걸쳐 자유투를 10개씩 던졌을 때, 성공한 자유투 개수에 대한 산점도이다. 1차에서 성공한 자유투 개수가 8개 이상인 학생들이 2차에서 성공한 자유투 개수의 평균을 구하시오.

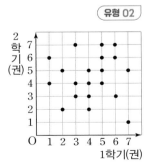

41

유형 02

오른쪽 그림은 민호네 반 학생 20명이 1학기와 2학기에 읽은 책의 수에 대한 산점도이다. 1학기에 읽은 책의 수를 a권, 2학기에 읽은 책의 수를 b권이라 할 때, $a+b$의 값이 10 이상인 학생은 전체의 몇 %인지 구하시오.

만점 문제 뛰어넘기

• 정답과 해설 64쪽

[42~43] 오른쪽 그림은 현욱이네 반 학생 20명이 두 차례에 걸쳐 시행한 턱걸이 개수에 대한 산점도이다. 다음 물음에 답하시오.

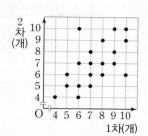

42 1차, 2차 턱걸이 개수의 평균이 높은 순으로 한 줄로 세울 때, 앞에서 2번째에 선 학생의 평균과 10번째에 선 학생의 평균의 차를 구하시오. (단, 평균이 같은 경우에는 2차의 개수가 더 높은 학생을 앞에 세운다.)

43 1차 턱걸이 개수를 a개, 2차 턱걸이 개수를 b개라 할 때, $0 \leq b-a \leq 3$을 만족시키는 학생은 전체의 몇 %인가?

① 30 % ② 35 % ③ 40 %
④ 45 % ⑤ 50 %

44 오른쪽 그림은 어느 반 학생 25명의 영어 듣기 평가 성적과 지필 평가 성적에 대한 산점도이다. 두 성적의 평균이 하위 20 % 이내에 드는 학생은 방과 후 수업을 들어야 한다고 할 때, 방과 후 수업을 듣는 학생들의 듣기 평가 점수의 평균을 구하시오.

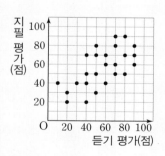

45 오른쪽 그림은 수인이네 반 학생 20명의 중간고사와 기말고사 수학 점수에 대한 산점도이다. 다음 조건을 모두 만족시키는 학생은 몇 명인지 구하시오.

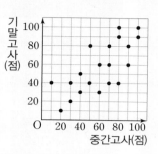

조건
㈎ 중간고사보다 기말고사의 수학 점수가 향상하였다.
㈏ 중간고사와 기말고사의 수학 점수의 차가 30점 이상이다.
㈐ 중간고사와 기말고사의 수학 점수의 평균이 60점 이상이다.

46 오른쪽 그림은 어느 중학교 학생들의 하루 동안의 게임하는 시간과 공부 시간에 대한 산점도이다. 다음 보기 중 옳은 것을 모두 고르시오.

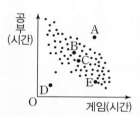

보기
ㄱ. 게임하는 시간과 공부 시간 사이에는 양의 상관관계가 있다.
ㄴ. A는 B보다 게임하는 시간과 공부 시간의 합이 길다.
ㄷ. C와 D의 게임하는 시간의 평균은 B의 게임하는 시간보다 짧다.
ㄹ. E는 게임을 오래 하는데도 공부 시간이 긴 편이다.

삼각비의 표

각도	사인(sin)	코사인(cos)	탄젠트(tan)	각도	사인(sin)	코사인(cos)	탄젠트(tan)
0°	0.0000	1.0000	0.0000	45°	0.7071	0.7071	1.0000
1°	0.0175	0.9998	0.0175	46°	0.7193	0.6947	1.0355
2°	0.0349	0.9994	0.0349	47°	0.7314	0.6820	1.0724
3°	0.0523	0.9986	0.0524	48°	0.7431	0.6691	1.1106
4°	0.0698	0.9976	0.0699	49°	0.7547	0.6561	1.1504
5°	0.0872	0.9962	0.0875	50°	0.7660	0.6428	1.1918
6°	0.1045	0.9945	0.1051	51°	0.7771	0.6293	1.2349
7°	0.1219	0.9925	0.1228	52°	0.7880	0.6157	1.2799
8°	0.1392	0.9903	0.1405	53°	0.7986	0.6018	1.3270
9°	0.1564	0.9877	0.1584	54°	0.8090	0.5878	1.3764
10°	0.1736	0.9848	0.1763	55°	0.8192	0.5736	1.4281
11°	0.1908	0.9816	0.1944	56°	0.8290	0.5592	1.4826
12°	0.2079	0.9781	0.2126	57°	0.8387	0.5446	1.5399
13°	0.2250	0.9744	0.2309	58°	0.8480	0.5299	1.6003
14°	0.2419	0.9703	0.2493	59°	0.8572	0.5150	1.6643
15°	0.2588	0.9659	0.2679	60°	0.8660	0.5000	1.7321
16°	0.2756	0.9613	0.2867	61°	0.8746	0.4848	1.8040
17°	0.2924	0.9563	0.3057	62°	0.8829	0.4695	1.8807
18°	0.3090	0.9511	0.3249	63°	0.8910	0.4540	1.9626
19°	0.3256	0.9455	0.3443	64°	0.8988	0.4384	2.0503
20°	0.3420	0.9397	0.3640	65°	0.9063	0.4226	2.1445
21°	0.3584	0.9336	0.3839	66°	0.9135	0.4067	2.2460
22°	0.3746	0.9272	0.4040	67°	0.9205	0.3907	2.3559
23°	0.3907	0.9205	0.4245	68°	0.9272	0.3746	2.4751
24°	0.4067	0.9135	0.4452	69°	0.9336	0.3584	2.6051
25°	0.4226	0.9063	0.4663	70°	0.9397	0.3420	2.7475
26°	0.4384	0.8988	0.4877	71°	0.9455	0.3256	2.9042
27°	0.4540	0.8910	0.5095	72°	0.9511	0.3090	3.0777
28°	0.4695	0.8829	0.5317	73°	0.9563	0.2924	3.2709
29°	0.4848	0.8746	0.5543	74°	0.9613	0.2756	3.4874
30°	0.5000	0.8660	0.5774	75°	0.9659	0.2588	3.7321
31°	0.5150	0.8572	0.6009	76°	0.9703	0.2419	4.0108
32°	0.5299	0.8480	0.6249	77°	0.9744	0.2250	4.3315
33°	0.5446	0.8387	0.6494	78°	0.9781	0.2079	4.7046
34°	0.5592	0.8290	0.6745	79°	0.9816	0.1908	5.1446
35°	0.5736	0.8192	0.7002	80°	0.9848	0.1736	5.6713
36°	0.5878	0.8090	0.7265	81°	0.9877	0.1564	6.3138
37°	0.6018	0.7986	0.7536	82°	0.9903	0.1392	7.1154
38°	0.6157	0.7880	0.7813	83°	0.9925	0.1219	8.1443
39°	0.6293	0.7771	0.8098	84°	0.9945	0.1045	9.5144
40°	0.6428	0.7660	0.8391	85°	0.9962	0.0872	11.4301
41°	0.6561	0.7547	0.8693	86°	0.9976	0.0698	14.3007
42°	0.6691	0.7431	0.9004	87°	0.9986	0.0523	19.0811
43°	0.6820	0.7314	0.9325	88°	0.9994	0.0349	28.6363
44°	0.6947	0.7193	0.9657	89°	0.9998	0.0175	57.2900
45°	0.7071	0.7071	1.0000	90°	1.0000	0.0000	—

15개정 교육과정

내신 만점 **유형서**

만렙

정답과 해설

중등수학 **3´2**

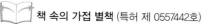

1 삼각비

01 ② **02** 12 cm **03** 6 **04** $\dfrac{6}{5}$ **05** $\dfrac{12}{13}$

06 $\dfrac{\sqrt{6}}{3}$ **07** $\dfrac{43}{20}$ **08** $\dfrac{9}{10}$ **09** ③ **10** $\dfrac{\sqrt{15}}{7}$

11 ⑤ **12** $\dfrac{8}{15}$ **13** $\dfrac{3+\sqrt{5}}{2}$ **14** ④

15 $20\sqrt{6}\ \text{cm}^2$ **16** $\dfrac{4\sqrt{5}}{15}$ **17** ② **18** $\dfrac{6}{7}$

19 $\dfrac{1}{5}$ **20** ④ **21** $\dfrac{2+\sqrt{5}}{3}$ **22** $\dfrac{\sqrt{26}}{26}$ **23** $\dfrac{10}{13}$

24 ② **25** $\dfrac{\sqrt{3}}{2}$ **26** $\dfrac{31}{20}$ **27** ② **28** $\dfrac{16}{15}$

29 $\dfrac{2\sqrt{5}}{9}$ **30** ④ **31** $\dfrac{\sqrt{3}}{3}$ **32** $\sqrt{2}$ **33** ②

34 $\dfrac{\sqrt{3}}{3}$ **35** $\dfrac{\sqrt{10}}{30}$ **36** $\dfrac{12}{13}$ **37** $\dfrac{\sqrt{5}}{5}$ **38** ③, ⑤

39 10° **40** $2\sqrt{3}$ **41** $y=\dfrac{\sqrt{3}}{3}x+4$ **42** ㄴ, ㄷ

43 $\dfrac{1}{2}$ **44** ④ **45** $4\sqrt{3}$ **46** ① **47** ②

48 15° **49** ③ **50** 90° **51** $5\sqrt{3}+5$ **52** ⑤

53 $6\sqrt{3}$ **54** $9-3\sqrt{3}$ **55** ① **56** $12+8\sqrt{3}$

57 ④ **58** ① **59** ③ **60** ④ **61** $2-\sqrt{3}$

62 $y=\sqrt{3}x+2\sqrt{3}$ **63** ② **64** $y=x+5$

65 ② **66** -1 **67** ⑤ **68** 0 **69** 106°

70 ③ **71** ㄷ, ㅁ **72** ②, ③ **73** 0.6536 **74** $\dfrac{1}{4}$

75 1 **76** ①, ⑤ **77** ②

78 $\tan 0°$, $\sin 35°$, $\cos 35°$, $\tan 45°$, $\tan 70°$ **79** ⑥, ⑦

80 ③ **81** 0 **82** $\dfrac{5}{13}$ **83** 69°

84 -0.664 **85** 0.1051 **86** 2.7856 **87** 9.325 **88** 0.8693

89 $\dfrac{2\sqrt{5}}{9}$ **90** ① **91** $\dfrac{32}{15}$ **92** $\dfrac{30}{17}$ **93** ③

94 $\dfrac{\sqrt{6}}{3}$ **95** $\dfrac{1}{2}$ **96** $\dfrac{9\sqrt{6}}{2}$ **97** $\sqrt{2}-1$ **98** ③

99 ③ **100** $\tan 50°$ **101** 92.5144

102 4 **103** 2 cm **104** $\dfrac{\sqrt{21}}{7}$ **105** $\dfrac{5\sqrt{3}}{9}$ **106** ③

107 $\dfrac{1}{3}$ **108** $\dfrac{\sqrt{2}+\sqrt{6}}{4}$ **109** $\dfrac{40}{9}$

---

01 삼각비

유형 모아 보기 & 완성하기   8~14쪽

01 답 ②

① $\sin A=\dfrac{\overline{BC}}{\overline{AB}}=\dfrac{6}{10}=\dfrac{3}{5}$ ② $\cos A=\dfrac{\overline{AC}}{\overline{AB}}=\dfrac{8}{10}=\dfrac{4}{5}$

③ $\sin B=\dfrac{\overline{AC}}{\overline{AB}}=\dfrac{8}{10}=\dfrac{4}{5}$ ④ $\cos B=\dfrac{\overline{BC}}{\overline{AB}}=\dfrac{6}{10}=\dfrac{3}{5}$

⑤ $\tan B=\dfrac{\overline{AC}}{\overline{BC}}=\dfrac{8}{6}=\dfrac{4}{3}$

따라서 옳은 것은 ②이다.

02 답 **12 cm**

$\sin B=\dfrac{\overline{AC}}{15}=\dfrac{3}{5}$에서 $\overline{AC}=9(\text{cm})$

$\therefore \overline{BC}=\sqrt{15^2-9^2}=12(\text{cm})$

03 답 **6**

$\sin A=\dfrac{3}{4}$이므로 오른쪽 그림과 같은 직각삼각형 ABC를 생각할 수 있다.

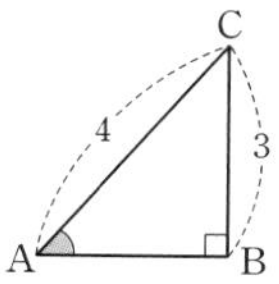

$\overline{AB}=\sqrt{4^2-3^2}=\sqrt{7}$이므로

$\cos A=\dfrac{\sqrt{7}}{4}$, $\tan A=\dfrac{3}{\sqrt{7}}=\dfrac{3\sqrt{7}}{7}$

$\therefore 8\cos A\times\tan A=8\times\dfrac{\sqrt{7}}{4}\times\dfrac{3\sqrt{7}}{7}=6$

04 답 $\dfrac{6}{5}$

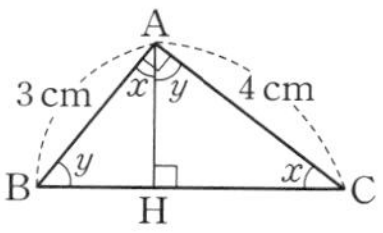

$\triangle ABC\oomega\triangle HBA$ (AA 닮음)이므로

$\angle ACB=\angle HAB=x$

$\triangle ABC\oomega\triangle HAC$ (AA 닮음)이므로

$\angle ABC=\angle HAC=y$

$\triangle ABC$에서 $\overline{BC}=\sqrt{3^2+4^2}=5(\text{cm})$이므로

$\sin x=\sin(\angle ACB)=\dfrac{\overline{AB}}{\overline{BC}}=\dfrac{3}{5}$,

$\cos y=\cos(\angle ABC)=\dfrac{\overline{AB}}{\overline{BC}}=\dfrac{3}{5}$

$\therefore \sin x+\cos y=\dfrac{3}{5}+\dfrac{3}{5}=\dfrac{6}{5}$

05 답 $\dfrac{12}{13}$

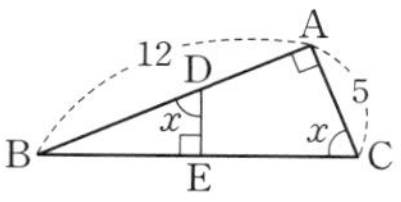

$\triangle ABC\oomega\triangle EBD$ (AA 닮음)이므로

$\angle BCA=\angle BDE=x$

$\triangle ABC$에서 $\overline{BC}=\sqrt{12^2+5^2}=13$이므로

$\sin x=\sin(\angle BCA)=\dfrac{\overline{AB}}{\overline{BC}}=\dfrac{12}{13}$

06 답 $\dfrac{\sqrt{6}}{3}$

$\triangle EFG$에서 $\overline{EG}=\sqrt{2^2+2^2}=2\sqrt{2}$

$\triangle CEG$는 $\angle CGE=90°$인 직각삼각형이므로

$$\overline{CE}=\sqrt{(2\sqrt{2})^2+2^2}=2\sqrt{3}$$
$$\therefore \cos x=\frac{\overline{EG}}{\overline{CE}}=\frac{2\sqrt{2}}{2\sqrt{3}}=\frac{\sqrt{6}}{3}$$

07 답 $\dfrac{43}{20}$

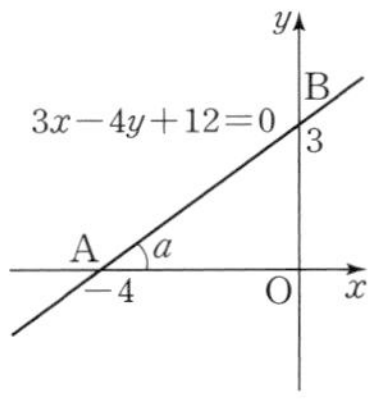

오른쪽 그림과 같이 일차방정식
$3x-4y+12=0$의 그래프와 x축, y축의 교점
을 각각 A, B라 하고, $3x-4y+12=0$에
$y=0$, $x=0$을 각각 대입하면
A$(-4,\,0)$, B$(0,\,3)$
직각삼각형 AOB에서 $\overline{AO}=4$, $\overline{BO}=3$이므로
$$\overline{AB}=\sqrt{4^2+3^2}=5$$
따라서 $\sin a=\dfrac{\overline{BO}}{\overline{AB}}=\dfrac{3}{5}$, $\cos a=\dfrac{\overline{AO}}{\overline{AB}}=\dfrac{4}{5}$,
$\tan a=\dfrac{\overline{BO}}{\overline{AO}}=\dfrac{3}{4}$이므로
$$\sin a+\cos a+\tan a=\frac{3}{5}+\frac{4}{5}+\frac{3}{4}=\frac{43}{20}$$

08 답 $\dfrac{9}{10}$

$$\sin A=\frac{\overline{BC}}{\overline{AC}}=\frac{4}{2\sqrt{5}}=\frac{2\sqrt{5}}{5}$$
$$\cos A=\frac{\overline{AB}}{\overline{AC}}=\frac{2}{2\sqrt{5}}=\frac{\sqrt{5}}{5}$$
$$\tan C=\frac{\overline{AB}}{\overline{BC}}=\frac{2}{4}=\frac{1}{2}$$
$$\therefore \sin A\times\cos A+\tan C=\frac{2\sqrt{5}}{5}\times\frac{\sqrt{5}}{5}+\frac{1}{2}=\frac{9}{10}$$

09 답 ③

$$\overline{AC}=\sqrt{17^2-15^2}=8$$
① $\sin A=\dfrac{\overline{BC}}{\overline{AB}}=\dfrac{15}{17}$ ② $\cos A=\dfrac{\overline{AC}}{\overline{AB}}=\dfrac{8}{17}$
③ $\tan A=\dfrac{\overline{BC}}{\overline{AC}}=\dfrac{15}{8}$ ④ $\sin B=\dfrac{\overline{AC}}{\overline{AB}}=\dfrac{8}{17}$
⑤ $\cos B=\dfrac{\overline{BC}}{\overline{AB}}=\dfrac{15}{17}$

따라서 옳지 않은 것은 ③이다.

10 답 $\dfrac{\sqrt{15}}{7}$

$\overline{AB}=2\,\overline{AO}=2\times8=16$이므로
$\triangle ABC$에서 $\overline{AC}=\sqrt{16^2-(2\sqrt{15})^2}=14$
$$\therefore \tan A=\frac{\overline{BC}}{\overline{AC}}=\frac{2\sqrt{15}}{14}=\frac{\sqrt{15}}{7}$$

11 답 ⑤

$\overline{AB}:\overline{AC}=2:1$이므로
$\overline{AB}=2k$, $\overline{AC}=k\,(k>0)$라 하면
$$\overline{BC}=\sqrt{(2k)^2+k^2}=\sqrt{5}k$$
$$\therefore \cos B=\frac{\overline{AB}}{\overline{BC}}=\frac{2k}{\sqrt{5}k}=\frac{2\sqrt{5}}{5}$$

12 답 $\dfrac{8}{15}$

$\triangle ADC$에서 $\overline{AC}=\sqrt{10^2-6^2}=8$
$\triangle ABC$에서 $\overline{BC}=\sqrt{17^2-8^2}=15$
$$\therefore \tan B=\frac{\overline{AC}}{\overline{BC}}=\frac{8}{15}$$

13 답 $\dfrac{3+\sqrt{5}}{2}$

$\angle APQ=\angle CPQ=x$(접은 각),
$\angle CQP=\angle APQ=x$(엇각)이므로
$\triangle CPQ$는 $\overline{CP}=\overline{CQ}$인 이등변삼각형이다.
즉, $\overline{CQ}=\overline{CP}=\overline{AP}=3\,cm$, $\overline{CR}=\overline{AB}=2\,cm$이므로
$\triangle CQR$에서 $\overline{QR}=\sqrt{3^2-2^2}=\sqrt{5}\,(cm)$ 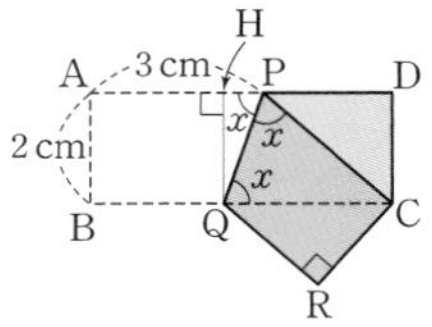
오른쪽 그림과 같이 점 Q에서 $\overline{AD}$에 내린
수선의 발을 H라 하면
$\overline{AH}=\overline{BQ}=\overline{QR}=\sqrt{5}\,cm$이므로
$\overline{HP}=\overline{AP}-\overline{AH}=3-\sqrt{5}\,(cm)$
따라서 $\triangle HQP$에서
$$\tan x=\frac{\overline{HQ}}{\overline{HP}}=\frac{2}{3-\sqrt{5}}=\frac{3+\sqrt{5}}{2}$$

만렙비법 직사각형 모양의 종이를 접을 때 겹쳐서 생기는 삼각형은 접은
각, 엇각의 크기가 각각 같음을 이용하여 이등변삼각형임을 알아낸다.

14 답 ④

$\cos B=\dfrac{8}{\overline{AB}}=\dfrac{4}{5}$에서 $\overline{AB}=10$
$\overline{AC}=\sqrt{10^2-8^2}=6$이므로
$\overline{AB}+\overline{AC}=10+6=16$

15 답 $20\sqrt{6}\ cm^2$

$\cos A=\dfrac{\overline{AC}}{14}=\dfrac{5}{7}$에서 $\overline{AC}=10\,(cm)$
$\overline{BC}=\sqrt{14^2-10^2}=4\sqrt{6}\,(cm)$이므로
$$\triangle ABC=\frac{1}{2}\times4\sqrt{6}\times10=20\sqrt{6}\,(cm^2)$$

16 답 $\dfrac{4\sqrt{5}}{15}$

$\sin B=\dfrac{\overline{AC}}{6}=\dfrac{\sqrt{5}}{3}$에서 $\overline{AC}=2\sqrt{5}$ ⋯(ⅰ)
$\overline{BC}=\sqrt{6^2-(2\sqrt{5})^2}=4$이므로 ⋯(ⅱ)
$\tan A=\dfrac{\overline{BC}}{\overline{AC}}=\dfrac{4}{2\sqrt{5}}=\dfrac{2\sqrt{5}}{5}$,
$\cos B=\dfrac{\overline{BC}}{\overline{AB}}=\dfrac{4}{6}=\dfrac{2}{3}$ ⋯(ⅲ)
$$\therefore \tan A\times\cos B=\frac{2\sqrt{5}}{5}\times\frac{2}{3}=\frac{4\sqrt{5}}{15}$$ ⋯(ⅳ)

채점 기준

(ⅰ) $\overline{AC}$의 길이 구하기	30%
(ⅱ) $\overline{BC}$의 길이 구하기	20%
(ⅲ) $\tan A$, $\cos B$의 값 구하기	30%
(ⅳ) $\tan A\times\cos B$의 값 구하기	20%

17 답 ②

$\tan B = \dfrac{18}{\overline{BC}} = \dfrac{3}{2}$ 에서 $\overline{BC} = 12$ $\quad\therefore \overline{CD} = \dfrac{1}{2}\overline{BC} = \dfrac{1}{2} \times 12 = 6$

$\triangle ADC$에서 $\overline{AD} = \sqrt{6^2 + 18^2} = 6\sqrt{10}$

$\therefore \sin x = \dfrac{\overline{CD}}{\overline{AD}} = \dfrac{6}{6\sqrt{10}} = \dfrac{\sqrt{10}}{10}$

18 답 $\dfrac{6}{7}$

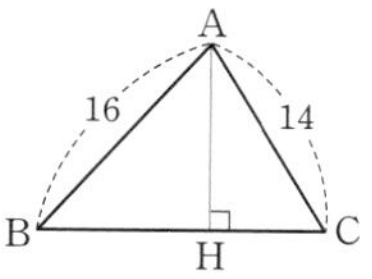

오른쪽 그림과 같이 꼭짓점 A에서 $\overline{BC}$에 내린
수선의 발을 H라 하면 $\triangle ABH$에서

$\cos B = \dfrac{\overline{BH}}{16} = \dfrac{\sqrt{7}}{4}$ $\quad\therefore \overline{BH} = 4\sqrt{7}$

$\therefore \overline{AH} = \sqrt{16^2 - (4\sqrt{7})^2} = 12$

따라서 $\triangle AHC$에서 $\sin C = \dfrac{\overline{AH}}{\overline{AC}} = \dfrac{12}{14} = \dfrac{6}{7}$

19 답 $\dfrac{1}{5}$

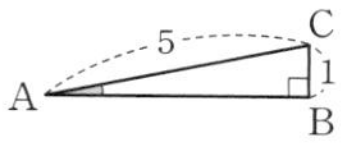

$\sin A = \dfrac{1}{5}$이므로 오른쪽 그림과 같은 직각삼각
형 ABC를 생각할 수 있다.

$\overline{AB} = \sqrt{5^2 - 1^2} = 2\sqrt{6}$이므로

$\cos A = \dfrac{\overline{AB}}{\overline{AC}} = \dfrac{2\sqrt{6}}{5}$, $\tan A = \dfrac{\overline{BC}}{\overline{AB}} = \dfrac{1}{2\sqrt{6}} = \dfrac{\sqrt{6}}{12}$

$\therefore \cos A \times \tan A = \dfrac{2\sqrt{6}}{5} \times \dfrac{\sqrt{6}}{12} = \dfrac{1}{5}$

20 답 ④

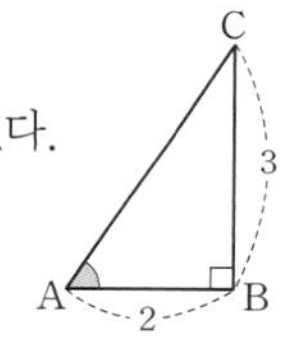

$2\tan A - 3 = 0$에서 $\tan A = \dfrac{3}{2}$이므로

오른쪽 그림과 같은 직각삼각형 ABC를 생각할 수 있다.

$\therefore \overline{AC} = \sqrt{2^2 + 3^2} = \sqrt{13}$

① $\sin A = \dfrac{\overline{BC}}{\overline{AC}} = \dfrac{3}{\sqrt{13}} = \dfrac{3\sqrt{13}}{13}$

② $\cos A = \dfrac{\overline{AB}}{\overline{AC}} = \dfrac{2}{\sqrt{13}} = \dfrac{2\sqrt{13}}{13}$

③ $\sin C = \dfrac{\overline{AB}}{\overline{AC}} = \dfrac{2}{\sqrt{13}} = \dfrac{2\sqrt{13}}{13}$

④ $\cos C = \dfrac{\overline{BC}}{\overline{AC}} = \dfrac{3}{\sqrt{13}} = \dfrac{3\sqrt{13}}{13}$

⑤ $\tan C = \dfrac{\overline{AB}}{\overline{BC}} = \dfrac{2}{3}$

따라서 옳지 않은 것은 ④이다.

21 답 $\dfrac{2+\sqrt{5}}{3}$

$9x^2 - 12x + 4 = 0$에서 $(3x-2)^2 = 0$ $\quad\therefore x = \dfrac{2}{3}$

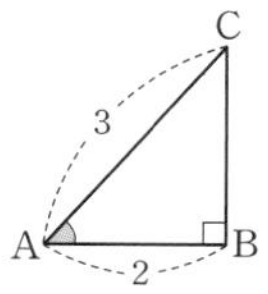

즉, $\cos A = \dfrac{2}{3}$이므로 오른쪽 그림과 같은 직각삼각
형 ABC를 생각할 수 있다.

$\overline{BC} = \sqrt{3^2 - 2^2} = \sqrt{5}$이므로 $\sin A = \dfrac{\sqrt{5}}{3}$

$\therefore \sin A + \cos A = \dfrac{\sqrt{5}}{3} + \dfrac{2}{3} = \dfrac{2+\sqrt{5}}{3}$

22 답 $\dfrac{\sqrt{26}}{26}$

도로의 경사도가 20 %이므로 $20 = \tan A \times 100$ $\quad\therefore \tan A = \dfrac{1}{5}$

즉, 오른쪽 그림과 같은 직각삼각형 ABC를
생각할 수 있다.

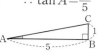

따라서 $\overline{AC} = \sqrt{5^2 + 1^2} = \sqrt{26}$이므로 $\sin A = \dfrac{1}{\sqrt{26}} = \dfrac{\sqrt{26}}{26}$

23 답 $\dfrac{10}{13}$

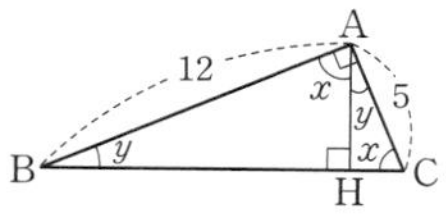

$\triangle ABC \backsim \triangle HBA$(AA 닮음)이므로
$\angle BCA = \angle BAH = x$

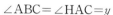

$\triangle ABC \backsim \triangle HAC$(AA 닮음)이므로
$\angle ABC = \angle HAC = y$

$\triangle ABC$에서 $\overline{BC} = \sqrt{12^2 + 5^2} = 13$이므로

$\cos x = \cos (\angle BCA) = \dfrac{\overline{AC}}{\overline{BC}} = \dfrac{5}{13}$,

$\sin y = \sin (\angle ABC) = \dfrac{\overline{AC}}{\overline{BC}} = \dfrac{5}{13}$

$\therefore \cos x + \sin y = \dfrac{5}{13} + \dfrac{5}{13} = \dfrac{10}{13}$

24 답 ②

ㄱ. $\triangle ABH$에서 $\cos x = \dfrac{\overline{BH}}{\overline{AB}}$

ㄷ. $\triangle ABC \backsim \triangle HAC$(AA 닮음)이므로
$\angle HAC = \angle ABC = x$
$\triangle AHC$에서

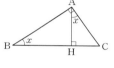

$\cos x = \cos (\angle HAC) = \dfrac{\overline{AH}}{\overline{AC}}$

따라서 $\cos x$와 그 값이 항상 같은 것은 ㄱ, ㄷ이다.

25 답 $\dfrac{\sqrt{3}}{2}$

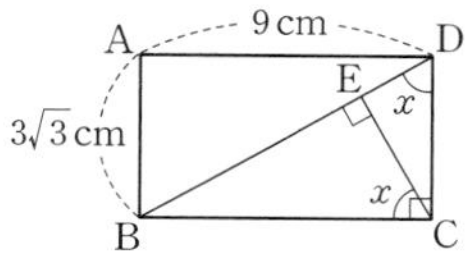

$\triangle BCD \backsim \triangle BEC$(AA 닮음)이므로
$\angle BDC = \angle BCE = x$

$\triangle BCD$에서
$\overline{BD} = \sqrt{9^2 + (3\sqrt{3})^2} = 6\sqrt{3}(cm)$이므로

$\sin x = \sin (\angle BDC) = \dfrac{\overline{BC}}{\overline{BD}} = \dfrac{9}{6\sqrt{3}} = \dfrac{\sqrt{3}}{2}$

26 답 $\dfrac{31}{20}$

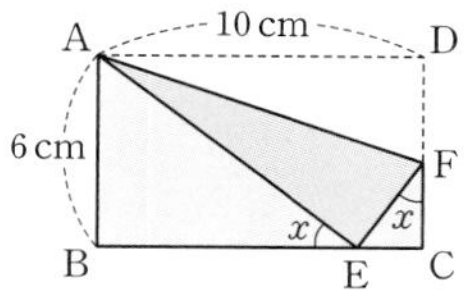

$\triangle ABE$에서 $\overline{AE} = \overline{AD} = 10\,cm$이므로
$\overline{BE} = \sqrt{10^2 - 6^2} = 8(cm)$

$\angle EFC + \angle CEF$
$= \angle CEF + \angle AEB = 90°$

이므로 $\angle AEB = \angle EFC = x$

따라서 $\triangle ABE$에서 $\cos x = \cos (\angle AEB) = \dfrac{\overline{BE}}{\overline{AE}} = \dfrac{8}{10} = \dfrac{4}{5}$,

$\tan x = \tan (\angle AEB) = \dfrac{\overline{AB}}{\overline{BE}} = \dfrac{6}{8} = \dfrac{3}{4}$

이므로 $\cos x + \tan x = \dfrac{4}{5} + \dfrac{3}{4} = \dfrac{31}{20}$

27 답 ②

△ABC∽△ADE(AA 닮음)이므로
∠ACB=∠AED=x
△ABC에서 $\overline{AC}=\sqrt{15^2+8^2}=17$이므로
$\cos x=\cos(\angle ACB)=\dfrac{\overline{BC}}{\overline{AC}}=\dfrac{8}{17}$

28 답 $\dfrac{16}{15}$

△ABC∽△EBD(AA 닮음)이므로
∠BDE=∠BCA=x
△BED에서 $\overline{DE}=\sqrt{5^2-4^2}=3$이므로
$\sin x=\sin(\angle BDE)=\dfrac{\overline{BE}}{\overline{BD}}=\dfrac{4}{5}$,
$\tan x=\tan(\angle BDE)=\dfrac{\overline{BE}}{\overline{DE}}=\dfrac{4}{3}$
$\therefore \sin x\times\tan x=\dfrac{4}{5}\times\dfrac{4}{3}=\dfrac{16}{15}$

29 답 $\dfrac{2\sqrt{5}}{9}$

△ABC∽△AED(AA 닮음)이므로
∠ABC=∠AED
△AED에서 $\overline{AE}=\sqrt{6^2-4^2}=2\sqrt{5}$이므로
$\sin B=\sin(\angle AED)=\dfrac{\overline{AD}}{\overline{DE}}=\dfrac{4}{6}=\dfrac{2}{3}$,
$\sin C=\sin(\angle ADE)=\dfrac{\overline{AE}}{\overline{DE}}=\dfrac{2\sqrt{5}}{6}=\dfrac{\sqrt{5}}{3}$
$\therefore \sin B\times\sin C=\dfrac{2}{3}\times\dfrac{\sqrt{5}}{3}=\dfrac{2\sqrt{5}}{9}$

30 답 ④

△ABC∽△EDC∽△FEC∽△FDE
(AA 닮음)
이므로
∠ACB=∠ECD=∠FCE=∠FED
$\therefore \tan(\angle ACB)=\dfrac{\overline{AB}}{\overline{AC}}=\dfrac{\overline{DE}}{\overline{CE}}=\dfrac{\overline{EF}}{\overline{CF}}=\dfrac{\overline{DF}}{\overline{EF}}$
따라서 그 값이 나머지 넷과 다른 하나는 ④이다.

31 답 $\dfrac{\sqrt{3}}{3}$

△FGH에서 $\overline{FH}=\sqrt{4^2+4^2}=4\sqrt{2}$ (cm)
△BFH는 ∠BFH=90°인 직각삼각형이므로
$\overline{BH}=\sqrt{(4\sqrt{2})^2+4^2}=4\sqrt{3}$ (cm)
$\therefore \sin x=\dfrac{\overline{BF}}{\overline{BH}}=\dfrac{4}{4\sqrt{3}}=\dfrac{\sqrt{3}}{3}$

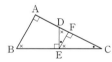

32 답 $\sqrt{2}$

△EGH에서 $\overline{EG}=\sqrt{4^2+3^2}=5$ (cm)
△AEG는 ∠AEG=90°인 직각삼각형이므로
$\overline{AG}=\sqrt{5^2+5^2}=5\sqrt{2}$ (cm)

따라서 $\sin x=\dfrac{\overline{AE}}{\overline{AG}}=\dfrac{5}{5\sqrt{2}}=\dfrac{\sqrt{2}}{2}$, $\cos x=\dfrac{\overline{EG}}{\overline{AG}}=\dfrac{5}{5\sqrt{2}}=\dfrac{\sqrt{2}}{2}$
이므로 $\sin x+\cos x=\dfrac{\sqrt{2}}{2}+\dfrac{\sqrt{2}}{2}=\sqrt{2}$

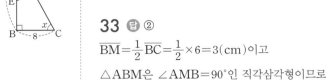

33 답 ②

$\overline{BM}=\dfrac{1}{2}\overline{BC}=\dfrac{1}{2}\times6=3$ (cm)이고
△ABM은 ∠AMB=90°인 직각삼각형이므로
$\overline{AM}=\sqrt{6^2-3^2}=3\sqrt{3}$ (cm)
오른쪽 그림에서 △AMN은 $\overline{AM}=\overline{AN}$인
이등변삼각형이므로 꼭짓점 A에서 $\overline{MN}$에
내린 수선의 발을 H라 하면
$\overline{MH}=\overline{NH}=\dfrac{1}{2}\overline{MN}=\dfrac{1}{2}\times6=3$ (cm)
따라서 △AMH에서
$\overline{AH}=\sqrt{(3\sqrt{3})^2-3^2}=3\sqrt{2}$ (cm)이므로
$\tan x=\dfrac{\overline{AH}}{\overline{MH}}=\dfrac{3\sqrt{2}}{3}=\sqrt{2}$

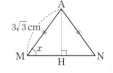

34 답 $\dfrac{\sqrt{3}}{3}$

$\overline{CM}=\dfrac{1}{2}\overline{BC}=\dfrac{1}{2}\times12=6$이고
△DMC는 ∠DMC=90°인 직각삼각형이므로
$\overline{DM}=\sqrt{12^2-6^2}=6\sqrt{3}$
점 H는 △BCD의 무게중심이므로
$\overline{DH}=\dfrac{2}{3}\overline{DM}=\dfrac{2}{3}\times6\sqrt{3}=4\sqrt{3}$
따라서 △AHD에서
$\cos x=\dfrac{\overline{DH}}{\overline{AD}}=\dfrac{4\sqrt{3}}{12}=\dfrac{\sqrt{3}}{3}$

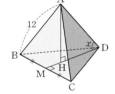

참고 점 H가 △BCD의 무게중심인 이유
△ABH, △ACH, △ADH에서
∠AHB=∠AHC=∠AHD=90°,
$\overline{AH}$는 공통, $\overline{AB}=\overline{AC}=\overline{AD}$이므로
△ABH≡△ACH≡△ADH(RHS 합동)
즉, $\overline{BH}=\overline{CH}=\overline{DH}$이므로 점 H는 △BCD의
외심이다. 따라서 정삼각형의 외심과 무게중심은
일치하므로 점 H는 △BCD의 무게중심이다.

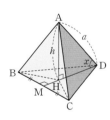

35 답 $\dfrac{\sqrt{10}}{30}$

오른쪽 그림과 같이 일차방정식 $x-3y+6=0$
의 그래프와 x축, y축의 교점을 각각 A, B라
하고, $x-3y+6=0$에 $y=0$, $x=0$을 각각 대
입하면 A$(-6, 0)$, B$(0, 2)$
직각삼각형 AOB에서 $\overline{AO}=6$, $\overline{BO}=2$이므로
$\overline{AB}=\sqrt{6^2+2^2}=2\sqrt{10}$
따라서 $\sin a=\dfrac{\overline{BO}}{\overline{AB}}=\dfrac{2}{2\sqrt{10}}=\dfrac{\sqrt{10}}{10}$, $\tan a=\dfrac{\overline{BO}}{\overline{AO}}=\dfrac{2}{6}=\dfrac{1}{3}$
이므로 $\sin a\times\tan a=\dfrac{\sqrt{10}}{10}\times\dfrac{1}{3}=\dfrac{\sqrt{10}}{30}$

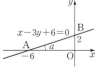

36 답 $\dfrac{12}{13}$

오른쪽 그림과 같이 일차방정식
$12x-5y+60=0$의 그래프와 x축, y축의 교
점을 각각 A, B라 하고, $12x-5y+60=0$에
$y=0$, $x=0$을 각각 대입하면
A$(-5, 0)$, B$(0, 12)$ ⋯⋯ (i)
직각삼각형 AOB에서 $\overline{AO}=5$, $\overline{BO}=12$이므로
$\overline{AB}=\sqrt{5^2+12^2}=13$ ⋯⋯ (ii)
$\therefore \cos a=\dfrac{\overline{BO}}{\overline{AB}}=\dfrac{12}{13}$ ⋯⋯ (iii)

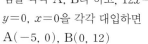

채점 기준	
(i) 그래프와 x축, y축의 교점의 좌표 구하기	30 %
(ii) $\overline{AO}$, $\overline{BO}$, $\overline{AB}$의 길이 구하기	40 %
(iii) $\cos a$의 값 구하기	30 %

37 답 $\dfrac{\sqrt{5}}{5}$

오른쪽 그림과 같이 일차방정식 $y=2x-3$의
그래프와 x축, y축의 교점을 각각 A, B라 하면
$\angle OAB=a$ (맞꼭지각)
$y=2x-3$에 $y=0$, $x=0$을 각각 대입하면
A$\left(\dfrac{3}{2}, 0\right)$, B$(0, -3)$

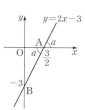

직각삼각형 AOB에서 $\overline{AO}=\dfrac{3}{2}$, $\overline{BO}=3$이므로
$\overline{AB}=\sqrt{\left(\dfrac{3}{2}\right)^2+3^2}=\dfrac{3\sqrt{5}}{2}$

따라서 $\sin a=\dfrac{\overline{BO}}{\overline{AB}}=3\div\dfrac{3\sqrt{5}}{2}=\dfrac{2}{\sqrt{5}}=\dfrac{2\sqrt{5}}{5}$,

$\cos a=\dfrac{\overline{AO}}{\overline{AB}}=\dfrac{3}{2}\div\dfrac{3\sqrt{5}}{2}=\dfrac{1}{\sqrt{5}}=\dfrac{\sqrt{5}}{5}$

이므로 $\sin a-\cos a=\dfrac{2\sqrt{5}}{5}-\dfrac{\sqrt{5}}{5}=\dfrac{\sqrt{5}}{5}$

02 30°, 45°, 60°의 삼각비의 값

유형 모아 보기 & 완성하기 15~19쪽

38 답 ③, ⑤

① $\sin 60° \times \tan 30°=\dfrac{\sqrt{3}}{2}\times\dfrac{\sqrt{3}}{3}=\dfrac{1}{2}$

② $\sin 45° - \cos 45°=\dfrac{\sqrt{2}}{2}-\dfrac{\sqrt{2}}{2}=0$

③ $\tan 60° \div \sin 60°=\sqrt{3}\div\dfrac{\sqrt{3}}{2}=\sqrt{3}\times\dfrac{2}{\sqrt{3}}=2$

④ $\sqrt{3}\cos 30°=\sqrt{3}\times\dfrac{\sqrt{3}}{2}=\dfrac{3}{2}$, $1+\cos 60°=1+\dfrac{1}{2}=\dfrac{3}{2}$

$\therefore \sqrt{3}\cos 30°=1+\cos 60°$

⑤ $\tan 45° \div \cos 45°=1\div\dfrac{\sqrt{2}}{2}=1\times\dfrac{2}{\sqrt{2}}=\sqrt{2}$, $\sin 45°=\dfrac{\sqrt{2}}{2}$

$\therefore \tan 45° \div \cos 45° \neq \sin 45°$

따라서 옳지 않은 것은 ③, ⑤이다.

39 답 $10°$

$0°<x<70°$이므로 $20°<x+20°<90°$

이때 $\cos 30°=\dfrac{\sqrt{3}}{2}$이므로 $x+20°=30°$ $\therefore x=10°$

40 답 $2\sqrt{3}$

$\triangle ABH$에서 $\sin 45°=\dfrac{\overline{AH}}{3\sqrt{2}}=\dfrac{\sqrt{2}}{2}$ $\therefore \overline{AH}=3$

$\triangle AHC$에서 $\sin 60°=\dfrac{3}{\overline{AC}}=\dfrac{\sqrt{3}}{2}$ $\therefore \overline{AC}=2\sqrt{3}$

41 답 $y=\dfrac{\sqrt{3}}{3}x+4$

(직선의 기울기)$=\tan 30°=\dfrac{\sqrt{3}}{3}$

이때 y절편이 4이므로 구하는 직선의 방정식은 $y=\dfrac{\sqrt{3}}{3}x+4$

42 답 ㄴ, ㄷ

ㄱ. $\sin 45° + \cos 45°=\dfrac{\sqrt{2}}{2}+\dfrac{\sqrt{2}}{2}=\sqrt{2}$

ㄴ. $\cos 30° - \sin 60°=\dfrac{\sqrt{3}}{2}-\dfrac{\sqrt{3}}{2}=0$

ㄷ. $\sin 30° \times \cos 30°=\dfrac{1}{2}\times\dfrac{\sqrt{3}}{2}=\dfrac{\sqrt{3}}{4}$

ㄹ. $\cos 60° \div \tan 30°=\dfrac{1}{2}\div\dfrac{\sqrt{3}}{3}=\dfrac{1}{2}\times\dfrac{3}{\sqrt{3}}=\dfrac{\sqrt{3}}{2}$

따라서 옳은 것은 ㄴ, ㄷ이다.

43 답 $\dfrac{1}{2}$

$(\sin 60° + \cos 60°)\times(\cos 30° - \sin 30°)$

$=\left(\dfrac{\sqrt{3}}{2}+\dfrac{1}{2}\right)\times\left(\dfrac{\sqrt{3}}{2}-\dfrac{1}{2}\right)=\left(\dfrac{\sqrt{3}}{2}\right)^2-\left(\dfrac{1}{2}\right)^2$

$=\dfrac{3}{4}-\dfrac{1}{4}=\dfrac{1}{2}$

44 답 ④

$\sqrt{3}\sin 60° - \sqrt{2}\cos 45° + \dfrac{\sin 30°}{\cos 30°}\times\tan 30°$

$=\sqrt{3}\times\dfrac{\sqrt{3}}{2}-\sqrt{2}\times\dfrac{\sqrt{2}}{2}+\dfrac{1}{2}\div\dfrac{\sqrt{3}}{2}\times\dfrac{\sqrt{3}}{3}$

$=\dfrac{3}{2}-1+\dfrac{1}{3}=\dfrac{5}{6}$

45 답 $4\sqrt{3}$

$\tan 60°=\sqrt{3}$이므로 $3x^2-ax+3=0$에 $x=\sqrt{3}$을 대입하면
$3\times(\sqrt{3})^2-a\times\sqrt{3}+3=0$, $\sqrt{3}a=12$ $\therefore a=4\sqrt{3}$

46 답 ①

$\angle BIC = 90° + \dfrac{1}{2}\angle A$에서 $120° = 90° + \dfrac{1}{2}\angle A$ $\quad \therefore \angle A = 60°$

$\angle B = 180° - (90° + 60°) = 30°$이므로

$\cos A + \sin B = \cos 60° + \sin 30° = \dfrac{1}{2} + \dfrac{1}{2} = 1$

47 답 ②

$A = 180° \times \dfrac{2}{1+2+3} = 60°$

$\therefore \sin A : \cos A : \tan A = \sin 60° : \cos 60° : \tan 60°$

$= \dfrac{\sqrt{3}}{2} : \dfrac{1}{2} : \sqrt{3} = \sqrt{3} : 1 : 2\sqrt{3}$

48 답 $15°$

$0° < x < 35°$이므로 $15° < 2x + 15° < 85°$

이때 $\sin 45° = \dfrac{\sqrt{2}}{2}$이므로 $2x + 15° = 45°$

$2x = 30°$ $\quad \therefore x = 15°$

49 답 ③

$15° < x < 60°$이므로 $0° < 2x - 30° < 90°$

이때 $\tan 60° = \sqrt{3}$이므로 $2x - 30° = 60°$

$2x = 90°$ $\quad \therefore x = 45°$

$\therefore \sin x + \cos x = \sin 45° + \cos 45° = \dfrac{\sqrt{2}}{2} + \dfrac{\sqrt{2}}{2} = \sqrt{2}$

50 답 $90°$

$30° < x \leq 90°$이므로 $0° < x - 30° \leq 60°$

$\cos(x - 30°) = \sin 30°$에서 $\sin 30° = \dfrac{1}{2}$, $\cos 60° = \dfrac{1}{2}$이므로

$x - 30° = 60°$ $\quad \therefore x = 90°$

51 답 $5\sqrt{3} + 5$

$\triangle ABH$에서

$\sin 30° = \dfrac{\overline{AH}}{10} = \dfrac{1}{2}$ $\quad \therefore \overline{AH} = 5$

$\cos 30° = \dfrac{\overline{BH}}{10} = \dfrac{\sqrt{3}}{2}$ $\quad \therefore \overline{BH} = 5\sqrt{3}$

$\triangle AHC$에서 $\tan 45° = \dfrac{5}{\overline{CH}} = 1$ $\quad \therefore \overline{CH} = 5$

$\therefore \overline{BC} = \overline{BH} + \overline{CH} = 5\sqrt{3} + 5$

52 답 ⑤

오른쪽 그림과 같이 꼭짓점 A에서 $\overline{BC}$에 내린 수선의 발을 H라 하면

$\triangle ABH$에서

$\sin 45° = \dfrac{\overline{AH}}{6\sqrt{2}} = \dfrac{\sqrt{2}}{2}$ $\quad \therefore \overline{AH} = 6$

$\cos 45° = \dfrac{\overline{BH}}{6\sqrt{2}} = \dfrac{\sqrt{2}}{2}$ $\quad \therefore \overline{BH} = 6$

따라서 $\triangle AHC$에서 $\overline{CH} = \overline{BC} - \overline{BH} = 15 - 6 = 9$이므로

$\overline{AC} = \sqrt{9^2 + 6^2} = 3\sqrt{13}$

53 답 $6\sqrt{3}$

$\triangle ABC$에서 $\tan 60° = \dfrac{\overline{AC}}{12} = \sqrt{3}$ $\quad \therefore \overline{AC} = 12\sqrt{3}$ $\quad\cdots$ (i)

$\triangle ACD$에서 $\sin 30° = \dfrac{\overline{AD}}{12\sqrt{3}} = \dfrac{1}{2}$ $\quad \therefore \overline{AD} = 6\sqrt{3}$ $\quad\cdots$ (ii)

채점 기준

(i) $\overline{AC}$의 길이 구하기	50 %
(ii) $\overline{AD}$의 길이 구하기	50 %

54 답 $9 - 3\sqrt{3}$

$\triangle ABC$에서 $\tan 30° = \dfrac{3\sqrt{3}}{\overline{BC}} = \dfrac{\sqrt{3}}{3}$ $\quad \therefore \overline{BC} = 9$

$\triangle ADC$에서 $\tan 45° = \dfrac{3\sqrt{3}}{\overline{CD}} = 1$ $\quad \therefore \overline{CD} = 3\sqrt{3}$

$\therefore \overline{BD} = \overline{BC} - \overline{CD} = 9 - 3\sqrt{3}$

55 답 ①

$\triangle ABC$에서 $\tan 45° = \dfrac{\overline{BC}}{2\sqrt{3}} = 1$ $\quad \therefore \overline{BC} = 2\sqrt{3}\,(\text{cm})$

$\triangle BCD$에서 $\sin 60° = \dfrac{2\sqrt{3}}{\overline{BD}} = \dfrac{\sqrt{3}}{2}$ $\quad \therefore \overline{BD} = 4\,(\text{cm})$

56 답 $12 + 8\sqrt{3}$

$\triangle ABC$에서

$\angle A = 180° - (90° + 30°) = 60°$이므로

$\angle BAD = \angle DAC = \dfrac{1}{2}\angle A$

$= \dfrac{1}{2} \times 60° = 30°$

즉, $\triangle ABD$는 $\overline{AD} = \overline{BD}$인 이등변삼각형이다.

$\triangle ABC$에서 $\sin 30° = \dfrac{\overline{AC}}{12} = \dfrac{1}{2}$ $\quad \therefore \overline{AC} = 6$

$\triangle ADC$에서 $\cos 30° = \dfrac{6}{\overline{AD}} = \dfrac{\sqrt{3}}{2}$ $\quad \therefore \overline{AD} = 4\sqrt{3}$

$\therefore (\triangle ABD$의 둘레의 길이$) = \overline{AB} + \overline{BD} + \overline{DA} = \overline{AB} + 2\overline{AD}$

$= 12 + 2 \times 4\sqrt{3} = 12 + 8\sqrt{3}$

57 답 ④

오른쪽 그림과 같이 두 점 A, D에서 $\overline{BC}$에 내린 수선의 발을 각각 H, H′이라 하면

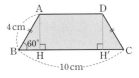

$\triangle ABH$에서

$\sin 60° = \dfrac{\overline{AH}}{4} = \dfrac{\sqrt{3}}{2}$ $\quad \therefore \overline{AH} = 2\sqrt{3}\,(\text{cm})$

$\cos 60° = \dfrac{\overline{BH}}{4} = \dfrac{1}{2}$ $\quad \therefore \overline{BH} = 2\,(\text{cm})$

이때 $\overline{CH'} = \overline{BH} = 2\,\text{cm}$이므로

$\overline{AD} = \overline{HH'} = \overline{BC} - \overline{BH} - \overline{CH'}$

$= 10 - 2 - 2 = 6\,(\text{cm})$

$\therefore \square ABCD = \dfrac{1}{2} \times (6 + 10) \times 2\sqrt{3} = 16\sqrt{3}\,(\text{cm}^2)$

58 답 ①

$\triangle ABC$에서 $\angle C = 180° - (90° + 30°) = 60°$

$\triangle ADC$에서 $\sin 60° = \dfrac{\overline{AD}}{4\sqrt{3}} = \dfrac{\sqrt{3}}{2}$ $\quad \therefore \overline{AD} = 6$

$\angle DAC = 180° - (90° + 60°) = 30°$이므로

$\triangle ADE$에서

$\sin 30° = \dfrac{\overline{DE}}{6} = \dfrac{1}{2}$ $\quad \therefore \overline{DE} = 3$

$\cos 30° = \dfrac{\overline{AE}}{6} = \dfrac{\sqrt{3}}{2}$ $\quad \therefore \overline{AE} = 3\sqrt{3}$

$\therefore \triangle ADE = \dfrac{1}{2} \times 3\sqrt{3} \times 3 = \dfrac{9\sqrt{3}}{2}$

59 답 ③

$\triangle ABD$에서 $30° = \angle BAD + 15°$ $\quad \therefore \angle BAD = 15°$

즉, $\triangle ABD$는 이등변삼각형이므로 $\overline{AD} = \overline{BD} = 8$

$\triangle ADC$에서

$\sin 30° = \dfrac{\overline{AC}}{8} = \dfrac{1}{2}$ $\quad \therefore \overline{AC} = 4$

$\cos 30° = \dfrac{\overline{CD}}{8} = \dfrac{\sqrt{3}}{2}$ $\quad \therefore \overline{CD} = 4\sqrt{3}$

따라서 $\triangle ABC$에서

$\tan 15° = \dfrac{\overline{AC}}{\overline{BC}} = \dfrac{4}{8 + 4\sqrt{3}} = 2 - \sqrt{3}$

참고 삼각형의 한 외각의 크기는 그와 이웃하지 않는 두 내각의 크기의 합과 같다.

60 답 ④

$\triangle DBC$에서

$\tan 60° = \dfrac{7\sqrt{3}}{\overline{BC}} = \sqrt{3}$ $\quad \therefore \overline{BC} = 7$

$\sin 60° = \dfrac{7\sqrt{3}}{\overline{BD}} = \dfrac{\sqrt{3}}{2}$ $\quad \therefore \overline{BD} = 14$

$\triangle ABD$는 $\overline{AD} = \overline{BD}$인 이등변삼각형이고

$\angle BDC = 180° - (90° + 60°) = 30°$이므로

$\angle ABD = \angle A = \dfrac{1}{2} \times 30° = 15°$

따라서 $\triangle ABC$에서 $\angle ABC = 15° + 60° = 75°$이므로

$\tan 75° = \dfrac{\overline{AC}}{\overline{BC}} = \dfrac{14 + 7\sqrt{3}}{7} = 2 + \sqrt{3}$

61 답 $2 - \sqrt{3}$

$\angle C = \angle ABC = 75°$이므로

$\triangle BCH$에서 $\angle CBH = 180° - (90° + 75°) = 15°$

$\therefore \angle ABH = 75° - 15° = 60°$

$\triangle ABH$에서

$\cos 60° = \dfrac{\overline{BH}}{4} = \dfrac{1}{2}$ $\quad \therefore \overline{BH} = 2$

$\sin 60° = \dfrac{\overline{AH}}{4} = \dfrac{\sqrt{3}}{2}$ $\quad \therefore \overline{AH} = 2\sqrt{3}$

따라서 $\overline{CH} = \overline{AC} - \overline{AH} = 4 - 2\sqrt{3}$이므로

$\triangle BCH$에서 $\tan 15° = \dfrac{\overline{CH}}{\overline{BH}} = \dfrac{4 - 2\sqrt{3}}{2} = 2 - \sqrt{3}$

62 답 $y = \sqrt{3}x + 2\sqrt{3}$

구하는 직선의 방정식을 $y = ax + b$라 하면

$a = \tan 60° = \sqrt{3}$

이때 직선 $y = \sqrt{3}x + b$가 점 $(-2, 0)$을 지나므로

$0 = \sqrt{3} \times (-2) + b$ $\quad \therefore b = 2\sqrt{3}$

$\therefore y = \sqrt{3}x + 2\sqrt{3}$

다른 풀이

구하는 직선의 방정식을 $y = ax + b$라 하면

$a = \tan 60° = \sqrt{3}$

이때 $\tan 60° = \dfrac{b}{2} = \sqrt{3}$이므로 $b = 2\sqrt{3}$

$\therefore y = \sqrt{3}x + 2\sqrt{3}$

63 답 ②

$\sqrt{3}x - 3y + 6 = 0$에서 $y = \dfrac{\sqrt{3}}{3}x + 2$

이 그래프가 x축과 이루는 예각의 크기를 a라 하면

$\tan a = \dfrac{\sqrt{3}}{3}$이므로 $a = 30°$

64 답 $y = x + 5$

구하는 직선의 방정식을 $y = ax + b$라 하면

$a = \tan 45° = 1$

이때 직선 $y = x + b$가 점 $(-1, 4)$를 지나므로

$4 = -1 + b$ $\quad \therefore b = 5$

$\therefore y = x + 5$

03 예각에 대한 삼각비의 값

유형 모아 보기 & 완성하기
20~24쪽

65 답 ②

① $\sin x = \dfrac{\overline{AB}}{\overline{OA}} = \dfrac{\overline{AB}}{1} = \overline{AB}$

② $\cos x = \dfrac{\overline{OB}}{\overline{OA}} = \dfrac{\overline{OB}}{1} = \overline{OB}$

③ $\tan x = \dfrac{\overline{CD}}{\overline{OD}} = \dfrac{\overline{CD}}{1} = \overline{CD}$

④ $\cos y = \dfrac{\overline{AB}}{\overline{OA}} = \dfrac{\overline{AB}}{1} = \overline{AB}$

⑤ $\sin z = \sin y = \dfrac{\overline{OB}}{\overline{OA}} = \dfrac{\overline{OB}}{1} = \overline{OB}$

따라서 옳지 않은 것은 ②이다.

66 답 -1

$\sin 90° \times \tan 0° - 2\cos 0° \times \cos 60°$

$= 1 \times 0 - 2 \times 1 \times \dfrac{1}{2} = -1$

67 답 ⑤

① $\sin 20° < \cos 20°$ 　　② $\sin 80° > \cos 80°$
③ $\cos 48° > \cos 50°$ 　　④ $\tan 40° > \tan 20°$
⑤ $\tan 50° > 1$, $0 < \cos 80° < 1$이므로 $\tan 50° > \cos 80°$
따라서 옳은 것은 ⑤이다.

68 답 0

$0° < A < 45°$일 때, $\sin A < \cos A$이므로
$\sin A - \cos A < 0$, $\cos A - \sin A > 0$
$\therefore \sqrt{(\sin A - \cos A)^2} - \sqrt{(\cos A - \sin A)^2}$
$= -(\sin A - \cos A) - (\cos A - \sin A)$
$= -\sin A + \cos A - \cos A + \sin A = 0$

69 답 106°

$\cos 54° = 0.5878$이므로 $x = 54°$
$\tan 52° = 1.2799$이므로 $y = 52°$
$\therefore x + y = 54° + 52° = 106°$

70 답 ③

$\sin 53° = \dfrac{x}{100} = 0.7986$ 　　$\therefore x = 79.86$
$\cos 53° = \dfrac{y}{100} = 0.6018$ 　　$\therefore y = 60.18$
$\therefore x - y = 79.86 - 60.18 = 19.68$

71 답 ㄷ, ㅁ

ㄱ. $\sin x = \dfrac{\overline{AB}}{\overline{OA}} = \dfrac{\overline{AB}}{1} = \overline{AB}$

ㄴ. $\cos x = \dfrac{\overline{OB}}{\overline{OA}} = \dfrac{\overline{OB}}{1} = \overline{OB}$

ㄷ. $\tan x = \dfrac{\overline{CD}}{\overline{OD}} = \dfrac{\overline{CD}}{1} = \overline{CD}$

ㄹ. $\sin y = \sin(\angle OAB) = \dfrac{\overline{OB}}{\overline{OA}} = \dfrac{\overline{OB}}{1} = \overline{OB}$

ㅁ. $\cos y = \cos(\angle OAB) = \dfrac{\overline{AB}}{\overline{OA}} = \dfrac{\overline{AB}}{1} = \overline{AB}$

ㅂ. $\tan y = \dfrac{\overline{OD}}{\overline{CD}} = \dfrac{1}{\overline{CD}}$

따라서 옳은 것은 ㄷ, ㅁ이다.

72 답 ②, ③

△AOC에서 $\angle OAC = 180° - (90° + 50°) = 40°$이므로
$\cos 50° = \sin 40° = \dfrac{\overline{OC}}{1} = \overline{OC}$
$\therefore \overline{BC} = 1 - \overline{OC} = 1 - \cos 50° = 1 - \sin 40°$

73 답 0.6536

$\tan 56° = \dfrac{1.4826}{1} = 1.4826$, $\cos 34° = \dfrac{0.8290}{1} = 0.8290$
$\therefore \tan 56° - \cos 34° = 1.4826 - 0.8290 = 0.6536$

만렙비법 반지름의 길이가 1인 사분원에서 예각에 대한 삼각비의 값을 구할 때, sin, cos은 빗변의 길이가 1인 직각삼각형을 이용하고 tan는 밑변의 길이(또는 높이)가 1인 직각삼각형을 이용한다.

74 답 $\dfrac{1}{4}$

△COD에서 $\tan 45° = \dfrac{\overline{CD}}{\overline{OC}} = \dfrac{\overline{CD}}{1} = 1$이므로 $\overline{CD} = 1$ 　…(i)

△AOB에서
$\sin 45° = \dfrac{\overline{AB}}{\overline{OA}} = \dfrac{\overline{AB}}{1} = \dfrac{\sqrt{2}}{2}$이므로 $\overline{AB} = \dfrac{\sqrt{2}}{2}$ 　…(ii)

$\cos 45° = \dfrac{\overline{OB}}{\overline{OA}} = \dfrac{\overline{OB}}{1} = \dfrac{\sqrt{2}}{2}$이므로 $\overline{OB} = \dfrac{\sqrt{2}}{2}$ 　…(iii)

$\therefore \square ABCD = \triangle COD - \triangle AOB$
$\qquad = \dfrac{1}{2} \times 1 \times 1 - \dfrac{1}{2} \times \dfrac{\sqrt{2}}{2} \times \dfrac{\sqrt{2}}{2} = \dfrac{1}{4}$ 　…(iv)

채점 기준

(i) $\overline{CD}$의 길이 구하기	25 %
(ii) $\overline{AB}$의 길이 구하기	25 %
(iii) $\overline{OB}$의 길이 구하기	25 %
(iv) $\square ABCD$의 넓이 구하기	25 %

75 답 1

$4 \cos 60° \times \sin 90° - \sqrt{2} \sin 45° \times \cos 0°$
$= 4 \times \dfrac{1}{2} \times 1 - \sqrt{2} \times \dfrac{\sqrt{2}}{2} \times 1 = 2 - 1 = 1$

76 답 ①, ⑤

① $\sin 0° - \tan 30° \times \tan 60° = 0 - \dfrac{\sqrt{3}}{3} \times \sqrt{3} = -1$

② $2 \sin 60° + \cos 0° = 2 \times \dfrac{\sqrt{3}}{2} + 1 = \sqrt{3} + 1$

③ $(\sin 0° + \cos 45°) \times (\cos 90° - \sin 45°)$
$\quad = \left(0 + \dfrac{\sqrt{2}}{2}\right) \times \left(0 - \dfrac{\sqrt{2}}{2}\right) = -\dfrac{1}{2}$

④ $\sin 90° - \sin 30° \times \tan 30° = 1 - \dfrac{1}{2} \times \dfrac{\sqrt{3}}{3} = 1 - \dfrac{\sqrt{3}}{6}$

⑤ $\sqrt{3} \tan 60° - 2 \tan 45° = \sqrt{3} \times \sqrt{3} - 2 \times 1 = 1$

따라서 옳은 것은 ①, ⑤이다.

77 답 ②

$45° < A < 90°$일 때,
$\cos A < \sin A < 1$이고 $\tan A > 1$이므로
$\cos A < \sin A < \tan A$

78 답 $\tan 0°$, $\sin 35°$, $\cos 35°$, $\tan 45°$, $\tan 70°$

$\tan 45° = 1$, $\tan 0° = 0$이고
$\underline{\sin 35°} < \sin 45° (= \cos 45°) < \underline{\cos 35°} < 1$,
$\tan 45° (= 1) < \tan 70°$
따라서 삼각비의 값을 작은 것부터 차례로 나열하면
$\tan 0°$, $\sin 35°$, $\cos 35°$, $\tan 45°$, $\tan 70°$

79 답 ⑥, ⑦

⑥ $\tan A$의 최솟값은 $\tan 0° = 0$이지만 $\tan 90°$의 값은 정할 수 없으므로 $\tan A$의 최댓값은 알 수 없다.

⑦ $A = 45°$일 때, $\sin A = \cos A = \dfrac{\sqrt{2}}{2}$

80 답 ③

$0° < A < 90°$일 때, $0 < \sin A < 1$이므로

$\sin A + 1 > 0$, $\sin A - 1 < 0$

$\therefore \sqrt{(\sin A + 1)^2} + \sqrt{(\sin A - 1)^2}$

$\quad = \sin A + 1 - (\sin A - 1)$

$\quad = \sin A + 1 - \sin A + 1 = 2$

81 답 0

$45° < x < 90°$일 때, $\tan x > 1$이므로

$1 - \tan x < 0$, $\tan x - 1 > 0$

$\therefore \sqrt{(1 - \tan x)^2} - \sqrt{(\tan x - 1)^2}$

$\quad = -(1 - \tan x) - (\tan x - 1)$

$\quad = -1 + \tan x - \tan x + 1 = 0$

82 답 $\dfrac{5}{13}$

$0° < x < 45°$일 때, $0 < \sin x < \cos x$이므로

$\sin x + \cos x > 0$, $\sin x - \cos x < 0$

$\therefore \sqrt{(\sin x + \cos x)^2} + \sqrt{(\sin x - \cos x)^2}$

$\quad = (\sin x + \cos x) - (\sin x - \cos x)$

$\quad = \sin x + \cos x - \sin x + \cos x = 2 \cos x$

즉, $2 \cos x = \dfrac{24}{13}$이므로 $\cos x = \dfrac{12}{13}$

따라서 오른쪽 그림과 같은 직각삼각형 ABC
를 생각할 수 있다.

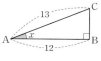

이때 $\overline{BC} = \sqrt{13^2 - 12^2} = 5$이므로

$\sin x = \dfrac{5}{13}$

83 답 69°

$\sin 67° = 0.9205$이므로 $x = 67°$

$\cos 68° = 0.3746$이므로 $y = 68°$

$\tan 66° = 2.2460$이므로 $z = 66°$

$\therefore x + y - z = 67° + 68° - 66° = 69°$

84 답 −0.664

$\sin 10° - \cos 12° + \tan 8° = 0.1736 - 0.9781 + 0.1405 = -0.664$

85 답 0.1051

$\sin 12° = 0.2079$이므로 $x = 12°$

$\cos 6° = 0.9945$이므로 $y = 6°$

$\therefore \tan(x - y) = \tan 6° = 0.1051$

86 답 2.7856

$\sin 35° = \dfrac{\overline{AC}}{2} = 0.5736$ $\quad \therefore \overline{AC} = 1.1472$

$\cos 35° = \dfrac{\overline{BC}}{2} = 0.8192$ $\quad \therefore \overline{BC} = 1.6384$

$\therefore \overline{AC} + \overline{BC} = 1.1472 + 1.6384 = 2.7856$

87 답 9.325

$\angle B = 180° - (90° + 47°) = 43°$이므로

$\tan 43° = \dfrac{\overline{AC}}{10} = 0.9325$ $\quad \therefore \overline{AC} = 9.325$

88 답 0.8693

$\triangle AOB$에서 $\overline{OB} = \cos(\angle AOB) = 0.7547$

이때 $\cos 41° = 0.7547$이므로 $\angle AOB = 41°$

따라서 $\triangle COD$에서

$\tan 41° = \dfrac{\overline{CD}}{\overline{OD}} = \dfrac{\overline{CD}}{1} = \overline{CD}$이므로 $\overline{CD} = 0.8693$

Pick 점검하기   25~26쪽

89 답 $\dfrac{2\sqrt{5}}{9}$

$\overline{AC} = \sqrt{9^2 - 6^2} = 3\sqrt{5}$이므로

$\sin A = \dfrac{\overline{BC}}{\overline{AB}} = \dfrac{6}{9} = \dfrac{2}{3}$, $\cos A = \dfrac{\overline{AC}}{\overline{AB}} = \dfrac{3\sqrt{5}}{9} = \dfrac{\sqrt{5}}{3}$

$\therefore \sin A \times \cos A = \dfrac{2}{3} \times \dfrac{\sqrt{5}}{3} = \dfrac{2\sqrt{5}}{9}$

90 답 ①

$\triangle ABH$에서 $\sin B = \dfrac{\overline{AH}}{10} = \dfrac{3}{5}$ $\quad \therefore \overline{AH} = 6$

$\overline{BH} = \sqrt{10^2 - 6^2} = 8$이므로 $\overline{CH} = \overline{BC} - \overline{BH} = 13 - 8 = 5$

따라서 $\triangle AHC$에서 $\overline{AC} = \sqrt{5^2 + 6^2} = \sqrt{61}$

91 답 $\dfrac{32}{15}$

$\cos A = \dfrac{3}{5}$이므로 오른쪽 그림과 같은 직각삼각형

ABC를 생각할 수 있다.

$\overline{BC} = \sqrt{5^2 - 3^2} = 4$이므로 $\sin A = \dfrac{4}{5}$, $\tan A = \dfrac{4}{3}$

$\therefore \sin A + \tan A = \dfrac{4}{5} + \dfrac{4}{3} = \dfrac{32}{15}$

92 답 $\dfrac{30}{17}$

$\triangle ABC \backsim \triangle HBA$(AA 닮음)이므로

$\angle BCA = \angle BAH = x$

$\triangle ABC \backsim \triangle HAC$(AA 닮음)이므로

$\angle ABC = \angle HAC = y$

$\triangle ABC$에서 $\overline{BC} = \sqrt{15^2 + 8^2} = 17$이므로

$\sin x = \sin(\angle BCA) = \dfrac{\overline{AB}}{\overline{BC}} = \dfrac{15}{17}$,

$\cos y = \cos(\angle ABC) = \dfrac{\overline{AB}}{\overline{BC}} = \dfrac{15}{17}$

$\therefore \sin x + \cos y = \dfrac{15}{17} + \dfrac{15}{17} = \dfrac{30}{17}$

93 답 ③

$\triangle ABC \backsim \triangle EBD$(AA 닮음)이므로 $\angle BDE = \angle BCA = x$

$\triangle BED$에서 $\overline{BD} = \sqrt{12^2 + 5^2} = 13$이므로

$\sin x = \sin(\angle BDE) = \dfrac{\overline{BE}}{\overline{BD}} = \dfrac{12}{13}$,

$\cos x = \cos(\angle BDE) = \dfrac{\overline{DE}}{\overline{BD}} = \dfrac{5}{13}$

$\therefore \sin x - \cos x = \dfrac{12}{13} - \dfrac{5}{13} = \dfrac{7}{13}$

94 답 $\dfrac{\sqrt{6}}{3}$

$\overline{CM} = \dfrac{1}{2}\overline{BC} = \dfrac{1}{2} \times 6 = 3$이고

$\triangle DMC$는 $\angle DMC = 90°$인 직각삼각형이므로

$\overline{DM} = \sqrt{6^2 - 3^2} = 3\sqrt{3}$

점 H는 $\triangle BCD$의 무게중심이므로

$\overline{DH} = \dfrac{2}{3}\overline{DM} = \dfrac{2}{3} \times 3\sqrt{3} = 2\sqrt{3}$

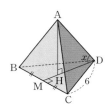

따라서 $\triangle AHD$에서

$\overline{AH} = \sqrt{6^2 - (2\sqrt{3})^2} = 2\sqrt{6}$이므로

$\sin x = \dfrac{\overline{AH}}{\overline{AD}} = \dfrac{2\sqrt{6}}{6} = \dfrac{\sqrt{6}}{3}$

95 답 $\dfrac{1}{2}$

$A = 180° \times \dfrac{3}{3+4+5} = 45°$

$\therefore \sin A \times \cos A = \sin 45° \times \cos 45° = \dfrac{\sqrt{2}}{2} \times \dfrac{\sqrt{2}}{2} = \dfrac{1}{2}$

96 답 $\dfrac{9\sqrt{6}}{2}$

$\triangle ABC$에서 $\sin 30° = \dfrac{x}{6} = \dfrac{1}{2}$ $\therefore x = 3$

$\cos 30° = \dfrac{\overline{AC}}{6} = \dfrac{\sqrt{3}}{2}$ $\therefore \overline{AC} = 3\sqrt{3}$

$\triangle ACD$에서 $\sin 45° = \dfrac{y}{3\sqrt{3}} = \dfrac{\sqrt{2}}{2}$ $\therefore y = \dfrac{3\sqrt{6}}{2}$

$\therefore xy = 3 \times \dfrac{3\sqrt{6}}{2} = \dfrac{9\sqrt{6}}{2}$

97 답 $\sqrt{2} - 1$

$\triangle ADC$에서

$\sin 45° = \dfrac{2}{\overline{AD}} = \dfrac{\sqrt{2}}{2}$ $\therefore \overline{AD} = 2\sqrt{2}$

$\tan 45° = \dfrac{2}{\overline{CD}} = 1$ $\therefore \overline{CD} = 2$

$\triangle ABD$에서 $45° = \angle BAD + 22.5°$ $\therefore \angle BAD = 22.5°$

즉, $\triangle ABD$는 이등변삼각형이므로 $\overline{BD} = \overline{AD} = 2\sqrt{2}$

따라서 $\triangle ABC$에서 $\tan 22.5° = \dfrac{\overline{AC}}{\overline{BC}} = \dfrac{2}{2\sqrt{2}+2} = \sqrt{2} - 1$

98 답 ③

점 B의 좌표는 $(\overline{OA}, \overline{AB})$이다.

이때 $\angle b = \angle c$(동위각)이므로

$\overline{OA} = \cos a = \sin b = \sin c$, $\overline{AB} = \sin a = \cos b = \cos c$

따라서 점 B의 좌표를 나타내는 것은 ③ $(\sin b, \cos c)$이다.

99 답 ③

① $4\cos 60° \times \tan 0° - \sqrt{3}\sin 30° \times \sin 0°$
$= 4 \times \dfrac{1}{2} \times 0 - \sqrt{3} \times \dfrac{1}{2} \times 0 = 0$

② $\cos 45° \times \sin 90° - \tan 45° = \dfrac{\sqrt{2}}{2} \times 1 - 1 = \dfrac{\sqrt{2}-2}{2}$

③ $\tan 60° \times \tan 30° + \cos 45° \times \sin 45°$
$= \sqrt{3} \times \dfrac{\sqrt{3}}{3} + \dfrac{\sqrt{2}}{2} \times \dfrac{\sqrt{2}}{2} = 1 + \dfrac{1}{2} = \dfrac{3}{2}$

④ $(1 + \tan 0°) \times (\tan 45° - \cos 0°) = (1+0) \times (1-1) = 0$

⑤ $\sin 60° \times \cos 90° + \sin 90° \times \cos 30°$
$= \dfrac{\sqrt{3}}{2} \times 0 + 1 \times \dfrac{\sqrt{3}}{2} = \dfrac{\sqrt{3}}{2}$

따라서 그 값이 가장 큰 것은 ③이다.

100 답 $\tan 50°$

$\sin 0° = 0$, $\cos 45° = \dfrac{\sqrt{2}}{2}$, $\tan 45°(=1) < \tan 50° < \tan 65°$

$\sin 45°\left(= \dfrac{\sqrt{2}}{2}\right) < \sin 70° < \sin 90°(=1)$

$\therefore \sin 0° < \cos 45° < \sin 70° < \tan 50° < \tan 65°$

따라서 삼각비의 값 중 두 번째로 큰 것은 $\tan 50°$이다.

101 답 92.5144

$\cos 83° = 0.1219$이므로 $x = 83$

$\tan 84° = 9.5144$이므로 $y = 9.5144$

$\therefore x + y = 83 + 9.5144 = 92.5144$

102 답 4

$\overline{BE} = \overline{ED} = a$라 하면 $\overline{AE} = 8 - a$

$\triangle ABE$에서 $2^2 + (8-a)^2 = a^2$이므로

$16a = 68$ $\therefore a = \dfrac{17}{4}$ $\cdots$ (i)

이때 $\triangle BFE$는 이등변삼각형이므로 $\overline{BF} = \overline{BE} = \dfrac{17}{4}$

$\overline{BC'} = \overline{DC} = \overline{AB} = 2$이므로

$\triangle BC'F$에서 $\overline{C'F} = \sqrt{\left(\dfrac{17}{4}\right)^2 - 2^2} = \dfrac{15}{4}$ $\cdots$ (ii)

오른쪽 그림과 같이 점 F에서 $\overline{AD}$에 내린 수선의 발을 H라 하면

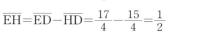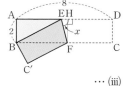

$\overline{HD} = \overline{FC} = \overline{C'F} = \dfrac{15}{4}$이므로

$\overline{EH} = \overline{ED} - \overline{HD} = \dfrac{17}{4} - \dfrac{15}{4} = \dfrac{1}{2}$ $\cdots$ (iii)

따라서 $\triangle EFH$에서 $\tan x = \dfrac{\overline{HF}}{\overline{EH}} = 2 \div \dfrac{1}{2} = 4$ $\cdots$ (iv)

채점 기준

(i) $\overline{BE}$의 길이 구하기	30 %
(ii) $\overline{C'F}$의 길이 구하기	30 %
(iii) $\overline{EH}$의 길이 구하기	20 %
(iv) $\tan x$의 값 구하기	20 %

103 답 2 cm

$\triangle$BCD에서 $\sin 45° = \dfrac{\overline{BC}}{2\sqrt{6}} = \dfrac{\sqrt{2}}{2}$

$\therefore \overline{BC} = 2\sqrt{3}$ (cm)   ··· (i)

$\triangle$ABC에서 $\tan 60° = \dfrac{2\sqrt{3}}{\overline{AB}} = \sqrt{3}$

$\therefore \overline{AB} = 2$ (cm)   ··· (ii)

채점 기준

(i) $\overline{BC}$의 길이 구하기	50 %
(ii) $\overline{AB}$의 길이 구하기	50 %

만점 문제 뛰어넘기   27쪽

104 답 $\dfrac{\sqrt{21}}{7}$

$\overline{BD} = \overline{CD} = \dfrac{1}{2} \times 2 = 1$이므로

$\triangle$ABD에서 $\overline{AD} = \sqrt{2^2 - 1^2} = \sqrt{3}$ $\therefore \overline{AE} = \sqrt{3}$

이때 $\angle BAD = \dfrac{1}{2}\angle BAC = \dfrac{1}{2} \times 60° = 30°$, $\angle DAE = 60°$이므로

$\angle BAE = \angle BAD + \angle DAE = 30° + 60° = 90°$

즉, $\triangle$ABE는 직각삼각형이므로 $\overline{BE} = \sqrt{2^2 + (\sqrt{3})^2} = \sqrt{7}$

$\therefore \sin x = \dfrac{\overline{AE}}{\overline{BE}} = \dfrac{\sqrt{3}}{\sqrt{7}} = \dfrac{\sqrt{21}}{7}$

105 답 $\dfrac{5\sqrt{3}}{9}$

$\triangle$ABC에서 $\sin x = \dfrac{2}{\overline{AB}} = \dfrac{1}{3}$ $\therefore \overline{AB} = 6$

$\therefore \overline{AC} = \sqrt{6^2 - 2^2} = 4\sqrt{2}$

$\triangle$ADC에서 $\overline{AD} = \sqrt{(2+2)^2 + (4\sqrt{2})^2} = 4\sqrt{3}$

$\triangle$ABC ∞ $\triangle$DBE(AA 닮음)이므로

$\overline{AB} : \overline{DB} = \overline{BC} : \overline{BE}$에서

$6 : 2 = 2 : \overline{BE}$ $\therefore \overline{BE} = \dfrac{2}{3}$

$\therefore \overline{AE} = \overline{AB} + \overline{BE} = 6 + \dfrac{2}{3} = \dfrac{20}{3}$

따라서 $\triangle$ADE에서 $\cos y = \dfrac{\overline{AE}}{\overline{AD}} = \dfrac{20}{3} \div 4\sqrt{3} = \dfrac{5\sqrt{3}}{9}$

106 답 ③

오른쪽 그림과 같이 $\triangle$DBH와 $\triangle$MDH에서

$\angle$H는 공통, $\angle BDH = \angle DMH = 90°$이므로

$\triangle$DBH ∞ $\triangle$MDH(AA 닮음)

$\therefore \angle DBH = \angle MDH = x$

$\triangle$BCD에서 $\overline{BD} = \sqrt{5^2 + 5^2} = 5\sqrt{2}$

$\triangle$BHD에서 $\overline{BH} = \sqrt{(5\sqrt{2})^2 + 5^2} = 5\sqrt{3}$

따라서 $\triangle$BHD에서 $\sin x = \dfrac{\overline{DH}}{\overline{BH}} = \dfrac{5}{5\sqrt{3}} = \dfrac{\sqrt{3}}{3}$

107 답 $\dfrac{1}{3}$

$\triangle$BCD는 $\overline{BC} = \overline{CD}$인 이등변삼각형이므로

$\angle DBC = \angle BDC = \dfrac{1}{2} \times (180° - 90°) = 45°$

오른쪽 그림과 같이 꼭짓점 A에서 $\overline{BD}$의 연장선에 내린 수선의 발을 H라 하면

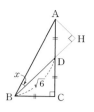

$\angle ADH = \angle BDC = 45°$(맞꼭지각)

$\triangle$BCD에서 $\sin 45° = \dfrac{\overline{CD}}{\sqrt{6}} = \dfrac{\sqrt{2}}{2}$

$\therefore \overline{CD} = \sqrt{3}$

$\overline{AD} = \overline{CD} = \sqrt{3}$이므로 $\triangle$ADH에서

$\sin 45° = \dfrac{\overline{AH}}{\sqrt{3}} = \dfrac{\sqrt{2}}{2}$ $\therefore \overline{AH} = \dfrac{\sqrt{6}}{2}$

$\cos 45° = \dfrac{\overline{DH}}{\sqrt{3}} = \dfrac{\sqrt{2}}{2}$ $\therefore \overline{DH} = \dfrac{\sqrt{6}}{2}$

따라서 $\overline{BH} = \overline{BD} + \overline{DH} = \sqrt{6} + \dfrac{\sqrt{6}}{2} = \dfrac{3\sqrt{6}}{2}$이므로

$\triangle$ABH에서 $\tan x = \dfrac{\overline{AH}}{\overline{BH}} = \dfrac{\sqrt{6}}{2} \div \dfrac{3\sqrt{6}}{2} = \dfrac{1}{3}$

108 답 $\dfrac{\sqrt{2}+\sqrt{6}}{4}$

$\triangle$ABE에서

$\tan 30° = \dfrac{4}{\overline{AE}} = \dfrac{\sqrt{3}}{3}$ $\therefore \overline{AE} = 4\sqrt{3}$

$\sin 30° = \dfrac{4}{\overline{AB}} = \dfrac{1}{2}$ $\therefore \overline{AB} = 8$

$\triangle$ADE에서 $\angle EAD = \dfrac{1}{2} \times (180° - 90°) = 45°$이므로

$\cos 45° = \dfrac{\overline{AD}}{4\sqrt{3}} = \dfrac{\sqrt{2}}{2}$ $\therefore \overline{AD} = 2\sqrt{6}$

$\therefore \overline{CF} = \overline{DE} = \overline{AD} = 2\sqrt{6}$

$\angle FEA = \angle EAD = 45°$(엇각)이므로

$\angle BEF = 90° - 45° = 45°$

$\triangle$BFE에서 $\sin 45° = \dfrac{\overline{BF}}{4} = \dfrac{\sqrt{2}}{2}$ $\therefore \overline{BF} = 2\sqrt{2}$

$\therefore \overline{BC} = \overline{BF} + \overline{CF} = 2\sqrt{2} + 2\sqrt{6}$

따라서 $\triangle$BAC에서

$\angle BAC = \angle BAE + \angle EAD = 30° + 45° = 75°$이므로

$\sin 75° = \dfrac{\overline{BC}}{\overline{AB}} = \dfrac{2\sqrt{2} + 2\sqrt{6}}{8} = \dfrac{\sqrt{2} + \sqrt{6}}{4}$

109 답 $\dfrac{40}{9}$

$\tan A = \dfrac{4}{3}$이므로 $\overline{AO} = 3k$, $\overline{BO} = 4k(k > 0)$라 하면

$\overline{AB} = \sqrt{(3k)^2 + (4k)^2} = 5k$

$\triangle$AOB $= \dfrac{1}{2} \times \overline{AO} \times \overline{BO} = \dfrac{1}{2} \times \overline{AB} \times \overline{OH}$이므로

$\dfrac{1}{2} \times 3k \times 4k = \dfrac{1}{2} \times 5k \times 2$, $6k^2 = 5k$ $\therefore k = \dfrac{5}{6}$

따라서 $a = \tan A = \dfrac{4}{3}$, $b = \overline{BO} = 4 \times \dfrac{5}{6} = \dfrac{10}{3}$이므로

$ab = \dfrac{4}{3} \times \dfrac{10}{3} = \dfrac{40}{9}$

2 삼각비의 활용

01 ③, ⑤ **02** 5.4 m **03** $\sqrt{19}$ cm **04** $5\sqrt{6}$ cm

05 ③, ④ **06** 14.01 **07** ⑤ **08** $128\sqrt{3}$ cm³

09 ③ **10** $9\sqrt{3}\pi$ cm³ **11** ③ **12** 50 m

13 186 m **14** $12\sqrt{3}$ m **15** ④

16 $200(\sqrt{3}-1)$ m **17** $6\sqrt{3}$ m **18** 50 m

19 $25(2-\sqrt{3})$ cm **20** $3\sqrt{5}$ **21** $2\sqrt{31}$ m

22 ③ **23** $2\sqrt{17}$ **24** ④

25 $3(1+\sqrt{3})$ cm **26** $10\sqrt{6}$ m **27** $4\sqrt{2}$ cm

28 ② **29** $3(3-\sqrt{3})$ **30** $5\sqrt{3}$ **31** 5 cm²

32 $16\sqrt{3}$ cm² **33** 7 cm² **34** $27\sqrt{2}$ cm² **35** $30\sqrt{3}$ cm²

36 $16(3-\sqrt{3})$ **37** $75(\sqrt{3}-1)$ m

38 ④ **39** $9(\sqrt{3}-1)$ cm² **40** $36(3+\sqrt{3})$

41 $100(\sqrt{3}+1)$ m **42** $\dfrac{1000}{13}$ **43** $15\sqrt{3}$ cm²

44 ⑤ **45** 45° **46** ① **47** $48\sqrt{3}$ cm²

48 $\dfrac{40\sqrt{3}}{9}$ cm **49** $4(\sqrt{3}-1)$ cm² **50** $3\sqrt{3}$ cm²

51 ③ **52** $16\sqrt{3}$ cm² **53** ②

54 $(16\pi-12\sqrt{3})$ cm² **55** $7\sqrt{3}$ cm² **56** ①

57 $72\sqrt{2}$ cm² **58** $\dfrac{3}{5}$ **59** $32\sqrt{2}$ cm² **60** 45°

61 ③ **62** $432\sqrt{3}$ cm² **63** $55\sqrt{3}$ **64** ⑤

65 60° **66** 7.5 **67** 14.4 m **68** ⑤

69 $2\sqrt{13}$ cm **70** $(8\sqrt{6}+24\sqrt{2})$ m **71** $4(\sqrt{3}-1)$

72 $10\sqrt{3}$ m **73** ② **74** $\dfrac{175\sqrt{3}}{4}$ **75** 135°

76 $\dfrac{100\sqrt{3}}{3}$ cm² **77** $8+6\sqrt{2}$ **78** ④

79 $4\sqrt{3}$ cm **80** $12\sqrt{3}$ cm² **81** $5\sqrt{7}$ m

82 $(15\pi-9)$ cm² **83** $\dfrac{9\sqrt{3}}{10}$ **84** $\dfrac{50\sqrt{3}}{3}$ cm²

85 $\dfrac{64\sqrt{3}}{3}$ **86** $2\sqrt{3}$ **87** $\dfrac{50(\sqrt{3}-1)}{3}$ m

88 16 % 감소한다. **89** 6 cm

90 $\left(30+\dfrac{5\sqrt{39}}{2}\right)$ cm²

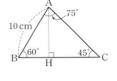

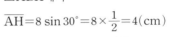

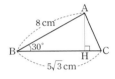

---

01 삼각형의 변의 길이

유형 모아 보기 & 완성하기   30~34쪽

01 답 ③, ⑤

$\angle A=180°-(90°+43°)=47°$이므로

$\overline{AB}=\dfrac{6}{\sin 43°}$, $\overline{BC}=6\tan 47°$

따라서 옳은 것은 ③, ⑤이다.

02 답 5.4 m

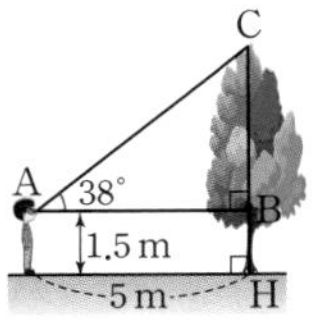

오른쪽 그림의 $\triangle ABC$에서 $\overline{AB}=5$ m이므로

$\overline{BC}=5\tan 38°=5\times0.78=3.9$(m)

따라서 나무의 높이는

$\overline{CH}=\overline{BC}+\overline{BH}=3.9+1.5=5.4$(m)

03 답 $\sqrt{19}$ cm

오른쪽 그림과 같이 꼭짓점 A에서 $\overline{BC}$에 내린 수선의 발을 H라 하면

$\triangle ABH$에서

$\overline{AH}=8\sin 30°=8\times\dfrac{1}{2}=4$(cm)

$\overline{BH}=8\cos 30°=8\times\dfrac{\sqrt{3}}{2}=4\sqrt{3}$(cm)

$\therefore \overline{CH}=\overline{BC}-\overline{BH}=5\sqrt{3}-4\sqrt{3}=\sqrt{3}$(cm)

따라서 $\triangle AHC$에서 $\overline{AC}=\sqrt{4^2+(\sqrt{3})^2}=\sqrt{19}$(cm)

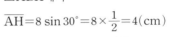
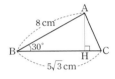

04 답 $5\sqrt{6}$ cm

오른쪽 그림과 같이 꼭짓점 A에서 $\overline{BC}$에 내린 수선의 발을 H라 하면

$\triangle ABH$에서

$\overline{AH}=10\sin 60°=10\times\dfrac{\sqrt{3}}{2}=5\sqrt{3}$(cm)

$\triangle ABC$에서 $\angle C=180°-(60°+75°)=45°$이므로

$\triangle AHC$에서 $\overline{AC}=\dfrac{5\sqrt{3}}{\sin 45°}=5\sqrt{3}\times\dfrac{2}{\sqrt{2}}=5\sqrt{6}$(cm)

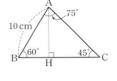

05 답 ③, ④

$\overline{BC}$의 길이를 58°의 삼각비를 이용하여 나타내면

$\overline{BC}=2\tan 58°$

또 $\angle C=180°-(90°+58°)=32°$이므로

32°의 삼각비를 이용하여 나타내면

$\overline{BC}=\dfrac{2}{\tan 32°}$

따라서 $\overline{BC}$의 길이를 나타내는 것은 ③, ④이다.

06 답 14.01

$\overline{BC}=10\cos 37°=10\times0.799=7.99$

$\overline{AC}=10\sin 37°=10\times0.602=6.02$

$\therefore \overline{BC}+\overline{AC}=7.99+6.02=14.01$

07 답 ⑤

$\triangle$ABH에서 $\overline{BH}=x\cos30°=\dfrac{\sqrt{3}}{2}x$

$\triangle$AHC에서 $\overline{CH}=y\cos45°=\dfrac{\sqrt{2}}{2}y$

$\therefore \overline{BC}=\overline{BH}+\overline{CH}=\dfrac{\sqrt{3}}{2}x+\dfrac{\sqrt{2}}{2}y=\dfrac{\sqrt{3}x+\sqrt{2}y}{2}$

08 답 $128\sqrt{3}\,\text{cm}^3$

$\triangle$HCG에서

$\overline{GH}=8\sin60°=8\times\dfrac{\sqrt{3}}{2}=4\sqrt{3}\,(\text{cm})$

$\overline{CG}=8\cos60°=8\times\dfrac{1}{2}=4\,(\text{cm})$

$\therefore$ (직육면체의 부피)$=8\times4\sqrt{3}\times4=128\sqrt{3}\,(\text{cm}^3)$

09 답 ③

$\triangle$ABC에서

$\overline{AC}=4\sqrt{2}\sin45°=4\sqrt{2}\times\dfrac{\sqrt{2}}{2}=4\,(\text{cm})$

$\overline{AB}=4\sqrt{2}\cos45°=4\sqrt{2}\times\dfrac{\sqrt{2}}{2}=4\,(\text{cm})$

$\therefore$ (삼각기둥의 부피)$=\left(\dfrac{1}{2}\times4\times4\right)\times6=48\,(\text{cm}^3)$

10 답 $9\sqrt{3}\pi\,\text{cm}^3$

$\triangle$ABH에서

$\overline{AH}=6\sin60°=6\times\dfrac{\sqrt{3}}{2}=3\sqrt{3}\,(\text{cm})$ $\cdots$ (i)

$\overline{BH}=6\cos60°=6\times\dfrac{1}{2}=3\,(\text{cm})$ $\cdots$ (ii)

$\therefore$ (원뿔의 부피)$=\dfrac{1}{3}\times(\pi\times3^2)\times3\sqrt{3}=9\sqrt{3}\pi\,(\text{cm}^3)$ $\cdots$ (iii)

채점 기준

(i) $\overline{AH}$의 길이 구하기	35%
(ii) $\overline{BH}$의 길이 구하기	35%
(iii) 원뿔의 부피 구하기	30%

11 답 ③

$\triangle$ABC에서

$\overline{BC}=5\sin35°=5\times0.57=2.85\,(\text{m})$

따라서 지면에서 드론까지의 높이는

$\overline{CD}=\overline{BC}+\overline{BD}=2.85+1.5=4.35\,(\text{m})$

12 답 $50\,\text{m}$

$\triangle$ABC에서

$\overline{BC}=250\sin12°=250\times0.2=50\,(\text{m})$

따라서 C 지점은 A 지점보다 50 m 높다.

13 답 $186\,\text{m}$

$\angle$BAC$=32°$ (맞꼭지각)이므로

$\triangle$ACB에서

$\overline{BC}=300\tan32°=300\times0.62=186\,(\text{m})$

14 답 $12\sqrt{3}\,\text{m}$

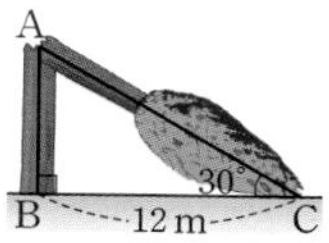

오른쪽 그림의 $\triangle$ABC에서

$\overline{AB}=12\tan30°=12\times\dfrac{\sqrt{3}}{3}=4\sqrt{3}\,(\text{m})$

$\overline{AC}=\dfrac{12}{\cos30°}=12\times\dfrac{2}{\sqrt{3}}=8\sqrt{3}\,(\text{m})$

따라서 부러지기 전의 나무의 높이는

$\overline{AB}+\overline{AC}=4\sqrt{3}+8\sqrt{3}=12\sqrt{3}\,(\text{m})$

15 답 ④

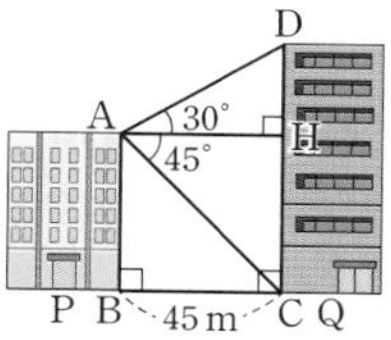

오른쪽 그림에서 $\overline{AH}=\overline{BC}=45\,\text{m}$

$\triangle$AHD에서

$\overline{DH}=45\tan30°=45\times\dfrac{\sqrt{3}}{3}=15\sqrt{3}\,(\text{m})$

$\triangle$ACH에서

$\overline{CH}=45\tan45°=45\times1=45\,(\text{m})$

따라서 건물 Q의 높이는

$\overline{CD}=\overline{DH}+\overline{CH}=15\sqrt{3}+45\,(\text{m})$

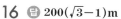

16 답 $200(\sqrt{3}-1)\,\text{m}$

$\triangle$CBH에서 $\overline{BH}=\dfrac{200}{\tan45°}=\dfrac{200}{1}=200\,(\text{m})$

$\triangle$CAH에서 $\overline{AH}=\dfrac{200}{\tan30°}=200\times\dfrac{3}{\sqrt{3}}=200\sqrt{3}\,(\text{m})$

따라서 두 지점 A, B 사이의 거리는

$\overline{AB}=\overline{AH}-\overline{BH}=200\sqrt{3}-200=200(\sqrt{3}-1)\,(\text{m})$

17 답 $6\sqrt{3}\,\text{m}$

$\triangle$QCB에서 $\overline{BC}=\dfrac{3\sqrt{3}}{\tan30°}=3\sqrt{3}\times\dfrac{3}{\sqrt{3}}=9\,(\text{m})$ $\cdots$ (i)

$\therefore \overline{AC}=\overline{AB}-\overline{BC}=15-9=6\,(\text{m})$ $\cdots$ (ii)

$\triangle$PAC에서 $\overline{PA}=6\tan60°=6\times\sqrt{3}=6\sqrt{3}\,(\text{m})$

따라서 ㈎ 나무의 높이는 $6\sqrt{3}\,\text{m}$이다. $\cdots$ (iii)

채점 기준

(i) $\overline{BC}$의 길이 구하기	40%
(ii) $\overline{AC}$의 길이 구하기	20%
(iii) ㈎ 나무의 높이 구하기	40%

18 답 $50\,\text{m}$

$\triangle$ABQ에서

$\overline{AQ}=100\sin60°=100\times\dfrac{\sqrt{3}}{2}=50\sqrt{3}\,(\text{m})$

따라서 $\triangle$PAQ에서

$\overline{PQ}=50\sqrt{3}\tan30°=50\sqrt{3}\times\dfrac{\sqrt{3}}{3}=50\,(\text{m})$

19 답 $25(2-\sqrt{3})\,\text{cm}$

오른쪽 그림과 같이 점 B에서 $\overline{OA}$에 내린

수선의 발을 H라 하면

$\overline{OH}=50\cos30°=50\times\dfrac{\sqrt{3}}{2}=25\sqrt{3}\,(\text{cm})$

$\therefore \overline{AH}=\overline{OA}-\overline{OH}$

$=50-25\sqrt{3}=25(2-\sqrt{3})\,(\text{cm})$

따라서 B 지점은 A 지점보다 $25(2-\sqrt{3})\,\text{cm}$ 위에 있다.

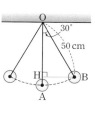

20 답 $3\sqrt{5}$

오른쪽 그림과 같이 꼭짓점 A에서 $\overline{BC}$에
내린 수선의 발을 H라 하면
$\triangle ABH$에서

$\overline{AH}=3\sqrt{2}\sin45°=3\sqrt{2}\times\dfrac{\sqrt{2}}{2}=3$

$\overline{BH}=3\sqrt{2}\cos45°=3\sqrt{2}\times\dfrac{\sqrt{2}}{2}=3$

$\therefore \overline{CH}=\overline{BC}-\overline{BH}=9-3=6$

따라서 $\triangle AHC$에서 $\overline{AC}=\sqrt{3^2+6^2}=3\sqrt{5}$

21 답 $2\sqrt{31}\,\text{m}$

오른쪽 그림과 같이 점 B에서 $\overline{AC}$에 내린 수선
의 발을 H라 하면 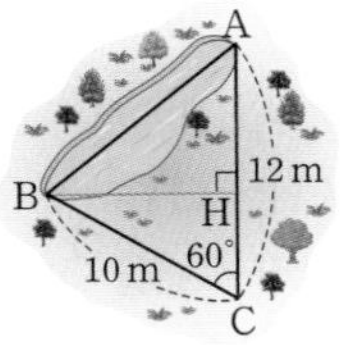
$\triangle BCH$에서

$\overline{BH}=10\sin60°=10\times\dfrac{\sqrt{3}}{2}=5\sqrt{3}\,(\text{m})$

$\overline{CH}=10\cos60°=10\times\dfrac{1}{2}=5\,(\text{m})$

$\therefore \overline{AH}=\overline{AC}-\overline{CH}=12-5=7\,(\text{m})$

따라서 $\triangle ABH$에서

$\overline{AB}=\sqrt{(5\sqrt{3})^2+7^2}=2\sqrt{31}\,(\text{m})$

22 답 ③

오른쪽 그림과 같이 꼭짓점 A에서 $\overline{BC}$에 내린
수선의 발을 H라 하면 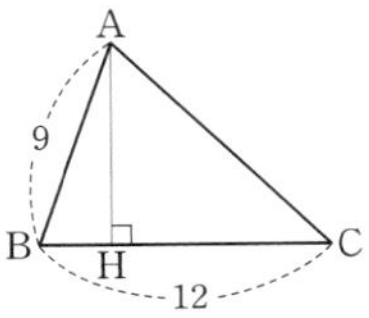
$\triangle ABH$에서

$\overline{BH}=9\cos B=9\times\dfrac{1}{3}=3$이므로

$\overline{AH}=\sqrt{9^2-3^2}=6\sqrt{2}$

$\therefore \overline{CH}=\overline{BC}-\overline{BH}=12-3=9$

따라서 $\triangle AHC$에서

$\overline{AC}=\sqrt{(6\sqrt{2})^2+9^2}=3\sqrt{17}$

23 답 $2\sqrt{17}$

오른쪽 그림과 같이 꼭짓점 A에서 $\overline{BC}$의
연장선에 내린 수선의 발을 H라 하면 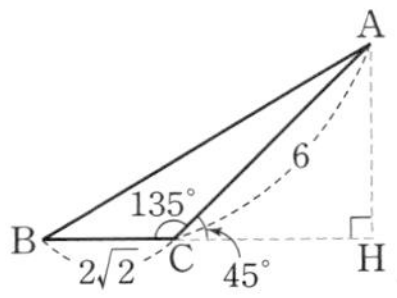
$\angle ACH=180°-135°=45°$
$\triangle ACH$에서

$\overline{AH}=6\sin45°=6\times\dfrac{\sqrt{2}}{2}=3\sqrt{2}$

$\overline{CH}=6\cos45°=6\times\dfrac{\sqrt{2}}{2}=3\sqrt{2}$

$\therefore \overline{BH}=\overline{BC}+\overline{CH}=2\sqrt{2}+3\sqrt{2}=5\sqrt{2}$

따라서 $\triangle ABH$에서

$\overline{AB}=\sqrt{(5\sqrt{2})^2+(3\sqrt{2})^2}=2\sqrt{17}$

24 답 ④

오른쪽 그림과 같이 꼭짓점 D에서 $\overline{BC}$의
연장선에 내린 수선의 발을 H라 하면
$\angle DCH=\angle ABC=60°$ (동위각)

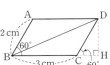

$\triangle DCH$에서

$\overline{DH}=2\sin60°=2\times\dfrac{\sqrt{3}}{2}=\sqrt{3}\,(\text{cm})$

$\overline{CH}=2\cos60°=2\times\dfrac{1}{2}=1\,(\text{cm})$

$\therefore \overline{BH}=\overline{BC}+\overline{CH}=3+1=4\,(\text{cm})$

따라서 $\triangle DBH$에서 $\overline{BD}=\sqrt{4^2+(\sqrt{3})^2}=\sqrt{19}\,(\text{cm})$

25 답 $3(1+\sqrt{3})\,\text{cm}$

오른쪽 그림과 같이 꼭짓점 A에서 $\overline{BC}$에 내린
수선의 발을 H라 하면 $\triangle ABC$에서 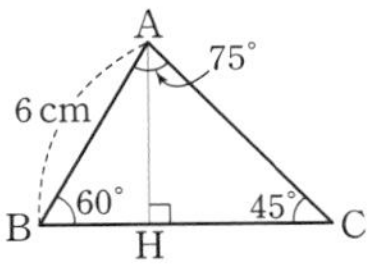
$\angle B=180°-(75°+45°)=60°$이므로
$\triangle ABH$에서

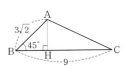

$\overline{AH}=6\sin60°=6\times\dfrac{\sqrt{3}}{2}=3\sqrt{3}\,(\text{cm})$

$\overline{BH}=6\cos60°=6\times\dfrac{1}{2}=3\,(\text{cm})$

$\triangle AHC$에서 $\overline{CH}=\dfrac{3\sqrt{3}}{\tan45°}=\dfrac{3\sqrt{3}}{1}=3\sqrt{3}\,(\text{cm})$

$\therefore \overline{BC}=\overline{BH}+\overline{CH}=3+3\sqrt{3}=3(1+\sqrt{3})\,(\text{cm})$

26 답 $10\sqrt{6}\,\text{m}$

오른쪽 그림과 같이 꼭짓점 A에서 $\overline{BC}$에
내린 수선의 발을 H라 하면 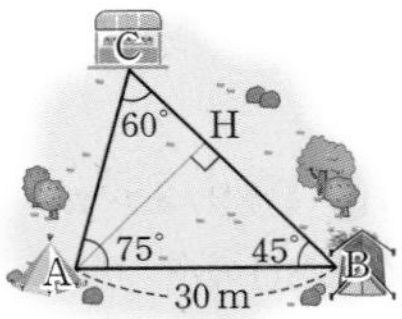
$\triangle ABH$에서

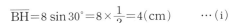

$\overline{AH}=30\sin45°=30\times\dfrac{\sqrt{2}}{2}=15\sqrt{2}\,(\text{m})$

$\triangle ABC$에서 $\angle C=180°-(75°+45°)=60°$이므로

$\triangle AHC$에서 $\overline{AC}=\dfrac{15\sqrt{2}}{\sin60°}=15\sqrt{2}\times\dfrac{2}{\sqrt{3}}=10\sqrt{6}\,(\text{m})$

27 답 $4\sqrt{2}\,\text{cm}$

오른쪽 그림과 같이 꼭짓점 B에서 $\overline{AC}$에 내
린 수선의 발을 H라 하면 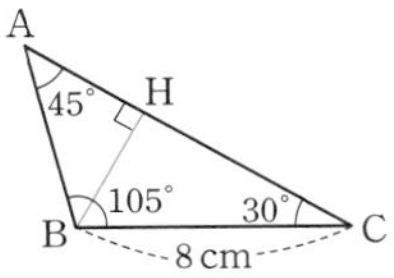
$\triangle BCH$에서

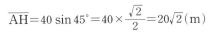

$\overline{BH}=8\sin30°=8\times\dfrac{1}{2}=4\,(\text{cm})$　　 $\cdots$ (i)

$\triangle ABC$에서 $\angle A=180°-(105°+30°)=45°$이므로

$\triangle ABH$에서 $\overline{AB}=\dfrac{4}{\sin45°}=4\times\dfrac{2}{\sqrt{2}}=4\sqrt{2}\,(\text{cm})$　　 $\cdots$ (ii)

채점 기준

(i) $\overline{BH}$의 길이 구하기	40 %
(ii) $\overline{AB}$의 길이 구하기	60 %

28 답 ②

오른쪽 그림과 같이 꼭짓점 A에서 $\overline{BC}$에
내린 수선의 발을 H라 하면 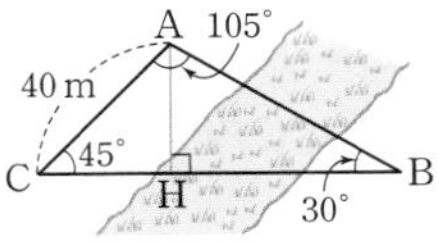
$\triangle ACH$에서

$\overline{AH}=40\sin45°=40\times\dfrac{\sqrt{2}}{2}=20\sqrt{2}\,(\text{m})$

$\triangle ACB$에서 $\angle B=180°-(105°+45°)=30°$이므로

$\triangle AHB$에서 $\overline{AB}=\dfrac{20\sqrt{2}}{\sin30°}=20\sqrt{2}\times\dfrac{2}{1}=40\sqrt{2}\,(\text{m})$

유형 모아 보기 & 완성하기　　　　35~41쪽

29 답 $3(3-\sqrt{3})$

$\overline{AH}=h$라 하면

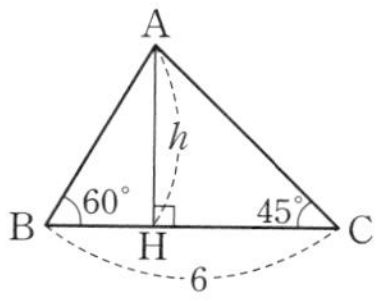

$\triangle ABH$에서 $\overline{BH}=\dfrac{h}{\tan 60°}=\dfrac{h}{\sqrt{3}}=\dfrac{\sqrt{3}}{3}h$

$\triangle AHC$에서 $\overline{CH}=\dfrac{h}{\tan 45°}=\dfrac{h}{1}=h$

$\overline{BC}=\overline{BH}+\overline{CH}$이므로 $6=\dfrac{\sqrt{3}}{3}h+h$

$\dfrac{\sqrt{3}+3}{3}h=6$　　$\therefore h=3(3-\sqrt{3})$　　$\therefore \overline{AH}=3(3-\sqrt{3})$

30 답 $5\sqrt{3}$

$\overline{AH}=h$라 하면

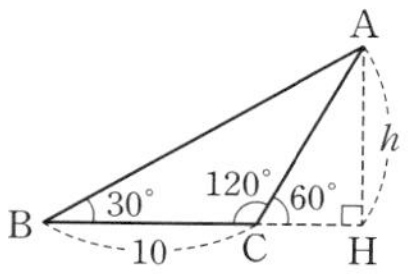

$\angle ACH=180°-120°=60°$이므로

$\triangle ABH$에서 $\overline{BH}=\dfrac{h}{\tan 30°}=h\times\dfrac{3}{\sqrt{3}}=\sqrt{3}h$

$\triangle ACH$에서 $\overline{CH}=\dfrac{h}{\tan 60°}=\dfrac{h}{\sqrt{3}}=\dfrac{\sqrt{3}}{3}h$

$\overline{BC}=\overline{BH}-\overline{CH}$이므로 $10=\sqrt{3}h-\dfrac{\sqrt{3}}{3}h$

$\dfrac{2\sqrt{3}}{3}h=10$　　$\therefore h=5\sqrt{3}$　　$\therefore \overline{AH}=5\sqrt{3}$

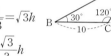

다른 풀이

$\angle BAC=180°-(30°+120°)=30°$

즉, $\angle ABC=\angle BAC$이므로 $\triangle ABC$는 이등변삼각형이다.

$\therefore \overline{AC}=\overline{BC}=10$

$\triangle ACH$에서 $\overline{AH}=10\sin 60°=10\times\dfrac{\sqrt{3}}{2}=5\sqrt{3}$

31 답 $5\,\text{cm}^2$

$\triangle ABC=\dfrac{1}{2}\times 4\times 5\times\sin 30°=\dfrac{1}{2}\times 4\times 5\times\dfrac{1}{2}=5\,(\text{cm}^2)$

32 답 $16\sqrt{3}\,\text{cm}^2$

$\triangle ABC=\dfrac{1}{2}\times 8\times 8\times\sin(180°-120°)$

$=\dfrac{1}{2}\times 8\times 8\times\dfrac{\sqrt{3}}{2}=16\sqrt{3}\,(\text{cm}^2)$

33 답 $7\,\text{cm}^2$

오른쪽 그림과 같이 $\overline{BD}$를 그으면

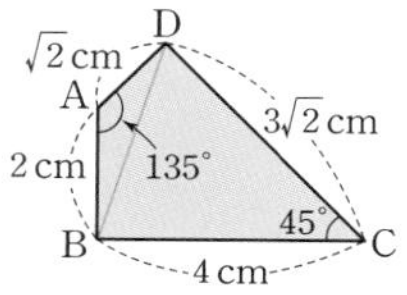

$\square ABCD=\triangle ABD+\triangle BCD$

$=\dfrac{1}{2}\times\sqrt{2}\times 2\times\sin(180°-135°)$

$+\dfrac{1}{2}\times 3\sqrt{2}\times 4\times\sin 45°$

$=\dfrac{1}{2}\times\sqrt{2}\times 2\times\dfrac{\sqrt{2}}{2}+\dfrac{1}{2}\times 3\sqrt{2}\times 4\times\dfrac{\sqrt{2}}{2}$

$=1+6=7\,(\text{cm}^2)$

34 답 $27\sqrt{2}\,\text{cm}^2$

$\square ABCD=6\times 9\times\sin 45°=6\times 9\times\dfrac{\sqrt{2}}{2}=27\sqrt{2}\,(\text{cm}^2)$

35 답 $30\sqrt{3}\,\text{cm}^2$

$\square ABCD=\dfrac{1}{2}\times 8\times 15\times\sin 60°$

$=\dfrac{1}{2}\times 8\times 15\times\dfrac{\sqrt{3}}{2}=30\sqrt{3}\,(\text{cm}^2)$

36 답 $16(3-\sqrt{3})$

오른쪽 그림과 같이 꼭짓점 A에서 $\overline{BC}$에 내린 수선의 발을 H라 하고 $\overline{AH}=h$라 하면

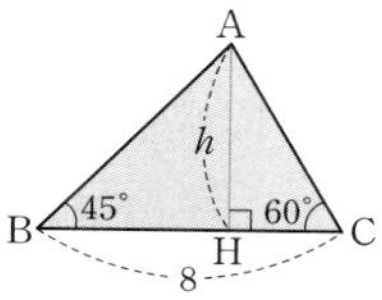

$\triangle ABH$에서 $\overline{BH}=\dfrac{h}{\tan 45°}=\dfrac{h}{1}=h$

$\triangle AHC$에서 $\overline{CH}=\dfrac{h}{\tan 60°}=\dfrac{h}{\sqrt{3}}=\dfrac{\sqrt{3}}{3}h$

$\overline{BC}=\overline{BH}+\overline{CH}$이므로 $8=h+\dfrac{\sqrt{3}}{3}h$

$\dfrac{3+\sqrt{3}}{3}h=8$　　$\therefore h=4(3-\sqrt{3})$

$\therefore \triangle ABC=\dfrac{1}{2}\times 8\times 4(3-\sqrt{3})=16(3-\sqrt{3})$

37 답 $75(\sqrt{3}-1)\,\text{m}$

오른쪽 그림과 같이 꼭짓점 A에서 $\overline{BC}$에 내린 수선의 발을 H라 하고 $\overline{AH}=h\,\text{m}$라 하면

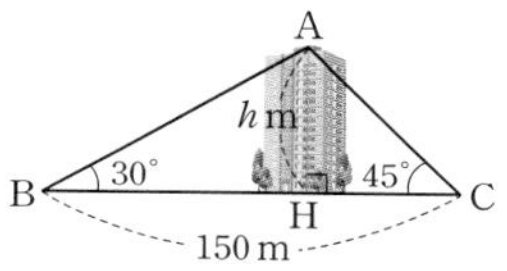

$\triangle ABH$에서

$\overline{BH}=\dfrac{h}{\tan 30°}=h\times\dfrac{3}{\sqrt{3}}=\sqrt{3}h\,(\text{m})$

$\triangle AHC$에서

$\overline{CH}=\dfrac{h}{\tan 45°}=\dfrac{h}{1}=h\,(\text{m})$

$\overline{BC}=\overline{BH}+\overline{CH}$이므로 $150=\sqrt{3}h+h$

$(\sqrt{3}+1)h=150$　　$\therefore h=75(\sqrt{3}-1)$

따라서 건물의 높이는 $75(\sqrt{3}-1)\,\text{m}$이다.

38 답 ④

$\overline{AH}=h$라 하면

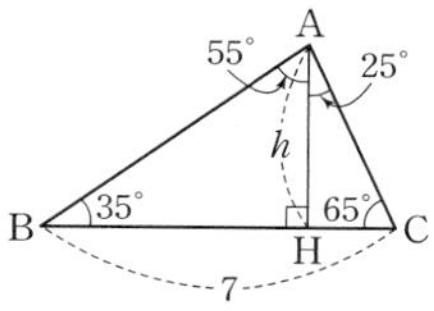

$\triangle ABH$에서

$\angle BAH=180°-(90°+35°)=55°$이므로

$\overline{BH}=h\tan 55°$

$\triangle AHC$에서 $\angle CAH=180°-(90°+65°)=25°$이므로

$\overline{CH}=h\tan 25°$

$\overline{BC}=\overline{BH}+\overline{CH}$이므로 $7=h\tan 55°+h\tan 25°$

$(\tan 55°+\tan 25°)h=7$　　$\therefore h=\dfrac{7}{\tan 55°+\tan 25°}$

$\therefore \overline{AH}=\dfrac{7}{\tan 55°+\tan 25°}$

참고 $\overline{AH}$의 길이를 $35°$, $65°$의 삼각비를 이용하여 나타내면

$\overline{AH}=\dfrac{7\tan 35°\tan 65°}{\tan 35°+\tan 65°}$

39 답 $9(\sqrt{3}-1)\,\text{cm}^2$

$\triangle\text{DBC}$에서 $\overline{\text{BC}}=\dfrac{3\sqrt{2}}{\sin 45°}=3\sqrt{2}\times\dfrac{2}{\sqrt{2}}=6(\text{cm})$

오른쪽 그림과 같이 점 E에서 $\overline{\text{BC}}$에 내린
수선의 발을 H라 하고
$\overline{\text{EH}}=h\,\text{cm}$라 하면

$\triangle\text{EBH}$에서

$\overline{\text{BH}}=\dfrac{h}{\tan 45°}=\dfrac{h}{1}=h(\text{cm})$

$\triangle\text{ABC}$에서

$\angle\text{ACB}=180°-(90°+60°)=30°$이므로

$\triangle\text{EHC}$에서 $\overline{\text{CH}}=\dfrac{h}{\tan 30°}=h\times\dfrac{3}{\sqrt{3}}=\sqrt{3}h(\text{cm})$

$\overline{\text{BC}}=\overline{\text{BH}}+\overline{\text{CH}}$이므로 $6=h+\sqrt{3}h$

$(1+\sqrt{3})h=6$ $\quad\therefore h=3(\sqrt{3}-1)$

$\therefore \triangle\text{EBC}=\dfrac{1}{2}\times 6\times 3(\sqrt{3}-1)$

$\qquad\qquad =9(\sqrt{3}-1)(\text{cm}^2)$

40 답 $36(3+\sqrt{3})$

$\overline{\text{AH}}=h$라 하면

$\triangle\text{AHB}$에서 $\overline{\text{BH}}=\dfrac{h}{\tan 60°}=\dfrac{h}{\sqrt{3}}=\dfrac{\sqrt{3}}{3}h$

$\triangle\text{AHC}$에서 $\overline{\text{CH}}=\dfrac{h}{\tan 45°}=\dfrac{h}{1}=h$

$\overline{\text{BC}}=\overline{\text{CH}}-\overline{\text{BH}}$이므로 $12=h-\dfrac{\sqrt{3}}{3}h$

$\dfrac{3-\sqrt{3}}{3}h=12$ $\quad\therefore h=6(3+\sqrt{3})$

$\therefore \triangle\text{ABC}=\dfrac{1}{2}\times 12\times 6(3+\sqrt{3})=36(3+\sqrt{3})$

다른 풀이

$\overline{\text{AH}}=h$라 하면

$\triangle\text{AHC}$에서 $\angle\text{HAC}=180°-(90°+45°)=45°$이므로

$\overline{\text{CH}}=\overline{\text{AH}}=h$

$\therefore \overline{\text{BH}}=\overline{\text{CH}}-\overline{\text{BC}}=h-12$

$\triangle\text{AHB}$에서

$h=(h-12)\tan 60°$이므로 $h=\sqrt{3}(h-12)$

$(\sqrt{3}-1)h=12\sqrt{3}$ $\quad\therefore h=6(3+\sqrt{3})$

$\therefore \triangle\text{ABC}=\dfrac{1}{2}\times 12\times 6(3+\sqrt{3})=36(3+\sqrt{3})$

41 답 $100(\sqrt{3}+1)\,\text{m}$

$\overline{\text{AH}}=h\,\text{m}$라 하면

$\triangle\text{ABH}$에서

$\overline{\text{BH}}=\dfrac{h}{\tan 30°}=h\times\dfrac{3}{\sqrt{3}}=\sqrt{3}h(\text{m})$

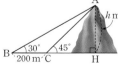

$\triangle\text{ACH}$에서 $\overline{\text{CH}}=\dfrac{h}{\tan 45°}=\dfrac{h}{1}=h(\text{m})$

$\overline{\text{BC}}=\overline{\text{BH}}-\overline{\text{CH}}$이므로 $200=\sqrt{3}h-h$

$(\sqrt{3}-1)h=200$ $\quad\therefore h=100(\sqrt{3}+1)$

따라서 산의 높이는 $100(\sqrt{3}+1)\,\text{m}$이다.

다른 풀이

$\overline{\text{AH}}=h$라 하면

$\triangle\text{ACH}$에서 $\angle\text{CAH}=180°-(90°+45°)=45°$이므로

$\overline{\text{CH}}=\overline{\text{AH}}=h\,\text{m}$

$\therefore \overline{\text{BH}}=\overline{\text{BC}}+\overline{\text{CH}}=200+h(\text{m})$

$\triangle\text{ABH}$에서 $h=(200+h)\tan 30°$이므로

$3h=\sqrt{3}(200+h)$, $(3-\sqrt{3})h=200\sqrt{3}$

$\therefore h=100(\sqrt{3}+1)$

따라서 산의 높이는 $100(\sqrt{3}+1)\,\text{m}$이다.

42 답 $\dfrac{1000}{13}$

$\triangle\text{ABH}$에서 $\angle\text{BAH}=180°-(90°+28°)=62°$

$\therefore \overline{\text{BH}}=h\tan 62°=1.9h(\text{m})$

$\triangle\text{ACH}$에서 $\angle\text{CAH}=180°-(90°+58°)=32°$

$\therefore \overline{\text{CH}}=h\tan 32°=0.6h(\text{m})$

$\overline{\text{BC}}=\overline{\text{BH}}-\overline{\text{CH}}$이므로 $100=1.9h-0.6h$

$1.3h=100$ $\quad\therefore h=\dfrac{1000}{13}$

43 답 $15\sqrt{3}\,\text{cm}^2$

$\triangle\text{ABC}=\dfrac{1}{2}\times 5\times 12\times\sin 60°$

$\qquad\qquad =\dfrac{1}{2}\times 5\times 12\times\dfrac{\sqrt{3}}{2}=15\sqrt{3}(\text{cm}^2)$

44 답 ⑤

$\triangle\text{ABC}=\dfrac{1}{2}\times 4\sqrt{3}\times\overline{\text{BC}}\times\sin 45°=6\sqrt{6}$에서

$\sqrt{6}\,\overline{\text{BC}}=6\sqrt{6}$ $\quad\therefore \overline{\text{BC}}=6(\text{cm})$

45 답 $45°$

$\triangle\text{ABC}=\dfrac{1}{2}\times 6\times 10\times\sin A=15\sqrt{2}$에서

$\sin A=\dfrac{\sqrt{2}}{2}$ $\qquad\qquad\qquad\cdots$ (i)

이때 $0°<\angle A<90°$이므로 $\angle A=45°$ $\quad\cdots$ (ii)

채점 기준

(i) $\sin A$의 값 구하기	50%
(ii) $\angle A$의 크기 구하기	50%

46 답 ①

$\triangle\text{ABC}=\dfrac{1}{2}\times 4\times 6\times\sin 60°$

$\qquad\qquad =\dfrac{1}{2}\times 4\times 6\times\dfrac{\sqrt{3}}{2}=6\sqrt{3}(\text{cm}^2)$

점 G는 $\triangle\text{ABC}$의 무게중심이므로

$\triangle\text{GBC}=\dfrac{1}{3}\triangle\text{ABC}=\dfrac{1}{3}\times 6\sqrt{3}=2\sqrt{3}(\text{cm}^2)$

47 답 $48\sqrt{3}\,\text{cm}^2$

$\overline{AC}\,/\!/\,\overline{DE}$이므로 $\triangle ACD=\triangle ACE$

$\therefore \square ABCD=\triangle ABC+\triangle ACD$

$\quad\quad\quad\quad\ =\triangle ABC+\triangle ACE$

$\quad\quad\quad\quad\ =\triangle ABE$

$\quad\quad\quad\quad\ =\dfrac{1}{2}\times 12\times(9+7)\times\sin 60^\circ$

$\quad\quad\quad\quad\ =\dfrac{1}{2}\times 12\times 16\times\dfrac{\sqrt{3}}{2}$

$\quad\quad\quad\quad\ =48\sqrt{3}\,(\text{cm}^2)$

참고 $l\,/\!/\,m$일 때, $\triangle ABC$와 $\triangle DBC$는 밑변 $\overline{BC}$가 공통이고 높이는 h로 같으므로 넓이가 같다.

$\Rightarrow \triangle ABC=\triangle DBC$

48 답 $\dfrac{40\sqrt{3}}{9}\,\text{cm}$

$\angle BAD=\angle CAD=\dfrac{1}{2}\times\angle BAD$

$\quad\quad\quad\quad\ =\dfrac{1}{2}\times 60^\circ=30^\circ$

$\overline{AD}=x\,\text{cm}$라 하면

$\triangle ABC=\triangle ABD+\triangle ADC$이므로

$\dfrac{1}{2}\times 10\times 8\times\sin 60^\circ=\dfrac{1}{2}\times 10\times x\times\sin 30^\circ+\dfrac{1}{2}\times x\times 8\times\sin 30^\circ$

$\dfrac{1}{2}\times 10\times 8\times\dfrac{\sqrt{3}}{2}=\dfrac{1}{2}\times 10\times x\times\dfrac{1}{2}+\dfrac{1}{2}\times x\times 8\times\dfrac{1}{2}$

$20\sqrt{3}=\dfrac{5}{2}x+2x \quad\quad \therefore x=\dfrac{40\sqrt{3}}{9}$

$\therefore \overline{AD}=\dfrac{40\sqrt{3}}{9}\,\text{cm}$

49 답 $4(\sqrt{3}-1)\,\text{cm}^2$

$\triangle PBC$가 정삼각형이므로

$\overline{PC}=\overline{BC}=4\,\text{cm}$

$\angle PCB=60^\circ$이므로

$\angle PCD=90^\circ-60^\circ=30^\circ$

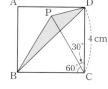

$\therefore \triangle PBD=\triangle PBC+\triangle PCD-\triangle DBC$

$\quad\quad\quad\quad\ =\dfrac{1}{2}\times 4\times 4\times\sin 60^\circ+\dfrac{1}{2}\times 4\times 4\times\sin 30^\circ-\dfrac{1}{2}\times 4\times 4$

$\quad\quad\quad\quad\ =\dfrac{1}{2}\times 4\times 4\times\dfrac{\sqrt{3}}{2}+\dfrac{1}{2}\times 4\times 4\times\dfrac{1}{2}-8$

$\quad\quad\quad\quad\ =4\sqrt{3}-4=4(\sqrt{3}-1)\,(\text{cm}^2)$

50 답 $3\sqrt{3}\,\text{cm}^2$

$\angle B=180^\circ-(25^\circ+35^\circ)=120^\circ$이므로

$\triangle ABC=\dfrac{1}{2}\times 4\times 3\times\sin(180^\circ-120^\circ)$

$\quad\quad\quad\ =\dfrac{1}{2}\times 4\times 3\times\dfrac{\sqrt{3}}{2}=3\sqrt{3}\,(\text{cm}^2)$

51 답 ③

$\dfrac{1}{2}\times 12\times\overline{AC}\times\sin(180^\circ-150^\circ)=30$

$3\overline{AC}=30 \quad\quad \therefore \overline{AC}=10$

52 답 $16\sqrt{3}\,\text{cm}^2$

점 O가 $\triangle ABC$의 외심이므로

$\angle BOC=2\angle A=2\times 60^\circ=120^\circ$

$\therefore \triangle OBC=\dfrac{1}{2}\times 8\times 8\times\sin(180^\circ-120^\circ)$

$\quad\quad\quad\quad\ =\dfrac{1}{2}\times 8\times 8\times\dfrac{\sqrt{3}}{2}=16\sqrt{3}\,(\text{cm}^2)$

53 답 ②

$\overline{AD}=\overline{BC}=4\,\text{cm}$이므로

$\triangle ADE$에서

$\overline{AE}=4\sin 30^\circ=4\times\dfrac{1}{2}=2\,(\text{cm})$

$\angle EAB=60^\circ+90^\circ=150^\circ$이므로

$\triangle ABE=\dfrac{1}{2}\times 2\times 4\times\sin(180^\circ-150^\circ)$

$\quad\quad\quad\ =\dfrac{1}{2}\times 2\times 4\times\dfrac{1}{2}=2\,(\text{cm}^2)$

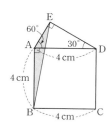

54 답 $(16\pi-12\sqrt{3})\,\text{cm}^2$

오른쪽 그림과 같이 $\overline{OP}$를 그으면

$\triangle AOP$는 $\overline{OA}=\overline{OP}$인 이등변삼각형이므로

$\angle OPA=\angle OAP=30^\circ$

즉, $\angle AOP=180^\circ-2\times 30^\circ=120^\circ$이므로

(부채꼴 AOP의 넓이)$=\pi\times(4\sqrt{3})^2\times\dfrac{120}{360}=16\pi\,(\text{cm}^2)$

$\triangle AOP=\dfrac{1}{2}\times 4\sqrt{3}\times 4\sqrt{3}\times\sin(180^\circ-120^\circ)$

$\quad\quad\quad\ =\dfrac{1}{2}\times 4\sqrt{3}\times 4\sqrt{3}\times\dfrac{\sqrt{3}}{2}=12\sqrt{3}\,(\text{cm}^2)$

$\therefore$ (색칠한 부분의 넓이)$=$(부채꼴 AOP의 넓이)$-\triangle AOP$

$\quad\quad\quad\quad\quad\quad\quad\quad\quad\ =16\pi-12\sqrt{3}\,(\text{cm}^2)$

55 답 $7\sqrt{3}\,\text{cm}^2$

오른쪽 그림과 같이 $\overline{AC}$를 그으면

$\square ABCD=\triangle ABC+\triangle ACD$

$\quad\quad\quad\ =\dfrac{1}{2}\times 4\times 6\times\sin 60^\circ$

$\quad\quad\quad\quad\ +\dfrac{1}{2}\times 2\times 2\sqrt{3}\times\sin(180^\circ-150^\circ)$

$\quad\quad\quad\ =\dfrac{1}{2}\times 4\times 6\times\dfrac{\sqrt{3}}{2}+\dfrac{1}{2}\times 2\times 2\sqrt{3}\times\dfrac{1}{2}$

$\quad\quad\quad\ =6\sqrt{3}+\sqrt{3}=7\sqrt{3}\,(\text{cm}^2)$

56 답 ①

$\triangle ABC$에서 $\overline{AC}=10\tan 60^\circ=10\times\sqrt{3}=10\sqrt{3}\,(\text{cm})$

$\therefore \square ABCD=\triangle ABC+\triangle ACD$

$\quad\quad\quad\quad\ =\dfrac{1}{2}\times 10\times 10\sqrt{3}+\dfrac{1}{2}\times 10\sqrt{3}\times 14\times\sin 30^\circ$

$\quad\quad\quad\quad\ =50\sqrt{3}+\dfrac{1}{2}\times 10\sqrt{3}\times 14\times\dfrac{1}{2}$

$\quad\quad\quad\quad\ =50\sqrt{3}+35\sqrt{3}=85\sqrt{3}\,(\text{cm}^2)$

57 답 $72\sqrt{2}\,\mathrm{cm}^2$

정팔각형은 오른쪽 그림과 같이 서로 합동인 8개의
이등변삼각형으로 나누어지고 이등변삼각형의

꼭지각의 크기는 $\dfrac{360°}{8}=45°$이므로

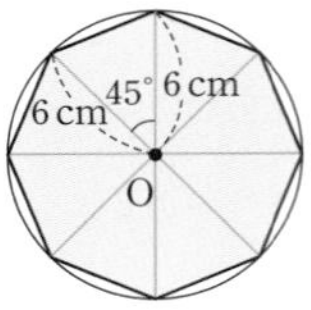

(정팔각형의 넓이)$=8\times\left(\dfrac{1}{2}\times6\times6\times\sin45°\right)$

$\qquad\qquad\qquad=8\times\left(\dfrac{1}{2}\times6\times6\times\dfrac{\sqrt{2}}{2}\right)=72\sqrt{2}\,(\mathrm{cm}^2)$

58 답 $\dfrac{3}{5}$

$\overline{AM}=\overline{AN}=\sqrt{2^2+1^2}=\sqrt{5}\,(\mathrm{cm})$

$\square ABCD=\triangle ABM+\triangle AMN+\triangle NMC+\triangle AND$이므로

$2\times2=\dfrac{1}{2}\times2\times1+\dfrac{1}{2}\times\sqrt{5}\times\sqrt{5}\times\sin x+\dfrac{1}{2}\times1\times1+\dfrac{1}{2}\times2\times1$

$4=1+\dfrac{5}{2}\sin x+\dfrac{1}{2}+1$

따라서 $\dfrac{5}{2}+\dfrac{5}{2}\sin x=4$이므로 $\dfrac{5}{2}\sin x=\dfrac{3}{2}$ $\quad\therefore\sin x=\dfrac{3}{5}$

59 답 $32\sqrt{2}\,\mathrm{cm}^2$

$\square ABCD$는 $\overline{AB}=\overline{AD}=8\,\mathrm{cm}$인 평행사변형이므로

$\square ABCD=8\times8\times\sin45°$

$\qquad\qquad=8\times8\times\dfrac{\sqrt{2}}{2}=32\sqrt{2}\,(\mathrm{cm}^2)$

60 답 $45°$

$\square ABCD=5\times10\times\sin B=25\sqrt{2}$에서 $\sin B=\dfrac{\sqrt{2}}{2}$ $\qquad\cdots$ (i)

이때 $0°<\angle B<90°$이므로 $\angle B=45°$ $\qquad\cdots$ (ii)

채점 기준

(i) $\sin B$의 값 구하기	50 %
(ii) $\angle B$의 크기 구하기	50 %

61 답 ③

$\triangle ABP=\dfrac{1}{4}\square ABCD$

$\qquad=\dfrac{1}{4}\times(4\times6\times\sin60°)$

$\qquad=\dfrac{1}{4}\times\left(4\times6\times\dfrac{\sqrt{3}}{2}\right)=3\sqrt{3}\,(\mathrm{cm}^2)$

62 답 $432\sqrt{3}\,\mathrm{cm}^2$

마름모의 내각 중 예각의 크기는 $\dfrac{360°}{6}=60°$

따라서 구하는 도형의 넓이는

$6\times(12\times12\times\sin60°)=6\times\left(12\times12\times\dfrac{\sqrt{3}}{2}\right)$

$\qquad\qquad\qquad\qquad\qquad=432\sqrt{3}\,(\mathrm{cm}^2)$

(만렙비법) 서로 합동인 마름모 6개가 한 점에서 모여 360°를 이루는 것
을 이용하여 마름모의 한 내각의 크기를 구한다.

63 답 $55\sqrt{3}$

평행사변형의 두 대각선은 서로 다른 것을 이등분하므로

$\overline{AC}=2\overline{CO}=2\times5=10$, $\overline{BD}=2\overline{BO}=2\times11=22$

$\therefore\square ABCD=\dfrac{1}{2}\times10\times22\times\sin(180°-120°)$

$\qquad\qquad\quad=\dfrac{1}{2}\times10\times22\times\dfrac{\sqrt{3}}{2}=55\sqrt{3}$

다른 풀이

$\angle BOC=\angle AOD=120°$(맞꼭지각)이므로

$\square ABCD=4\triangle BCO=4\times\left\{\dfrac{1}{2}\times11\times5\times\sin(180°-120°)\right\}$

$\qquad\qquad=4\times\left(\dfrac{1}{2}\times11\times5\times\dfrac{\sqrt{3}}{2}\right)=55\sqrt{3}$

64 답 ⑤

$\square ABCD=\dfrac{1}{2}\times10\times x\times\sin45°=30\sqrt{2}$에서

$\dfrac{5\sqrt{2}}{2}x=30\sqrt{2}$ $\quad\therefore x=12$

65 답 $60°$

$\square ABCD=\dfrac{1}{2}\times16\times8\sqrt{3}\times\sin x=96$에서 $\sin x=\dfrac{\sqrt{3}}{2}$

이때 $0°<x<90°$이므로 $x=60°$

P|ck 점검하기   42~44쪽

66 답 7.5

$\overline{AB}=\dfrac{6}{\sin50°}=\dfrac{6}{0.8}=7.5$

67 답 14.4 m

오른쪽 그림에서 $\overline{AH}=8\,\mathrm{m}$이므로 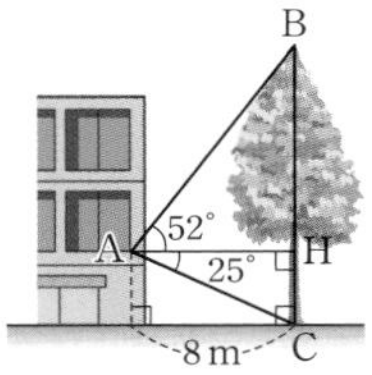
$\triangle AHB$에서
$\overline{BH}=8\tan52°=8\times1.3=10.4\,(\mathrm{m})$
$\triangle ACH$에서
$\overline{CH}=8\tan25°=8\times0.5=4\,(\mathrm{m})$
따라서 나무의 높이는
$\overline{BC}=\overline{BH}+\overline{CH}=10.4+4=14.4\,(\mathrm{m})$

68 답 ⑤

$\triangle ABC$에서 $\overline{AC}=50\sqrt{3}\tan45°=50\sqrt{3}\times1=50\sqrt{3}\,(\mathrm{m})$

$\triangle BCD$에서 $\overline{CD}=50\sqrt{3}\tan30°=50\sqrt{3}\times\dfrac{\sqrt{3}}{3}=50\,(\mathrm{m})$

$\therefore\overline{AD}=\overline{AC}-\overline{CD}=50\sqrt{3}-50=50(\sqrt{3}-1)\,(\mathrm{m})$

69 답 $2\sqrt{13}$ cm

오른쪽 그림과 같이 꼭짓점 A에서 $\overline{BC}$의 연장선에 내린 수선의 발을 H라 하면

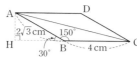

$\angle ABH=180°-150°=30°$

$\triangle AHB$에서

$\overline{AH}=2\sqrt{3}\sin 30°=2\sqrt{3}\times\dfrac{1}{2}=\sqrt{3}\,(\text{cm})$

$\overline{BH}=2\sqrt{3}\cos 30°=2\sqrt{3}\times\dfrac{\sqrt{3}}{2}=3\,(\text{cm})$

$\therefore \overline{HC}=\overline{HB}+\overline{BC}=3+4=7\,(\text{cm})$

따라서 $\triangle AHC$에서 $\overline{AC}=\sqrt{7^2+(\sqrt{3})^2}=2\sqrt{13}\,(\text{cm})$

70 답 $(8\sqrt{6}+24\sqrt{2})$ m

오른쪽 그림과 같이 꼭짓점 B에서 $\overline{AC}$에 내린 수선의 발을 H라 하면

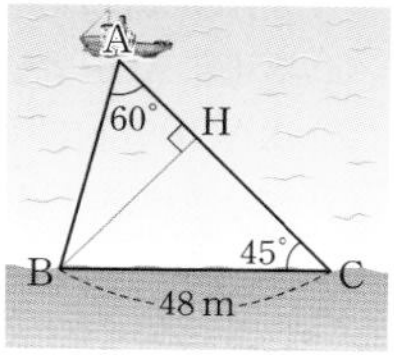

$\triangle BCH$에서

$\overline{BH}=48\sin 45°=48\times\dfrac{\sqrt{2}}{2}=24\sqrt{2}\,(\text{m})$

$\overline{CH}=48\cos 45°=48\times\dfrac{\sqrt{2}}{2}=24\sqrt{2}\,(\text{m})$

$\triangle ABH$에서 $\overline{AH}=\dfrac{24\sqrt{2}}{\tan 60°}=\dfrac{24\sqrt{2}}{\sqrt{3}}=8\sqrt{6}\,(\text{m})$

$\therefore \overline{AC}=\overline{AH}+\overline{CH}=8\sqrt{6}+24\sqrt{2}\,(\text{m})$

71 답 $4(\sqrt{3}-1)$

$\triangle BCD$에서 $\overline{BC}=\dfrac{2}{\sin 30°}=2\times\dfrac{2}{1}=4$

오른쪽 그림과 같이 점 E에서 $\overline{BC}$에 내린 수선의 발을 H라 하고 $\overline{EH}=h$라 하면

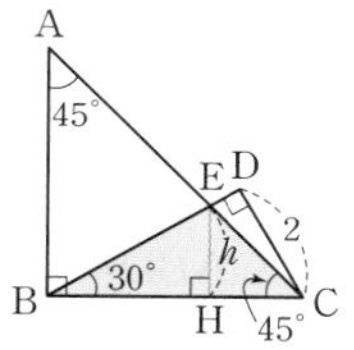

$\triangle ABC$에서

$\angle ACB=180°-(90°+45°)=45°$이므로

$\triangle EBH$에서 $\overline{BH}=\dfrac{h}{\tan 30°}=h\times\dfrac{3}{\sqrt{3}}=\sqrt{3}h$

$\triangle EHC$에서 $\overline{CH}=\dfrac{h}{\tan 45°}=\dfrac{h}{1}=h$

$\overline{BC}=\overline{BH}+\overline{CH}$이므로 $4=\sqrt{3}h+h$

$(\sqrt{3}+1)h=4$ $\therefore h=2(\sqrt{3}-1)$

$\therefore \triangle EBC=\dfrac{1}{2}\times 4\times 2(\sqrt{3}-1)=4(\sqrt{3}-1)$

72 답 $10\sqrt{3}$ m

$\overline{AB}=h$ m라 하면

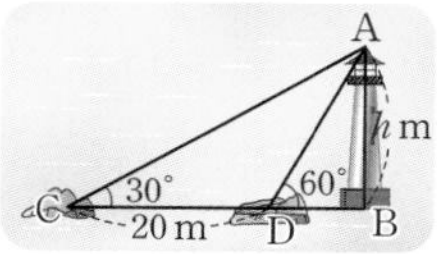

$\triangle ACB$에서

$\overline{BC}=\dfrac{h}{\tan 30°}=h\times\dfrac{3}{\sqrt{3}}=\sqrt{3}h\,(\text{m})$

$\triangle ADB$에서

$\overline{BD}=\dfrac{h}{\tan 60°}=\dfrac{h}{\sqrt{3}}=\dfrac{\sqrt{3}}{3}h\,(\text{m})$

$\overline{CD}=\overline{BC}-\overline{BD}$이므로 $20=\sqrt{3}h-\dfrac{\sqrt{3}}{3}h$

$\dfrac{2\sqrt{3}}{3}h=20$ $\therefore h=10\sqrt{3}$

따라서 등대의 높이는 $10\sqrt{3}$ m이다.

73 답 ②

$\tan B=2\sqrt{2}$이므로 오른쪽 그림과 같은 직각삼각형 A'BC'을 생각할 수 있다.

$\overline{A'B}=\sqrt{1^2+(2\sqrt{2})^2}=3$이므로 $\sin B=\dfrac{2\sqrt{2}}{3}$

$\therefore \triangle ABC=\dfrac{1}{2}\times 8\times 9\times\sin B$

$=\dfrac{1}{2}\times 8\times 9\times\dfrac{2\sqrt{2}}{3}=24\sqrt{2}\,(\text{cm}^2)$

74 답 $\dfrac{175\sqrt{3}}{4}$

$\triangle ADF\equiv\triangle BED\equiv\triangle CFE$(SAS 합동)이므로

그 넓이는 서로 같다.

$\therefore \triangle DEF=\triangle ABC-3\triangle ADF$

$=\dfrac{1}{2}\times 20\times 20\times\sin 60°-3\times\left(\dfrac{1}{2}\times 5\times 15\times\sin 60°\right)$

$=\dfrac{1}{2}\times 20\times 20\times\dfrac{\sqrt{3}}{2}-3\times\left(\dfrac{1}{2}\times 5\times 15\times\dfrac{\sqrt{3}}{2}\right)$

$=100\sqrt{3}-\dfrac{225\sqrt{3}}{4}=\dfrac{175\sqrt{3}}{4}$

75 답 $135°$

$\triangle ABC=\dfrac{1}{2}\times 20\times 8\times\sin(180°-B)=40\sqrt{2}$에서

$\sin(180°-B)=\dfrac{\sqrt{2}}{2}$

따라서 $180°-\angle B=45°$이므로 $\angle B=135°$

76 답 $\dfrac{100\sqrt{3}}{3}$ cm²

오른쪽 그림과 같이 점 A에서 $\overline{BC}$의 연장선에 내린 수선의 발을 H라 하면

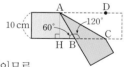

$\overline{AH}=10$ cm이고

$\triangle AHB$에서 $\angle ABH=180°-120°=60°$이므로

$\overline{AB}=\dfrac{10}{\sin 60°}=10\times\dfrac{2}{\sqrt{3}}=\dfrac{20\sqrt{3}}{3}\,(\text{cm})$

$\angle BAC=\angle CAD$(접은 각), $\angle CAD=\angle BCA$(엇각)에서

$\angle BAC=\angle BCA$이므로 $\triangle ABC$는 $\overline{AB}=\overline{BC}$인 이등변삼각형이다.

$\therefore \overline{BC}=\overline{AB}=\dfrac{20\sqrt{3}}{3}\,\text{cm}$

$\therefore \triangle ABC=\dfrac{1}{2}\times\dfrac{20\sqrt{3}}{3}\times\dfrac{20\sqrt{3}}{3}\times\sin(180°-120°)$

$=\dfrac{1}{2}\times\dfrac{20\sqrt{3}}{3}\times\dfrac{20\sqrt{3}}{3}\times\dfrac{\sqrt{3}}{2}=\dfrac{100\sqrt{3}}{3}\,(\text{cm}^2)$

다른 풀이

$\triangle ABC=\dfrac{1}{2}\times\overline{BC}\times 10=\dfrac{1}{2}\times\dfrac{20\sqrt{3}}{3}\times 10=\dfrac{100\sqrt{3}}{3}\,(\text{cm}^2)$

77 답 $8+6\sqrt{2}$

$\triangle$ABD에서 $\overline{BD}=\dfrac{4}{\sin 45^\circ}=4\times\dfrac{2}{\sqrt{2}}=4\sqrt{2}$이고

$\angle$ABD$=180^\circ-(90^\circ+45^\circ)=45^\circ$이므로

$\square$ABCD$=\triangle$ABD$+\triangle$BCD

$\quad=\dfrac{1}{2}\times4\times4\sqrt{2}\times\sin45^\circ+\dfrac{1}{2}\times4\sqrt{2}\times6\times\sin30^\circ$

$\quad=\dfrac{1}{2}\times4\times4\sqrt{2}\times\dfrac{\sqrt{2}}{2}+\dfrac{1}{2}\times4\sqrt{2}\times6\times\dfrac{1}{2}=8+6\sqrt{2}$

78 답 ④

$\square$ABCD의 한 변의 길이를 $2a$라 하면

$\overline{AE}=\overline{ED}=\overline{DF}=\overline{CF}=a$이므로

$\overline{BE}=\overline{BF}=\sqrt{(2a)^2+a^2}=\sqrt{5}a$

이때 $\square$ABCD$=\triangle$ABE$+\triangle$BFE$+\triangle$BCF$+\triangle$EFD이므로

$2a\times2a=\dfrac{1}{2}\times2a\times a+\dfrac{1}{2}\times\sqrt{5}a\times\sqrt{5}a\times\sin x+\dfrac{1}{2}\times2a\times a$

$\qquad\qquad\qquad\qquad\qquad\qquad\qquad\qquad+\dfrac{1}{2}\times a\times a$

에서 $\dfrac{5}{2}a^2+\dfrac{5}{2}a^2\sin x=4a^2$

$\dfrac{5}{2}a^2\sin x=\dfrac{3}{2}a^2$ $\quad\therefore \sin x=\dfrac{3}{5}$

즉, 오른쪽 그림과 같은 직각삼각형 A′B′C′을
생각할 수 있다.

따라서 $\overline{A'B'}=\sqrt{5^2-3^2}=4$이므로 $\cos x=\dfrac{4}{5}$

79 답 $4\sqrt{3}$ cm

$\square$ABCD$=4\times\overline{AD}\times\sin(180^\circ-120^\circ)=24$에서

$2\sqrt{3}\,\overline{AD}=24$ $\quad\therefore \overline{AD}=4\sqrt{3}$ (cm)

80 답 $12\sqrt{3}$ cm²

$\triangle$AMC$=\dfrac{1}{2}\triangle$ABC$=\dfrac{1}{2}\times\left(\dfrac{1}{2}\square$ABCD$\right)$

$\qquad=\dfrac{1}{4}\square$ABCD$=\dfrac{1}{4}\times(8\times12\times\sin60^\circ)$

$\qquad=\dfrac{1}{4}\times\left(8\times12\times\dfrac{\sqrt{3}}{2}\right)=12\sqrt{3}$ (cm²)

81 답 $5\sqrt{7}$ m

오른쪽 그림과 같이 점 A에서 $\overline{BC}$에 내린
수선의 발을 H라 하면
$\triangle$AHC에서

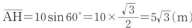

$\overline{AH}=10\sin60^\circ=10\times\dfrac{\sqrt{3}}{2}=5\sqrt{3}$ (m)

$\overline{CH}=10\cos60^\circ=10\times\dfrac{1}{2}=5$ (m) $\qquad\cdots$ (i)

$\therefore \overline{BH}=\overline{BC}-\overline{CH}=15-5=10$ (m) $\qquad\cdots$ (ii)

따라서 $\triangle$ABH에서 $\overline{AB}=\sqrt{10^2+(5\sqrt{3})^2}=5\sqrt{7}$ (m) $\cdots$ (iii)

채점 기준	
(i) $\overline{AH}$, $\overline{CH}$의 길이 구하기	50%
(ii) $\overline{BH}$의 길이 구하기	20%
(iii) $\overline{AB}$의 길이 구하기	30%

82 답 $(15\pi-9)$ cm²

오른쪽 그림과 같이 $\overline{OP}$를 그으면

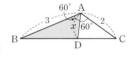

$\triangle$AOP에서 $\overline{OA}=\overline{OP}$이므로

$\angle$OPA$=\angle$OAP$=15^\circ$,

$\angle$AOP$=180^\circ-2\times15^\circ=150^\circ$ $\qquad\cdots$ (i)

따라서

(부채꼴 AOP의 넓이)$=\pi\times6^2\times\dfrac{150}{360}=15\pi$ (cm²) $\qquad\cdots$ (ii)

$\triangle$AOP$=\dfrac{1}{2}\times6\times6\times\sin(180^\circ-150^\circ)$

$\qquad=\dfrac{1}{2}\times6\times6\times\dfrac{1}{2}=9$ (cm²) $\qquad\cdots$ (iii)

이므로 (색칠한 부분의 넓이)$=$(부채꼴 AOP의 넓이)$-\triangle$AOP

$\qquad\qquad\qquad\qquad=15\pi-9$ (cm²) $\qquad\cdots$ (iv)

채점 기준	
(i) $\angle$AOP의 크기 구하기	30%
(ii) 부채꼴 AOP의 넓이 구하기	30%
(iii) $\triangle$AOP의 넓이 구하기	30%
(iv) 색칠한 부분의 넓이 구하기	10%

83 답 $\dfrac{9\sqrt{3}}{10}$

$\overline{AD}=x$라 하면

$\triangle$ABC$=\triangle$ABD$+\triangle$ADC이므로

$\qquad\qquad\qquad\qquad\cdots$ (i)

$\dfrac{1}{2}\times3\times2\times\sin(180^\circ-120^\circ)$

$=\dfrac{1}{2}\times3\times x\times\sin60^\circ+\dfrac{1}{2}\times x\times2\times\sin60^\circ$

$\dfrac{1}{2}\times3\times2\times\dfrac{\sqrt{3}}{2}=\dfrac{1}{2}\times3\times x\times\dfrac{\sqrt{3}}{2}+\dfrac{1}{2}\times x\times2\times\dfrac{\sqrt{3}}{2}$

$\dfrac{3\sqrt{3}}{2}=\dfrac{3\sqrt{3}}{4}x+\dfrac{\sqrt{3}}{2}x,\ \dfrac{5\sqrt{3}}{4}x=\dfrac{3\sqrt{3}}{2}$ $\quad\therefore x=\dfrac{6}{5}$ $\cdots$ (ii)

$\therefore \triangle$ABD$=\dfrac{1}{2}\times3\times\dfrac{6}{5}\times\sin60^\circ$

$\qquad\qquad=\dfrac{1}{2}\times3\times\dfrac{6}{5}\times\dfrac{\sqrt{3}}{2}=\dfrac{9\sqrt{3}}{10}$ $\qquad\cdots$ (iii)

채점 기준	
(i) $\triangle$ABC$=\triangle$ABD$+\triangle$ADC임을 알기	30%
(ii) $\overline{AD}$의 길이 구하기	40%
(iii) $\triangle$ABD의 넓이 구하기	30%

다른 풀이

$\overline{AD}$는 $\angle$BAC의 이등분선이므로

$\triangle$ABD : $\triangle$ACD$=\overline{BD}:\overline{CD}=\overline{AB}:\overline{AC}=3:2$ $\quad\cdots$ (i)

$\therefore \triangle$ABD$=\triangle$ABC$\times\dfrac{3}{3+2}$

$\qquad=\left\{\dfrac{1}{2}\times3\times2\times\sin(180^\circ-120^\circ)\right\}\times\dfrac{3}{5}$

$\qquad=\left(\dfrac{1}{2}\times3\times2\times\dfrac{\sqrt{3}}{2}\right)\times\dfrac{3}{5}=\dfrac{9\sqrt{3}}{10}$ $\qquad\cdots$ (ii)

채점 기준	
(i) $\triangle$ABD : $\triangle$ACD의 비 구하기	40%
(ii) $\triangle$ABD의 넓이 구하기	60%

84 답 $\dfrac{50\sqrt{3}}{3}\,cm^2$

오른쪽 그림과 같이 겹쳐진 부분을
□ABCD라 하고 점 B에서 $\overline{CD}$의 연장
선에 내린 수선의 발을 H라 하면

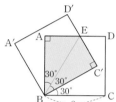

△BHC에서 $\overline{BH}=5\,cm$이고
∠BCH=60°(맞꼭지각)이므로

$$\overline{BC}=\dfrac{5}{\sin 60°}=5\times\dfrac{2}{\sqrt{3}}=\dfrac{10\sqrt{3}}{3}(cm)$$

이때 □ABCD는 평행사변형이므로

$$\square ABCD=\overline{BC}\times 5=\dfrac{10\sqrt{3}}{3}\times 5=\dfrac{50\sqrt{3}}{3}(cm^2)$$

85 답 $\dfrac{64\sqrt{3}}{3}$

오른쪽 그림과 같이 $\overline{BE}$를 그으면
△ABE와 △C'BE에서
∠A=∠C'=90°,
$\overline{BE}$는 공통, $\overline{AB}=\overline{C'B}$이므로
△ABE≡△C'BE(RHS 합동)이므로

$$\therefore \angle ABE=\angle C'BE=\dfrac{1}{2}\times(90°-30°)=30°$$

△ABE에서 $\overline{AE}=8\tan 30°=8\times\dfrac{\sqrt{3}}{3}=\dfrac{8\sqrt{3}}{3}$

$\therefore \square ABC'E=2\triangle ABE$
$$=2\times\left(\dfrac{1}{2}\times 8\times\dfrac{8\sqrt{3}}{3}\right)=\dfrac{64\sqrt{3}}{3}$$

86 답 $2\sqrt{3}$

△ABC에서
∠BAC=180°-(90°+45°)=45°이므로
△ABC는 $\overline{AC}=\overline{BC}$인 직각이등변삼각형이다.
즉, $\overline{AC}=\overline{BC}=x$라 하면
△AEC에서

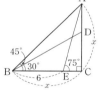

$$\overline{EC}=\dfrac{\overline{AC}}{\tan 75°}=\dfrac{x}{2+\sqrt{3}}=(2-\sqrt{3})x$$

$\overline{BE}=\overline{BC}-\overline{EC}$이므로
$6=x-(2-\sqrt{3})x,\ (\sqrt{3}-1)x=6$ $\therefore x=3(\sqrt{3}+1)$
△BCD에서
$\overline{CD}=\overline{BC}\tan 30°=3(\sqrt{3}+1)\times\dfrac{\sqrt{3}}{3}=3+\sqrt{3}$
$\therefore \overline{AD}=\overline{AC}-\overline{CD}$
$$=3(\sqrt{3}+1)-(3+\sqrt{3})=2\sqrt{3}$$

87 답 $\dfrac{50(\sqrt{3}-1)}{3}\,m$

∠APQ=90°-30°=60°이므로
△PAQ에서 $\overline{AQ}=50\tan 60°=50\times\sqrt{3}=50\sqrt{3}\,(m)$
∠BPQ=90°-45°=45°이므로
△PBQ에서 $\overline{BQ}=50\tan 45°=50\times 1=50\,(m)$
$\therefore \overline{AB}=\overline{AQ}-\overline{BQ}=50\sqrt{3}-50\,(m)$

이때 자동차가 지점 A에서 지점 B까지 가는 데 3초가 걸렸으므로
자동차의 속력은 초속 $\dfrac{50(\sqrt{3}-1)}{3}\,m$이다.

88 답 **16 % 감소한다.**

$\overline{AB}=a,\ \overline{BC}=b$라 하면
$\overline{A'B}=0.7a,\ \overline{BC'}=1.2b$이므로

$$\triangle ABC=\dfrac{1}{2}\times a\times b\times\sin B=\dfrac{1}{2}ab\sin B$$

$$\triangle A'BC'=\dfrac{1}{2}\times 0.7a\times 1.2b\times\sin B=0.84\times\dfrac{1}{2}ab\sin B$$

따라서 16 % 감소한다.

89 답 **6 cm**

[그림 3]에서 ∠BEC=∠BEF=∠DEF(접은 각)이므로

$$\angle BEF=\dfrac{1}{3}\times 180°=60°$$

직각삼각형 BEC'에서 ∠C'BE=180°-(90°+60°)=30°이고,
∠C'BE=∠CBE(접은 각)이므로
∠FBC'=90°-(30°+30°)=30°
$\therefore \angle FBE=30°+30°=60°$
즉, △BEF는 정삼각형이다.
$\overline{BC}=x$라 하면
△BCE에서 $\overline{BE}=\dfrac{\overline{BC}}{\cos 30°}=x\times\dfrac{2}{\sqrt{3}}=\dfrac{2\sqrt{3}}{3}x$이므로

$$\overline{FE}=\overline{BE}=\dfrac{2\sqrt{3}}{3}x$$

이때 △BEF=$12\sqrt{3}\,cm^2$이므로

$$\dfrac{1}{2}\times\dfrac{2\sqrt{3}}{3}x\times\dfrac{2\sqrt{3}}{3}x\times\sin 60°=12\sqrt{3}$$에서

$$\dfrac{1}{2}\times\dfrac{2\sqrt{3}}{3}x\times\dfrac{2\sqrt{3}}{3}x\times\dfrac{\sqrt{3}}{2}=12\sqrt{3},\ \dfrac{\sqrt{3}}{3}x^2=12\sqrt{3}$$

$x^2=36$ $\therefore x=6\ (\because x>0)$
$\therefore \overline{BC}=6(cm)$

90 답 $\left(30+\dfrac{5\sqrt{39}}{2}\right)cm^2$

오른쪽 그림과 같이 꼭짓점 A에서 $\overline{BC}$에
내린 수선의 발을 H라 하면
△ABH에서

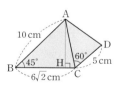

$$\overline{AH}=10\sin 45°=10\times\dfrac{\sqrt{2}}{2}=5\sqrt{2}\,(cm)$$

$$\overline{BH}=10\cos 45°=10\times\dfrac{\sqrt{2}}{2}=5\sqrt{2}\,(cm)$$

$$\therefore \overline{CH}=\overline{BC}-\overline{BH}=6\sqrt{2}-5\sqrt{2}=\sqrt{2}\,(cm)$$

△AHC에서 $\overline{AC}=\sqrt{(5\sqrt{2})^2+(\sqrt{2})^2}=2\sqrt{13}\,(cm)$

$\therefore \square ABCD=\triangle ABC+\triangle ACD$
$$=\dfrac{1}{2}\times 10\times 6\sqrt{2}\times\sin 45°+\dfrac{1}{2}\times 2\sqrt{13}\times 5\times\sin 60°$$

$$=\dfrac{1}{2}\times 10\times 6\sqrt{2}\times\dfrac{\sqrt{2}}{2}+\dfrac{1}{2}\times 2\sqrt{13}\times 5\times\dfrac{\sqrt{3}}{2}$$

$$=30+\dfrac{5\sqrt{39}}{2}(cm^2)$$

3 원과 직선

01 $2\sqrt{5}$	**02** 5	**03** 11	**04** $10\sqrt{3}$ cm
05 $4\sqrt{3}$	**06** $4\sqrt{14}$	**07** 68°	**08** 13
09 (가) ∠OMB	(나) $\overline{OB}$	(다) $\overline{OM}$	(라) RHS	(마) $\overline{BM}$
10 3 cm	**11** $4\sqrt{21}$	**12** ③	**13** ②
14 ②	**15** $\dfrac{25}{2}$	**16** 10 cm	**17** 12 cm
18 ①	**19** 2 cm	**20** 48 cm²	**21** 100π cm²
22 ①	**23** ④	**24** 6 cm	**25** $\dfrac{16}{3}\pi$ cm
26 $4\sqrt{21}$ cm	**27** 4 cm	**28** ④	**29** 25π cm²
30 16	**31** ④	**32** ②	**33** 48π cm²
34 $20\sqrt{21}$ cm	**35** 50°	**36** $9\sqrt{3}$	**37** ①
38 13π cm²	**39** $x=15$, $y=17$		**40** 2 cm
41 12 cm	**42** ③	**43** $6\sqrt{3}\pi$ cm	**44** ⑤
45 $6\sqrt{3}$ cm	**46** $(8\pi+12\sqrt{3})$ m		**47** $8\sqrt{2}$ cm
48 ④	**49** 3	**50** ③	**51** 44°
52 76°	**53** 25π cm²	**54** ③	**55** ③
56 9	**57** 10	**58** ③	**59** $24\sqrt{3}$ cm
60 $\sqrt{35}$ cm	**61** ②	**62** 40 cm²	**63** ③
64 ⑤	**65** 5 cm	**66** 2 cm	**67** 6 cm
68 10 cm	**69** 8 cm	**70** 8 cm	**71** 4
72 2 cm	**73** 6 cm	**74** 2 cm	**75** 9π cm²
76 $(6-2\sqrt{3})$ cm		**77** 10 cm	**78** 10 cm
79 $\dfrac{35}{2}$ cm	**80** 72 cm²	**81** 30 cm	**82** 20 cm
83 1 cm	**84** 48π cm²	**85** ②	**86** 30 cm
87 $12\sqrt{3}\pi$	**88** $8\sqrt{2}$ cm	**89** ①	**90** ④
91 16π cm²	**92** 8	**93** 8 cm	
94 $(16+2\sqrt{15})$ cm		**95** ④	
96 $(6-\pi)$ cm²		**97** ④	**98** $\dfrac{8}{3}$ cm
99 26°	**100** $26\sqrt{10}$ cm²		**101** 11 cm
102 65π	**103** $(36-27\sqrt{3})$ cm²		**104** ⑤
105 24	**106** 30 cm	**107** $10\sqrt{6}$ cm²	**108** 24 cm²
109 $(\sqrt{5}-1)$ cm		**110** ③	**111** ③
112 ②			

유형 모아 보기 & 완성하기
48~54쪽

01 답 $2\sqrt{5}$

△OAM에서 $\overline{AM}=\sqrt{3^2-2^2}=\sqrt{5}$

∴ $\overline{AB}=2\overline{AM}=2\times\sqrt{5}=2\sqrt{5}$

02 답 5

$\overline{BM}=\overline{AM}=4$, $\overline{OC}=\overline{OB}=x$이므로 $\overline{OM}=x-2$

따라서 △OMB에서 $4^2+(x-2)^2=x^2$

$4x=20$ ∴ $x=5$

03 답 11

오른쪽 그림과 같이 원의 중심을 O라 하면 $\overline{CD}$의 연장선은 점 O를 지난다.

원 O의 반지름의 길이를 r라 하면

$\overline{OA}=r$, $\overline{OD}=r-4$

△AOD에서 $(6\sqrt{2})^2+(r-4)^2=r^2$

$8r=88$ ∴ $r=11$

따라서 원의 반지름의 길이는 11이다.

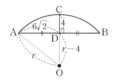

04 답 $10\sqrt{3}$ cm

오른쪽 그림과 같이 원의 중심 O에서 $\overline{AB}$에 내린 수선의 발을 M이라 하면

$\overline{OA}=10$ cm, $\overline{OM}=\dfrac{1}{2}\times10=5$(cm)

△OAM에서 $\overline{AM}=\sqrt{10^2-5^2}=5\sqrt{3}$(cm)

∴ $\overline{AB}=2\overline{AM}=2\times5\sqrt{3}=10\sqrt{3}$(cm)

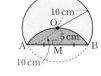

05 답 $4\sqrt{3}$

오른쪽 그림과 같이 점 O에서 $\overline{AB}$에 내린 수선의 발을 H라 하면

△AOH에서 $\overline{AH}=\sqrt{4^2-2^2}=2\sqrt{3}$

∴ $\overline{AB}=2\overline{AH}=2\times2\sqrt{3}=4\sqrt{3}$

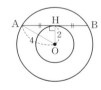

06 답 $4\sqrt{14}$

△AOM에서 $\overline{AM}=\sqrt{9^2-5^2}=2\sqrt{14}$

∴ $\overline{AB}=2\overline{AM}=2\times2\sqrt{14}=4\sqrt{14}$

이때 $\overline{OM}=\overline{ON}$이므로 $\overline{CD}=\overline{AB}=4\sqrt{14}$

07 답 68°

$\overline{OM}=\overline{ON}$이므로 $\overline{AB}=\overline{AC}$

따라서 △ABC는 이등변삼각형이므로

∠ABC$=\dfrac{1}{2}\times(180°-44°)=68°$

08 답 13

$\overline{AM}=\dfrac{1}{2}\overline{AB}=\dfrac{1}{2}\times24=12$

따라서 △AOM에서 $\overline{OA}=\sqrt{12^2+5^2}=13$

09 답 (가) $\angle$OMB (나) $\overline{\text{OB}}$ (다) $\overline{\text{OM}}$ (라) RHS (마) $\overline{\text{BM}}$

10 답 **3 cm**

오른쪽 그림과 같이 $\overline{\text{OD}}$를 그으면

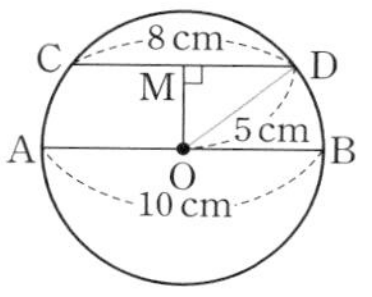

$\overline{\text{OD}}=\dfrac{1}{2}\overline{\text{AB}}=\dfrac{1}{2}\times10=5\,(\text{cm})$

$\overline{\text{DM}}=\dfrac{1}{2}\overline{\text{CD}}=\dfrac{1}{2}\times8=4\,(\text{cm})$

따라서 $\triangle$ODM에서 $\overline{\text{OM}}=\sqrt{5^2-4^2}=3\,(\text{cm})$

11 답 **$4\sqrt{21}$**

$\overline{\text{AM}}=\dfrac{1}{2}\overline{\text{AB}}=\dfrac{1}{2}\times20=10$

오른쪽 그림과 같이 $\overline{\text{OA}}$, $\overline{\text{OC}}$를 그으면

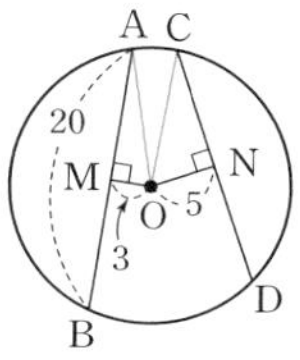

$\triangle$OAM에서 $\overline{\text{OA}}=\sqrt{10^2+3^2}=\sqrt{109}$

$\triangle$ONC에서 $\overline{\text{OC}}=\overline{\text{OA}}=\sqrt{109}$이므로

$\overline{\text{CN}}=\sqrt{(\sqrt{109})^2-5^2}=2\sqrt{21}$

$\therefore\ \overline{\text{CD}}=2\overline{\text{CN}}=2\times2\sqrt{21}=4\sqrt{21}$

12 답 ③

오른쪽 그림과 같이 원의 중심 O에서 $\overline{\text{AB}}$에 내린 수선의 발을 H라 하면

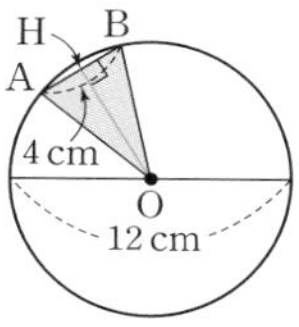

$\overline{\text{AH}}=\overline{\text{BH}}=\dfrac{1}{2}\overline{\text{AB}}=\dfrac{1}{2}\times4=2\,(\text{cm})$,

$\overline{\text{OA}}=\dfrac{1}{2}\times12=6\,(\text{cm})$

$\triangle$AOH에서 $\overline{\text{OH}}=\sqrt{6^2-2^2}=4\sqrt{2}\,(\text{cm})$

$\therefore\ \triangle\text{AOB}=\dfrac{1}{2}\times4\times4\sqrt{2}=8\sqrt{2}\,(\text{cm}^2)$

13 답 ②

$\overline{\text{AM}}=\dfrac{1}{2}\overline{\text{AB}}=\dfrac{1}{2}\times8\sqrt{3}=4\sqrt{3}\,(\text{cm})$

$\angle$AOM$=180°-120°=60°$이므로

$\triangle$OAM에서 $\overline{\text{OA}}=\dfrac{4\sqrt{3}}{\sin 60°}=4\sqrt{3}\times\dfrac{2}{\sqrt{3}}=8\,(\text{cm})$

$\therefore$ (원 O의 둘레의 길이)$=2\pi\times8=16\pi\,(\text{cm})$

14 답 ②

$\overline{\text{AM}}=\dfrac{1}{2}\overline{\text{AB}}=\dfrac{1}{2}\times12=6\,(\text{cm})$

오른쪽 그림과 같이 $\overline{\text{OA}}$를 긋고 원 O의 반지름의 길이를 r cm라 하면

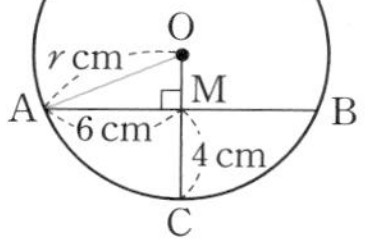

$\overline{\text{OA}}=\overline{\text{OC}}=r\,\text{cm}$, $\overline{\text{OM}}=(r-4)\,\text{cm}$

$\triangle$OAM에서 $6^2+(r-4)^2=r^2$

$8r=52$ $\therefore\ r=\dfrac{13}{2}$

$\therefore$ (원 O의 둘레의 길이)$=2\pi\times\dfrac{13}{2}=13\pi\,(\text{cm})$

15 답 **$\dfrac{25}{2}$**

$\triangle$CBM에서 $\overline{\text{BM}}=\sqrt{15^2-9^2}=12$

$\therefore\ \overline{\text{AM}}=\overline{\text{BM}}=12$

$\overline{\text{OC}}=\overline{\text{OA}}=x$이므로 $\overline{\text{OM}}=x-9$

따라서 $\triangle$OAM에서 $12^2+(x-9)^2=x^2$

$18x=225$ $\therefore\ x=\dfrac{25}{2}$

16 답 **10 cm**

오른쪽 그림과 같이 이등변삼각형 ABC의 꼭짓점 A에서 $\overline{\text{BC}}$에 내린 수선의 발을 M이라 하면 $\overline{\text{AM}}$은 $\overline{\text{BC}}$의 수직이등분선이므로 $\overline{\text{AM}}$의 연장선은 원 O의 중심을 지난다.

$\overline{\text{BM}}=\dfrac{1}{2}\overline{\text{BC}}=\dfrac{1}{2}\times16=8\,(\text{cm})$이므로

$\triangle$ABM에서 $\overline{\text{AM}}=\sqrt{(4\sqrt{5})^2-8^2}=4\,(\text{cm})$

$\overline{\text{OB}}$를 긋고, 원 O의 반지름의 길이를 r cm라 하면

$\overline{\text{OA}}=\overline{\text{OB}}=r\,\text{cm}$, $\overline{\text{OM}}=(r-4)\,\text{cm}$

$\triangle$BOM에서 $8^2+(r-4)^2=r^2$

$8r=80$ $\therefore\ r=10$

따라서 원 O의 반지름의 길이는 10 cm이다.

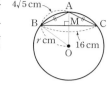

17 답 **12 cm**

$\overline{\text{OD}}=\dfrac{1}{2}\overline{\text{CD}}=\dfrac{1}{2}\times20=10\,(\text{cm})$이므로

$\overline{\text{OM}}=\overline{\text{OD}}-\overline{\text{DM}}=10-2=8\,(\text{cm})$ $\cdots$ (i)

오른쪽 그림과 같이 $\overline{\text{OA}}$를 그으면

$\overline{\text{OA}}=\overline{\text{OD}}=10\,\text{cm}$이므로

$\triangle$AOM에서

$\overline{\text{AM}}=\sqrt{10^2-8^2}=6\,(\text{cm})$ $\cdots$ (ii)

따라서 $\overline{\text{AM}}=\overline{\text{BM}}$이므로

$\overline{\text{AB}}=2\overline{\text{AM}}=2\times6=12\,(\text{cm})$ $\cdots$ (iii)

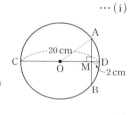

채점 기준

(i) $\overline{\text{OM}}$의 길이 구하기	30 %
(ii) $\overline{\text{AM}}$의 길이 구하기	30 %
(iii) $\overline{\text{AB}}$의 길이 구하기	40 %

18 답 ①

오른쪽 그림과 같이 $\overline{\text{OA}}$를 긋고, 원 O의 반지름의 길이를 r cm라 하면

$\overline{\text{OA}}=r\,\text{cm}$, $\overline{\text{OD}}=(r-2)\,\text{cm}$

$\triangle$AOD에서 $4^2+(r-2)^2=r^2$

$4r=20$ $\therefore\ r=5$

따라서 원 O의 반지름의 길이는 5 cm이다.

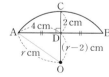

19 답 **2 cm**

오른쪽 그림과 같이 원의 중심을 O라 하면 $\overline{\text{CD}}$의 연장선은 점 O를 지난다.

$\overline{\text{AD}}=\dfrac{1}{2}\overline{\text{AB}}=\dfrac{1}{2}\times12=6\,(\text{cm})$이므로

$\triangle$OAD에서 $\overline{\text{OD}}=\sqrt{10^2-6^2}=8\,(\text{cm})$

이때 $\overline{\text{OC}}=\overline{\text{OA}}=10\,\text{cm}$이므로

$\overline{\text{CD}}=\overline{\text{OC}}-\overline{\text{OD}}=10-8=2\,(\text{cm})$

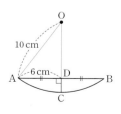

20 답 48 cm²

오른쪽 그림과 같이 원의 중심을 O라 하면 $\overline{CD}$의 연장선은 점 O를 지난다.

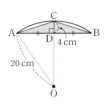

$\overline{OC}=\overline{OA}=20$ cm이므로

$\overline{OD}=\overline{OC}-\overline{CD}=20-4=16$(cm)

$\triangle AOD$에서 $\overline{AD}=\sqrt{20^2-16^2}=12$(cm)

$\therefore \overline{AB}=2\overline{AD}=2\times12=24$(cm)

$\therefore \triangle ABC=\dfrac{1}{2}\times24\times4=48$(cm²)

21 답 100π cm²

$\overline{BH}=\dfrac{1}{2}\overline{BC}$

$\qquad =\dfrac{1}{2}\times16=8$(cm) $\qquad\cdots$ (i)

오른쪽 그림과 같이 원 모양의 접시의 중심을
O라 하면 $\overline{AH}$의 연장선은 점 O를 지난다.
$\overline{OB}$를 긋고 원 O의 반지름의 길이를 r cm라
하면

$\overline{OB}=r$ cm, $\overline{OH}=(r-4)$ cm

$\triangle BOH$에서 $8^2+(r-4)^2=r^2$

$8r=80$ $\qquad\therefore r=10$

따라서 원래 접시의 반지름의 길이가 10 cm이므로 $\qquad\cdots$ (ii)

(원래 접시의 넓이)$=\pi\times10^2=100\pi$(cm²) $\qquad\cdots$ (iii)

채점 기준

(i) $\overline{BH}$의 길이 구하기	20 %
(ii) 원래 접시의 반지름의 길이 구하기	60 %
(iii) 원래 접시의 넓이 구하기	20 %

22 답 ①

오른쪽 그림과 같이 원의 중심을 O라 하면 $\overline{PH}$는 $\overline{AB}$를 수직이등분하므로 원의 중심 O를 지난다.

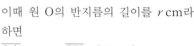
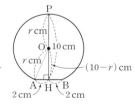

이때 원 O의 반지름의 길이를 r cm라
하면

$\overline{OA}=r$ cm, $\overline{OH}=(10-r)$ cm

$\triangle OAH$에서 $2^2+(10-r)^2=r^2$

$20r=104$ $\qquad\therefore r=\dfrac{26}{5}$

따라서 원의 반지름의 길이는 $\dfrac{26}{5}$ cm이다.

23 답 ④

오른쪽 그림과 같이 원의 중심 O에서 $\overline{AB}$에 내린
수선의 발을 M이라 하고, $\overline{OM}$의 연장선과 원 O
의 교점을 C라 하면

$\overline{OA}=\overline{OC}=4$ cm이므로

$\overline{OM}=\dfrac{1}{2}\overline{OC}=\dfrac{1}{2}\times4=2$(cm)

$\triangle OAM$에서 $\overline{AM}=\sqrt{4^2-2^2}=2\sqrt{3}$(cm)

$\therefore \overline{AB}=2\overline{AM}=2\times2\sqrt{3}=4\sqrt{3}$(cm)

24 답 6 cm

오른쪽 그림과 같이 원의 중심 O에서 $\overline{AB}$에
내린 수선의 발을 M이라 하고, $\overline{OM}$의 연장선
과 원 O의 교점을 C, 원 O의 반지름의 길이를
r cm라 하면

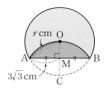

$\overline{OA}=\overline{OC}=r$ cm, $\overline{OM}=\dfrac{1}{2}\overline{OC}=\dfrac{r}{2}$(cm),

$\overline{AM}=\dfrac{1}{2}\overline{AB}=\dfrac{1}{2}\times6\sqrt{3}=3\sqrt{3}$(cm)이므로

$\triangle OAM$에서 $(3\sqrt{3})^2+\left(\dfrac{r}{2}\right)^2=r^2$, $r^2=36$

이때 $r>0$이므로 $r=6$

따라서 원 O의 반지름의 길이는 6 cm이다.

25 답 $\dfrac{16}{3}\pi$ cm

오른쪽 그림과 같이 원의 중심 O에서 $\overline{AB}$에 내
린 수선의 발을 M이라 하고, $\overline{OM}$의 연장선과
원 O의 교점을 C라 하면

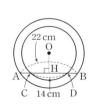

$\overline{OA}=\overline{OC}=8$ cm이므로

$\overline{OM}=\dfrac{1}{2}\overline{OC}=\dfrac{1}{2}\times8=4$(cm)

$\triangle AOM$에서 $\cos(\angle AOM)=\dfrac{\overline{OM}}{\overline{OA}}=\dfrac{4}{8}=\dfrac{1}{2}$

이때 $0°<\angle AOM<90°$이므로 $\angle AOM=60°$

$\triangle AOM\equiv\triangle BOM$(RHS 합동)이므로

$\angle AOB=2\angle AOM=2\times60°=120°$

$\therefore \overparen{AB}=2\pi\times8\times\dfrac{120}{360}=\dfrac{16}{3}\pi$(cm)

26 답 $4\sqrt{21}$ cm

오른쪽 그림과 같이 점 O에서 $\overline{AB}$에 내린
수선의 발을 H라 하면

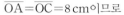
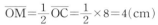

$\triangle AOH$에서

$\overline{AH}=\sqrt{10^2-4^2}=2\sqrt{21}$(cm)

$\therefore \overline{AB}=2\overline{AH}=2\times2\sqrt{21}=4\sqrt{21}$(cm)

27 답 4 cm

오른쪽 그림과 같이 점 O에서 $\overline{AB}$에 내린 수선의
발을 H라 하면

$\overline{AH}=\dfrac{1}{2}\overline{AB}=\dfrac{1}{2}\times22=11$(cm),

$\overline{CH}=\dfrac{1}{2}\overline{CD}=\dfrac{1}{2}\times14=7$(cm)

$\therefore \overline{AC}=\overline{AH}-\overline{CH}=11-7=4$(cm)

28 답 ④

오른쪽 그림과 같이 $\overline{OA}$를 그으면
$\angle OPA=90°$이고,

$\overline{AP}=\dfrac{1}{2}\overline{AB}=\dfrac{1}{2}\times16=8$이므로

$\triangle AOP$에서 $\overline{OA}=\sqrt{6^2+8^2}=10$

따라서 큰 원의 반지름의 길이는 10이다.

29 답 **25π cm²**

오른쪽 그림과 같이 점 O에서 $\overline{AB}$에 내린
수선의 발을 H라 하면

$\overline{AH}=\dfrac{1}{2}\overline{AB}=\dfrac{1}{2}\times10=5\,(\text{cm})$

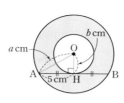

큰 원의 반지름의 길이를 a cm, 작은 원의
반지름의 길이를 b cm라 하면

$\triangle$OAH에서 $5^2+b^2=a^2$ ∴ $a^2-b^2=25$

∴ (색칠한 부분의 넓이)$=\pi a^2-\pi b^2$
$$=\pi(a^2-b^2)=25\pi\,(\text{cm}^2)$$

30 답 **16**

$\triangle$AMO에서 $\overline{AM}=\sqrt{5^2-3^2}=4$

∴ $\overline{AB}=2\overline{AM}=2\times4=8$

이때 $\overline{OM}=\overline{ON}$이므로 $\overline{CD}=\overline{AB}=8$

∴ $\overline{AB}+\overline{CD}=8+8=16$

31 답 **④**

④ $\overline{OC}$

32 답 **②**

오른쪽 그림과 같이 원의 중심 O에서 $\overline{CD}$에 내린
수선의 발을 N이라 하면

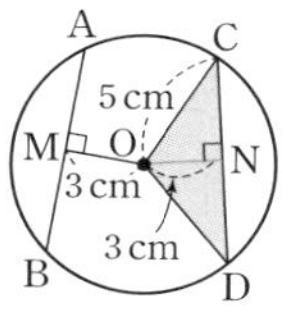

$\overline{AB}=\overline{CD}$이므로 $\overline{ON}=\overline{OM}=3$ cm

$\triangle$CON에서 $\overline{CN}=\sqrt{5^2-3^2}=4\,(\text{cm})$이므로

$\overline{CD}=2\overline{CN}=2\times4=8\,(\text{cm})$

∴ $\triangle$COD$=\dfrac{1}{2}\times8\times3=12\,(\text{cm}^2)$

33 답 **48π cm²**

$\overline{OM}=\overline{ON}$이므로 $\overline{AB}=\overline{CD}=12$ cm

∴ $\overline{BM}=\dfrac{1}{2}\overline{AB}=\dfrac{1}{2}\times12=6\,(\text{cm})$

$\triangle$BOM에서 $\overline{OB}=\dfrac{6}{\cos30°}=6\times\dfrac{2}{\sqrt3}=4\sqrt3\,(\text{cm})$

따라서 반지름의 길이가 $4\sqrt3$ cm이므로

(원 O의 넓이)$=\pi\times(4\sqrt3)^2=48\pi\,(\text{cm}^2)$

34 답 **20√21 cm**

오른쪽 그림과 같이 원의 중심을 O라 하고 점 O
에서 $\overline{AB}$, $\overline{CD}$에 내린 수선의 발을 각각 M, N이
라 하면

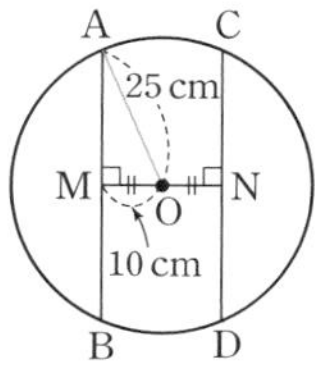

$\overline{AB}=\overline{CD}$이므로

$\overline{OM}=\overline{ON}=\dfrac{1}{2}\times20=10\,(\text{cm})$

$\overline{OA}$를 그으면 지름의 길이가 50 cm이므로

$\overline{OA}=\dfrac{1}{2}\times50=25\,(\text{cm})$

$\triangle$AMO에서 $\overline{AM}=\sqrt{25^2-10^2}=5\sqrt{21}\,(\text{cm})$

∴ $\overline{AB}=2\overline{AM}=2\times5\sqrt{21}=10\sqrt{21}\,(\text{cm})$

∴ $\overline{AB}+\overline{CD}=2\overline{AB}=2\times10\sqrt{21}=20\sqrt{21}\,(\text{cm})$

35 답 **50°**

□OPBQ에서 $\angle$PBQ$=360°-(90°+100°+90°)=80°$

이때 $\overline{OP}=\overline{OQ}$이므로 $\overline{AB}=\overline{BC}$

따라서 $\triangle$ABC는 이등변삼각형이므로

$\angle$ACB$=\dfrac{1}{2}\times(180°-80°)=50°$

36 답 **9√3**

$\overline{OM}=\overline{ON}$이므로 $\overline{AB}=\overline{AC}$

즉, $\triangle$ABC는 이등변삼각형이므로

$\overline{AC}=\overline{AB}=2\overline{AM}=2\times3=6$

∴ $\triangle$ABC$=\dfrac{1}{2}\times6\times6\times\sin60°$
$$=\dfrac{1}{2}\times6\times6\times\dfrac{\sqrt3}{2}=9\sqrt3$$

37 답 **①**

$\overline{OD}=\overline{OE}=\overline{OF}$이므로 $\overline{AB}=\overline{BC}=\overline{CA}$

즉, $\triangle$ABC는 정삼각형이므로 $\angle$BAC$=60°$

오른쪽 그림과 같이 $\overline{OA}$를 그으면

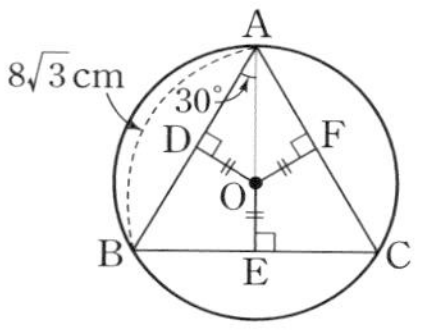

$\triangle$ADO≡$\triangle$AFO(RHS 합동)이므로

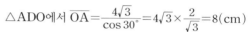

$\angle$DAO$=\dfrac{1}{2}\angle$BAC$=\dfrac{1}{2}\times60°=30°$

이때 $\overline{AD}=\dfrac{1}{2}\overline{AB}=\dfrac{1}{2}\times8\sqrt3=4\sqrt3\,(\text{cm})$

이므로

$\triangle$ADO에서 $\overline{OA}=\dfrac{4\sqrt3}{\cos30°}=4\sqrt3\times\dfrac{2}{\sqrt3}=8\,(\text{cm})$

따라서 반지름의 길이가 8 cm이므로

(원 O의 둘레의 길이)$=2\pi\times8=16\pi\,(\text{cm})$

02 **원의 접선 (1)**

유형 모아 보기 & 완성하기 55~59쪽

38 답 **13π cm²**

$\angle$PAO$=\angle$PBO$=90°$이므로

□APBO에서 $\angle$AOB$=360°-(90°+50°+90°)=130°$

따라서 색칠한 부분의 넓이는

$\pi\times6^2\times\dfrac{130}{360}=13\pi\,(\text{cm}^2)$

39 답 $x=15$, $y=17$

$\overline{PA}=\overline{PB}$이므로 $x=15$

$\angle PAO=90°$이므로

$\triangle PAO$에서 $y=\sqrt{15^2+8^2}=17$

40 답 2 cm

$\overline{AB}+\overline{BC}+\overline{CA}=\overline{AD}+\overline{AE}=2\overline{AD}$이므로

$7+5+6=2\overline{AD}$ ∴ $\overline{AD}=9(cm)$

∴ $\overline{BD}=\overline{AD}-\overline{AB}$

$=9-7=2(cm)$

41 답 12 cm

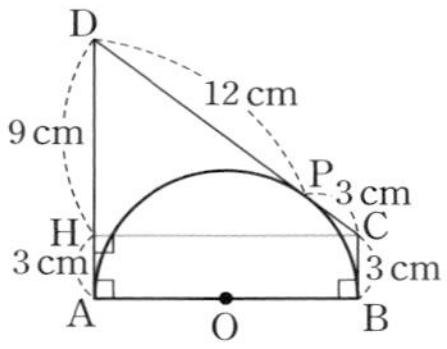

오른쪽 그림과 같이 점 C에서 $\overline{AD}$에
내린 수선의 발을 H라 하면

$\overline{AH}=\overline{BC}=3$cm이므로

$\overline{DH}=\overline{AD}-\overline{AH}$

$=12-3=9(cm)$

$\overline{CD}=\overline{CP}+\overline{DP}=\overline{CB}+\overline{DA}$

$=3+12=15(cm)$

$\triangle DHC$에서 $\overline{CH}=\sqrt{15^2-9^2}=12(cm)$

∴ $\overline{AB}=\overline{CH}=12$ cm

42 답 ③

$\angle PAO=\angle PBO=90°$이므로

□APBO에서

$\angle AOB=360°-(90°+80°+90°)=100°$

따라서 색칠한 부분의 중심각의 크기는

$360°-100°=260°$이므로

(색칠한 부분의 넓이)$=\pi\times12^2\times\dfrac{260}{360}$

$=104\pi(cm^2)$

43 답 $6\sqrt{3}\pi$ cm

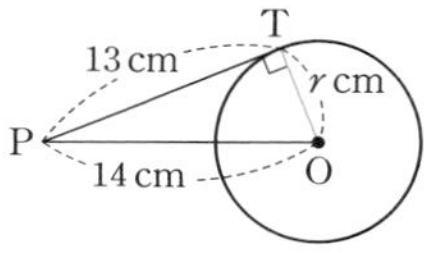

오른쪽 그림과 같이 $\overline{OT}$를 긋고,
원 O의 반지름의 길이를 r cm라 하면

$\overline{OT}=r$ cm

$\triangle PTO$에서 $13^2+r^2=14^2$

$r^2=27$ ∴ $r=3\sqrt{3}(∵ r>0)$

따라서 원 O의 반지름의 길이가 $3\sqrt{3}$cm이므로

(원 O의 둘레의 길이)$=2\pi\times3\sqrt{3}=6\sqrt{3}\pi(cm)$

44 답 ⑤

$\triangle PAO$에서 $\overline{PA}=\sqrt{17^2-8^2}=15(cm)$

$\triangle PAO\equiv\triangle PBO$(RHS 합동)이므로

□APBO$=2\triangle PAO$

$=2\times\left(\dfrac{1}{2}\times15\times8\right)=120(cm^2)$

45 답 $6\sqrt{3}$ cm

오른쪽 그림과 같이 $\overline{OP}$를 그으면

$\triangle PAO\equiv\triangle PBO$(RHS 합동)이므로

$\angle APO=\angle BPO=\dfrac{1}{2}\angle APB$

$=\dfrac{1}{2}\times60°=30°$

따라서 $\triangle PAO$에서

$\overline{OA}=18\tan30°=18\times\dfrac{\sqrt{3}}{3}=6\sqrt{3}(cm)$

이므로 원 O의 반지름의 길이는 $6\sqrt{3}$cm이다.

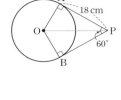

46 답 $(8\pi+12\sqrt{3})$ m

오른쪽 그림과 같이 $\overline{OB}$, $\overline{OP}$를 그으면

$\triangle PAO\equiv\triangle PBO$(RHS 합동)이므로

$\angle APO=\angle BPO=\dfrac{1}{2}\angle APB=\dfrac{1}{2}\times60°=30°$

즉, $\triangle PAO$에서

$\overline{PA}=\dfrac{6}{\tan30°}=6\times\dfrac{3}{\sqrt{3}}=6\sqrt{3}(m)$

∴ $\overline{PB}=\overline{PA}=6\sqrt{3}$ m

□APBO에서 $\angle AOB=360°-(90°+60°+90°)=120°$이므로

줄의 전체 길이는 반지름의 길이가 6 m이고 중심각의 크기가 240°
인 부채꼴의 호의 길이와 두 접선의 길이의 합과 같다.

따라서 줄의 전체의 길이는

$2\pi\times6\times\dfrac{240}{360}+6\sqrt{3}\times2=8\pi+12\sqrt{3}(m)$

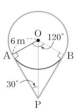

47 답 $8\sqrt{2}$ cm

$\overline{OC}=\overline{OA}=4$ cm이므로

$\overline{OP}=\overline{PC}+\overline{OC}=8+4=12(cm)$이고

$\angle PAO=90°$이므로

$\triangle PAO$에서 $\overline{PA}=\sqrt{12^2-4^2}=8\sqrt{2}(cm)$

∴ $\overline{PB}=\overline{PA}=8\sqrt{2}$ cm

48 답 ④

$\overline{PB}=\overline{PA}=4$ cm이므로

$\overline{QC}=\overline{QB}=\overline{PQ}-\overline{PB}=6-4=2(cm)$

∴ $x=2$

49 답 3

$\overline{PA}=\overline{PB}$, $\overline{PB}=\overline{PC}$이므로 $\overline{PA}=\overline{PC}$

즉, $6-x=2x-3$이므로

$3x=9$ ∴ $x=3$

50 답 ③

$\overline{PB}=\overline{PA}=4$ cm이므로

$\triangle APB=\dfrac{1}{2}\times4\times4\times\sin60°$

$=\dfrac{1}{2}\times4\times4\times\dfrac{\sqrt{3}}{2}=4\sqrt{3}(cm^2)$

51 답 44°

∠PBC=90°이므로

∠PBA=90°-22°=68°

이때 $\overline{PA}=\overline{PB}$이므로 △PBA는 이등변삼각형이다.

∴ ∠APB=180°-2×68°=44°

52 답 76°

오른쪽 그림과 같이 $\overline{AB}$를 그으면

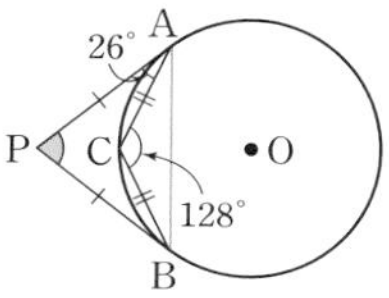

$\overline{AC}=\overline{BC}$이므로 △ACB는 이등변삼각형이다.

즉, $\angle CAB=\dfrac{1}{2}\times(180°-128°)=26°$이므로

∠PAB=26°+26°=52°

이때 $\overline{PA}=\overline{PB}$이므로 △APB는 이등변삼각형이다.

∴ ∠APB=180°-2×52°=76°

53 답 25π cm²

$\overline{PB}=\overline{PA}=12\,cm$ ⋯⋯ (i)

원 O의 반지름의 길이를 $r\,cm$라 하면

$\overline{OB}=\overline{OC}=r\,cm$

∠PBO=90°이므로

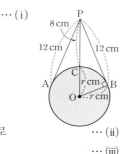

△PBO에서 $12^2+r^2=(8+r)^2$

$16r=80$ ∴ $r=5$

따라서 원 O의 반지름의 길이가 $5\,cm$이므로

∴ (원 O의 넓이)=$\pi\times5^2=25\pi\,(cm^2)$ ⋯⋯ (iii)

채점 기준

(i) $\overline{PB}$의 길이 구하기	30%
(ii) 원 O의 반지름의 길이 구하기	40%
(iii) 원 O의 넓이 구하기	30%

54 답 ③

$\overline{AB}+\overline{BC}+\overline{CA}=\overline{AD}+\overline{AE}=2\overline{AE}$이므로

$6+8+10=2\overline{AE}$ ∴ $\overline{AE}=12\,(cm)$

∴ $\overline{CE}=\overline{AE}-\overline{AC}=12-10=2\,(cm)$

55 답 ③

(△DPE의 둘레의 길이)=$\overline{PD}+\overline{DE}+\overline{PE}$
$=\overline{PA}+\overline{PB}=2\overline{PB}$

이때 △DPE의 둘레의 길이가 $8\,cm$이므로

$2\overline{PB}=8$ ∴ $\overline{PB}=4\,(cm)$

56 답 9

$\overline{CD}=\overline{CA}=3$이므로

$\overline{ED}=\overline{CE}-\overline{CD}=7-3=4$

∴ $\overline{EB}=\overline{ED}=4$

이때 $\overline{PB}=\overline{PA}=10+3=13$이므로

$\overline{PE}=\overline{PB}-\overline{EB}=13-4=9$

57 답 10

$\overline{PC}=\overline{PE}=18$이므로

$\overline{AC}=\overline{PC}-\overline{PA}=18-14=4$

∴ $\overline{AD}=\overline{AC}=4$

$\overline{BE}=\overline{PE}-\overline{PB}=18-12=6$이므로

$\overline{BD}=\overline{BE}=6$

∴ $\overline{AB}=\overline{AD}+\overline{BD}=4+6=10$

다른 풀이

(△ABP의 둘레의 길이)=$\overline{AB}+\overline{BP}+\overline{PA}$
$=\overline{PE}+\overline{PC}=2\overline{PE}$

이므로 $\overline{AB}+12+14=36$ ∴ $\overline{AB}=10$

58 답 ③

∠AEO=90°이므로

△AOE에서 $\overline{AE}=\sqrt{5^2-2^2}=\sqrt{21}\,(cm)$

∴ (△ABC의 둘레의 길이)=$\overline{AB}+\overline{BC}+\overline{CA}$
$=\overline{AD}+\overline{AE}=2\overline{AE}$
$=2\times\sqrt{21}=2\sqrt{21}\,(cm)$

59 답 24√3 cm

오른쪽 그림과 같이 $\overline{OA}$를 그으면

△ADO≡△AEO(RHS 합동)이므로

$\angle DAO=\angle EAO=\dfrac{1}{2}\angle DAE$

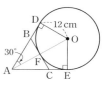

$=\dfrac{1}{2}\times60°=30°$

△ADO에서 $\overline{AD}=\dfrac{12}{\tan30°}=12\times\dfrac{3}{\sqrt{3}}=12\sqrt{3}\,(cm)$

∴ (△ACB의 둘레의 길이)=$\overline{AB}+\overline{BC}+\overline{CA}$
$=\overline{AD}+\overline{AE}=2\overline{AD}$
$=2\times12\sqrt{3}=24\sqrt{3}\,(cm)$

60 답 √35 cm

오른쪽 그림과 같이 점 C에서 $\overline{BD}$에 내린 수선의 발을 H라 하면

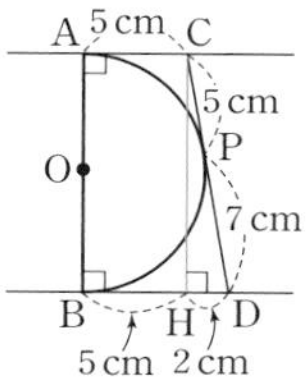

$\overline{BH}=\overline{AC}=5\,cm$이므로

$\overline{DH}=\overline{BD}-\overline{BH}=7-5=2\,(cm)$

$\overline{CD}=\overline{CP}+\overline{DP}=\overline{CA}+\overline{DB}$
$=5+7=12\,(cm)$

△CHD에서 $\overline{CH}=\sqrt{12^2-2^2}=2\sqrt{35}\,(cm)$

따라서 $\overline{AB}=\overline{CH}=2\sqrt{35}\,cm$이므로

(반원 O의 반지름의 길이)=$\dfrac{1}{2}\overline{AB}=\dfrac{1}{2}\times2\sqrt{35}=\sqrt{35}\,(cm)$

61 답 ②

$\overline{CB}=\overline{CE}$, $\overline{DA}=\overline{DE}$이므로

$\overline{CB}+\overline{DA}=\overline{CE}+\overline{DE}=\overline{CD}=14\,(cm)$

∴ (□ABCD의 둘레의 길이)=$\overline{AB}+\overline{BC}+\overline{CD}+\overline{DA}$
$=\overline{AB}+(\overline{BC}+\overline{DA})+\overline{CD}$
$=(5+5)+14+14=38\,(cm)$

62 답 40 cm²

오른쪽 그림과 같이 점 D에서 $\overline{BC}$에 내린
수선의 발을 H라 하면
$\overline{BH}=\overline{AD}=2\,cm$이므로

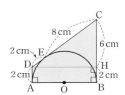

$\overline{CH}=\overline{BC}-\overline{BH}=8-2=6(cm)$
$\overline{CD}=\overline{CE}+\overline{DE}=\overline{CB}+\overline{DA}$
$\quad\quad=8+2=10(cm)$
$\triangle CDH$에서 $\overline{DH}=\sqrt{10^2-6^2}=8(cm)$
$\therefore \square ABCD=\dfrac{1}{2}\times(2+8)\times 8=40(cm^2)$

63 답 ③

오른쪽 그림과 같이 점 C에서 $\overline{BD}$에 내린
수선의 발을 H라 하고, $\overline{AC}=x$라 하면
$\overline{BH}=\overline{AC}=x$이므로

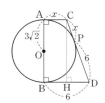

$\overline{DH}=\overline{BD}-\overline{BH}=6-x$
$\overline{CD}=\overline{CP}+\overline{DP}=\overline{CA}+\overline{DB}=x+6$
$\overline{CH}=\overline{AB}=2\overline{OA}=2\times 3\sqrt{2}=6\sqrt{2}$이므로
$\triangle CHD$에서 $(6-x)^2+(6\sqrt{2})^2=(x+6)^2$
$24x=72$ $\quad\therefore x=3$
$\therefore \overline{AC}=3$

64 답 ⑤

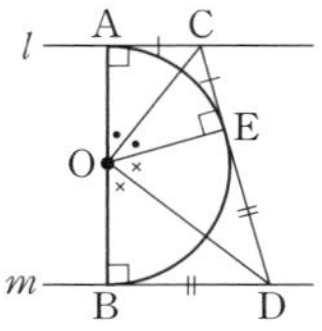

① 직선 l과 $\overline{CD}$는 반원 O의 접선이므로
　　$\angle OAC=\angle OEC=90°$
② 원 밖의 한 점에서 그 원에 그은 두 접선의
　　길이는 같으므로 $\overline{CA}=\overline{CE}$
③ $\triangle OAC$와 $\triangle OEC$에서
　　$\angle OAC=\angle OEC=90°$, $\overline{OA}=\overline{OE}$, $\overline{OC}$는 공통이므로
　　$\triangle OAC\equiv\triangle OEC$(RHS 합동)
④ $\triangle OAC\equiv\triangle OEC$(RHS 합동)이므로 $\angle AOC=\angle EOC$
　　$\triangle OBD\equiv\triangle OED$(RHS 합동)이므로 $\angle BOD=\angle EOD$
　　$\therefore \angle COD=\angle COE+\angle DOE$
　　　　　　　　　$=\dfrac{1}{2}\angle AOE+\dfrac{1}{2}\angle BOE$
　　　　　　　　　$=\dfrac{1}{2}(\angle AOE+\angle BOE)$
　　　　　　　　　$=\dfrac{1}{2}\times 180°=90°$
⑤ $\overline{AC}+\overline{BD}=\overline{CE}+\overline{DE}=\overline{CD}$
따라서 옳지 않은 것은 ⑤이다.

---

03 원의 접선 (2)

유형 모아 보기 & 완성하기

60~62쪽

65 답 5 cm

$\overline{CE}=\overline{CF}=x\,cm$라 하면
$\overline{AD}=\overline{AF}=(8-x)\,cm$, $\overline{BD}=\overline{BE}=(12-x)\,cm$
$\overline{AB}=\overline{AD}+\overline{BD}$이므로 $10=(8-x)+(12-x)$
$2x=10$ $\quad\therefore x=5$
$\therefore \overline{CE}=5\,cm$

66 답 2 cm

$\triangle ABC$에서 $\overline{AB}=\sqrt{10^2-8^2}=6(cm)$
오른쪽 그림과 같이 $\overline{OD}$, $\overline{OE}$를 긋고
원 O의 반지름의 길이를 $r\,cm$라 하면 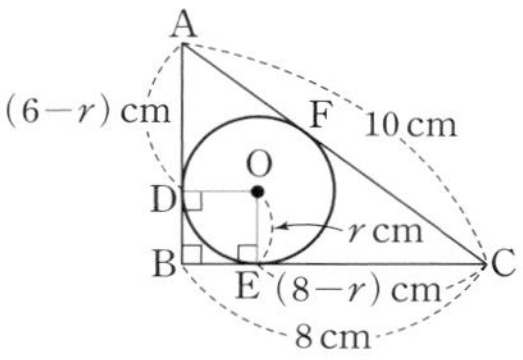
$\overline{BD}=\overline{BE}=r\,cm$,
$\overline{AF}=\overline{AD}=(6-r)\,cm$,
$\overline{CF}=\overline{CE}=(8-r)\,cm$
$\overline{AC}=\overline{AF}+\overline{CF}$이므로 $10=(6-r)+(8-r)$
$2r=4$ $\quad\therefore r=2$
따라서 원 O의 반지름의 길이는 2 cm이다.

다른 풀이

$\triangle ABC$에서 $\overline{AB}=\sqrt{10^2-8^2}=6(cm)$이므로
$\triangle ABC=\dfrac{1}{2}\times 8\times 6=24(cm^2)$
원 O의 반지름의 길이를 $r\,cm$라 하면
$\dfrac{1}{2}\times r\times(6+8+10)=24$ $\quad\therefore r=2$
따라서 원 O의 반지름의 길이는 2 cm이다.

67 답 6 cm

$\overline{AB}+\overline{CD}=\overline{AD}+\overline{BC}$이므로
$12+8=6+(8+\overline{CF})$ $\quad\therefore \overline{CF}=6(cm)$

68 답 10 cm

$\overline{DE}=x\,cm$라 하면
$\square ABED$가 원 O에 외접하므로
$8+x=12+\overline{BE}$ $\quad\therefore \overline{BE}=x-4(cm)$
$\overline{CE}=12-(x-4)=16-x(cm)$이므로
$\triangle DEC$에서 $(16-x)^2+8^2=x^2$, $32x=320$ $\quad\therefore x=10$
$\therefore \overline{DE}=10\,cm$

69 답 8 cm

$\overline{AD}=\overline{AF}=x\,cm$라 하면
$\overline{BE}=\overline{BD}=(20-x)\,cm$, $\overline{CE}=\overline{CF}=(18-x)\,cm$
$\overline{BC}=\overline{BE}+\overline{CE}$이므로 $22=(20-x)+(18-x)$
$2x=16$ $\quad\therefore x=8$
$\therefore \overline{AD}=8\,cm$

70 답 8 cm

$\overline{BE}=\overline{BD}=\overline{AB}-\overline{AD}=9-6=3(cm)$

$\overline{AF}=\overline{AD}=6\,cm$이므로

$\overline{CE}=\overline{CF}=\overline{AC}-\overline{AF}=11-6=5(cm)$

$\therefore \overline{BC}=\overline{BE}+\overline{CE}=3+5=8(cm)$

71 답 4

$\overline{AF}=\overline{AD}=x\,cm$　　　　　　　　　…(i)

$\overline{BE}=\overline{BD}=6\,cm$　　　　　　　　　…(ii)

$\overline{CE}=\overline{CF}=5\,cm$　　　　　　　　　…(iii)

△ABC의 둘레의 길이가 30 cm이므로

$2(x+6+5)=30,\ x+11=15$　　$\therefore x=4$　…(iv)

채점 기준

(i) $\overline{AF}=\overline{AD}$임을 알기	20 %
(ii) $\overline{BE}$의 길이 구하기	20 %
(iii) $\overline{CE}$의 길이 구하기	20 %
(iv) x의 값 구하기	40 %

72 답 2 cm

$\overline{CF}=\overline{CE}=6\,cm$이므로

$\overline{AF}=\overline{AC}-\overline{CF}=10-6=4(cm)$

$\angle OFA=90°$이므로

△AOF에서 $\overline{OA}=\sqrt{3^2+4^2}=5(cm)$

$\therefore \overline{AG}=\overline{OA}-\overline{OG}=5-3=2(cm)$

73 답 6 cm

$\overline{CE}=\overline{CF}=x\,cm$라 하면

$\overline{AD}=\overline{AF}=(8-x)\,cm,\ \overline{BD}=\overline{BE}=(10-x)\,cm$

$\overline{AB}=\overline{AD}+\overline{BD}$이므로 $12=(8-x)+(10-x)$

$2x=6$　　$\therefore x=3$

$\therefore$ (△CPQ의 둘레의 길이)$=\overline{CQ}+\overline{QP}+\overline{PC}=\overline{CE}+\overline{CF}$

　　　　　　　　　　　　　　$=2\overline{CE}=2\times3=6(cm)$

74 답 2 cm

△ABC에서 $\overline{AC}=\sqrt{13^2-5^2}=12(cm)$

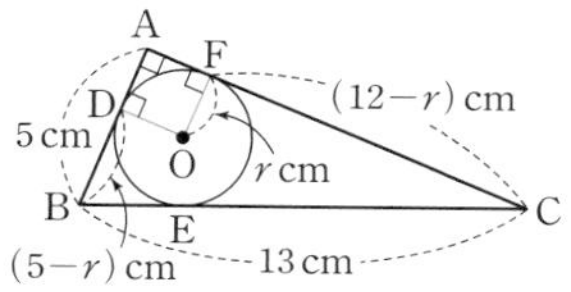

오른쪽 그림과 같이 $\overline{OD}$, $\overline{OF}$를 긋고

원 O의 반지름의 길이를 $r\,cm$라 하면

$\overline{AD}=\overline{AF}=r\,cm,$

$\overline{BE}=\overline{BD}=(5-r)\,cm,$

$\overline{CE}=\overline{CF}=(12-r)\,cm$

$\overline{BC}=\overline{BE}+\overline{CE}$이므로 $13=(5-r)+(12-r)$

$2r=4$　　$\therefore r=2$

따라서 원 O의 반지름의 길이는 2 cm이다.

다른 풀이

△ABC에서 $\overline{AC}=\sqrt{13^2-5^2}=12(cm)$이므로

△ABC$=\dfrac{1}{2}\times5\times12=30(cm^2)$

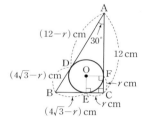

원 O의 반지름의 길이를 $r\,cm$라 하면

$\dfrac{1}{2}\times r\times(5+13+12)=30$　　$\therefore r=2$

따라서 원 O의 반지름의 길이는 2 cm이다.

75 답 $9\pi\,cm^2$

오른쪽 그림과 같이 $\overline{OE}$, $\overline{OF}$를 긋고

원 O의 반지름의 길이를 $r\,cm$라 하면

$\overline{CE}=\overline{CF}=r\,cm$이고

$\overline{AF}=\overline{AD}=6\,cm,\ \overline{BE}=\overline{BD}=9\,cm$이므로

$\overline{AC}=(6+r)\,cm,\ \overline{BC}=(9+r)\,cm$

△ABC에서 $(9+r)^2+(6+r)^2=(6+9)^2$

$r^2+15r-54=0,\ (r+18)(r-3)=0$

이때 $r>0$이므로 $r=3$

$\therefore$ (원 O의 넓이)$=\pi\times3^2=9\pi(cm^2)$

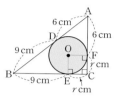

76 답 $(6-2\sqrt{3})$ cm

△ABC에서

$\overline{BC}=12\tan30°=12\times\dfrac{\sqrt{3}}{3}=4\sqrt{3}(cm)$

$\overline{AB}=\dfrac{12}{\cos30°}=12\times\dfrac{2}{\sqrt{3}}=8\sqrt{3}(cm)$

오른쪽 그림과 같이 $\overline{OE}$, $\overline{OF}$를 긋고

원 O의 반지름의 길이를 $r\,cm$라 하면

$\overline{CE}=\overline{CF}=r\,cm,$

$\overline{AD}=\overline{AF}=(12-r)\,cm,$

$\overline{BD}=\overline{BE}=(4\sqrt{3}-r)\,cm$

$\overline{AB}=\overline{AD}+\overline{BD}$이므로

$8\sqrt{3}=(12-r)+(4\sqrt{3}-r)$

$2r=12-4\sqrt{3}$　　$\therefore r=6-2\sqrt{3}$

따라서 원 O의 반지름의 길이는 $(6-2\sqrt{3})$ cm이다.

77 답 10 cm

$\overline{AB}+\overline{CD}=\overline{AD}+\overline{BC}$이므로

$10+9=(4+\overline{DS})+(\overline{BQ}+5)$　　$\therefore \overline{BQ}+\overline{DS}=10(cm)$

78 답 10 cm

△ABC에서 $\overline{BC}=\sqrt{(4\sqrt{13})^2-8^2}=12(cm)$

$\overline{AB}+\overline{CD}=\overline{AD}+\overline{BC}$이므로

$8+\overline{CD}=6+12$　　$\therefore \overline{CD}=10(cm)$

79 답 $\dfrac{35}{2}$ cm

$\overline{AB}:\overline{CD}=7:5$이므로 $\overline{AB}=7k\,cm,\ \overline{CD}=5k\,cm\ (k>0)$라 하면

$\overline{AB}+\overline{CD}=\overline{AD}+\overline{BC}$이므로 $7k+5k=14+16$

$12k=30$　　$\therefore k=\dfrac{5}{2}$

$\therefore \overline{AB}=7k=7\times\dfrac{5}{2}=\dfrac{35}{2}(cm)$

80 답 **72 cm²**

원 O의 반지름의 길이가 4 cm이므로

$\overline{AB}=2\times4=8(cm)$ ··· (i)

$\therefore \overline{AD}+\overline{BC}=\overline{AB}+\overline{CD}=8+10=18(cm)$ ··· (ii)

$\therefore \square ABCD=\frac{1}{2}\times(\overline{AD}+\overline{BC})\times\overline{AB}$

$=\frac{1}{2}\times18\times8=72(cm^2)$ ··· (iii)

채점 기준

(i) $\overline{AB}$의 길이 구하기	30 %
(ii) $\overline{AD}+\overline{BC}$의 길이 구하기	40 %
(iii) $\square ABCD$의 넓이 구하기	30 %

81 답 **30 cm**

$\overline{DE}=x$ cm라 하면

$\square ABED$가 원 O에 외접하므로

$12+x=15+\overline{BE}$ $\therefore \overline{BE}=x-3(cm)$

따라서 $\overline{CE}=15-(x-3)=18-x(cm)$이므로

$(\triangle DEC의 둘레의 길이)=(18-x)+12+x=30(cm)$

82 답 **20 cm**

$\triangle ABE$에서 $\overline{AE}=\sqrt{17^2-15^2}=8(cm)$

$\overline{AD}=\overline{BC}=x$ cm라 하면 $\overline{DE}=(x-8)$ cm

$\square EBCD$가 원 O에 외접하므로

$17+15=(x-8)+x$, $2x=40$ $\therefore x=20$

$\therefore \overline{BC}=20$ cm

83 답 **1 cm**

$\overline{AE}=\overline{AF}=\overline{BF}=\overline{BG}=\frac{1}{2}\overline{AB}=\frac{1}{2}\times4=2(cm)$이므로

$\overline{DH}=\overline{DE}=\overline{CG}=6-2=4(cm)$

$\overline{IG}=\overline{IH}=x$ cm라 하면

$\overline{DI}=(4+x)$ cm, $\overline{CI}=(4-x)$ cm

$\triangle DIC$에서 $(4-x)^2+4^2=(4+x)^2$

$16x=16$ $\therefore x=1$

$\therefore \overline{GI}=1$ cm

 Pick 점검하기

63~65쪽

84 답 **48π cm²**

$\triangle ABC$가 정삼각형이므로 $\overline{BC}=\overline{AB}=12$ cm

$\overline{BM}=\frac{1}{2}\overline{BC}=\frac{1}{2}\times12=6(cm)$

오른쪽 그림과 같이 $\overline{OB}$를 그으면

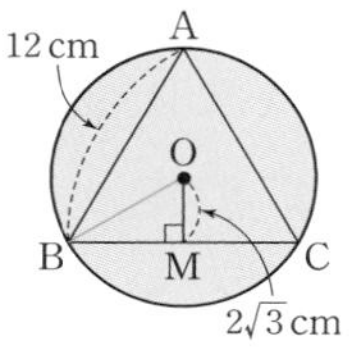

$\triangle OBM$에서

$\overline{OB}=\sqrt{6^2+(2\sqrt3)^2}=4\sqrt3(cm)$

따라서 원 O의 반지름의 길이는 $4\sqrt3$ cm이므로

원 O의 넓이는 $\pi\times(4\sqrt3)^2=48\pi(cm^2)$

85 답 **②**

$\overline{AM}=\overline{BM}=8$ cm

원 O의 반지름의 길이를 r cm라 하면 $\overline{OA}=r$ cm, $\overline{OM}=(r-2)$ cm

$\triangle AOM$에서 $(r-2)^2+8^2=r^2$, $4r=68$ $\therefore r=17$

$\therefore \overline{OM}=17-2=15(cm)$

$\therefore \triangle AOM=\frac{1}{2}\times15\times8=60(cm^2)$

86 답 **30π cm**

오른쪽 그림과 같이 원 모양의 거울의 중심을 O라 하면 $\overline{CM}$의 연장선은 점 O를 지난다.

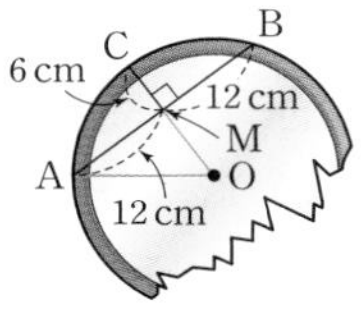

$\overline{OA}$를 긋고, 원 O의 반지름의 길이를 r cm라 하면

$\overline{OA}=\overline{OC}=r$ cm, $\overline{OM}=(r-6)$ cm

$\triangle AOM$에서 $12^2+(r-6)^2=r^2$

$12r=180$ $\therefore r=15$

$\therefore$ (원래 거울의 둘레의 길이)$=2\pi\times15=30\pi(cm)$

87 답 **$12\sqrt3\pi$**

오른쪽 그림과 같이 $\overline{OA}$를 긋고, 원의 중심 O에서 $\overline{AB}$에 내린 수선의 발을 M이라 하자.

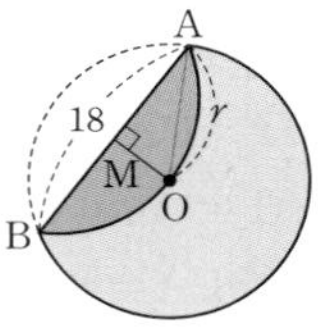

원 O의 반지름의 길이를 r라 하면

$\overline{OA}=r$, $\overline{OM}=\frac{r}{2}$,

$\overline{AM}=\frac{1}{2}\overline{AB}=\frac{1}{2}\times18=9$이므로

$\triangle OAM$에서 $9^2+\left(\frac{r}{2}\right)^2=r^2$, $r^2=108$

이때 $r>0$이므로 $r=6\sqrt3$

$\therefore$ (원 O의 둘레의 길이)$=2\pi\times6\sqrt3=12\sqrt3\pi$

88 답 **$8\sqrt2$ cm**

오른쪽 그림과 같이 점 O에서 $\overline{AB}$에 내린 수선의 발을 M이라 하자.

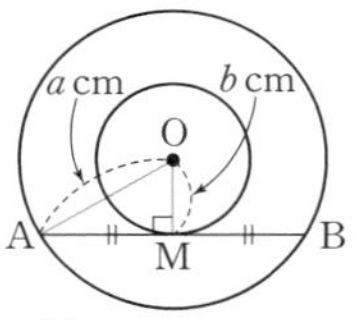

큰 원의 반지름의 길이를 a cm, 작은 원의 반지름의 길이를 b cm라 하면

$\pi a^2-\pi b^2=32\pi$, $\pi(a^2-b^2)=32\pi$ $\therefore a^2-b^2=32$

따라서 $\triangle OAM$에서 $\overline{AM}=\sqrt{a^2-b^2}=\sqrt{32}=4\sqrt2(cm)$이므로

$\overline{AB}=2\overline{AM}=2\times4\sqrt2=8\sqrt2(cm)$

89 답 **①**

① 원의 중심에서 현에 내린 수선은 그 현을 이등분하므로

$x=6$

② $\overline{OC}=\overline{OA}=\frac{1}{2}\overline{AB}=\frac{1}{2}\times8=4$ cm이고,

$\overline{CH}=\frac{1}{2}\overline{CD}=\frac{1}{2}\times6=3(cm)$이므로

$\triangle OCH$에서 $x=\sqrt{4^2-3^2}=\sqrt7$

③ 길이가 같은 두 현은 원의 중심으로부터 같은 거리에 있으므로

$x=5$

④ $\overline{CD}=2\overline{DN}=2\times9=18$이므로 $\overline{AB}=\overline{CD}$ $\therefore x=\overline{ON}=4$

⑤ $\overline{OM}=\overline{ON}$이므로 $\overline{CD}=\overline{AB}=6\,\mathrm{cm}$

$\therefore \overline{CN}=\dfrac{1}{2}\overline{CD}=\dfrac{1}{2}\times 6=3\,(\mathrm{cm})$

즉, $\triangle OCN$에서 $x=\sqrt{3^2+3^2}=3\sqrt{2}$

따라서 x의 값이 가장 큰 것은 ①이다.

90 답 ④
$\overline{OM}=\overline{ON}$이므로 $\triangle ABC$는 $\overline{AB}=\overline{AC}$인 이등변삼각형이다.

① $\overline{AC}=\overline{AB}=8\,\mathrm{cm}$

②, ③ $\angle ABC=\angle ACB=\dfrac{1}{2}\times(180°-60°)=60°$

④ $\angle A=\angle B=\angle C=60°$이므로 $\triangle ABC$는 정삼각형이다.

$\therefore \overline{BC}=\overline{AB}=8\,\mathrm{cm}$

⑤ $\triangle ABC=\dfrac{1}{2}\times 8\times 8\times\sin 60°=\dfrac{1}{2}\times 8\times 8\times\dfrac{\sqrt{3}}{2}=16\sqrt{3}\,(\mathrm{cm}^2)$

따라서 옳지 않은 것은 ④이다.

91 답 $16\pi\,\mathrm{cm}^2$
$\angle PAO=\angle PBO=90°$이므로

$\square APBO$에서 $\angle AOB=360°-(90°+60°+90°)=120°$

오른쪽 그림과 같이 $\overline{OP}$를 그으면

$\triangle PAO\equiv\triangle PBO$(RHS 합동)이므로

$\angle APO=\angle BPO=\dfrac{1}{2}\angle APB$

$=\dfrac{1}{2}\times 60°=30°$

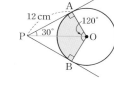

$\triangle PAO$에서 $\overline{OA}=12\tan 30°=12\times\dfrac{\sqrt{3}}{3}=4\sqrt{3}\,(\mathrm{cm})$

$\therefore$ (색칠한 부분의 넓이)$=\pi\times(4\sqrt{3})^2\times\dfrac{120}{360}=16\pi\,(\mathrm{cm}^2)$

92 답 8
$\overline{PA}=\overline{PB}$이므로 $2x-3=10$, $2x=13$ $\therefore x=\dfrac{13}{2}$

이때 $\overline{PB}=\overline{PC}$, $\overline{PC}=\overline{PD}$이므로 $\overline{PB}=\overline{PD}$

즉, $10=4y+4$이므로 $4y=6$ $\therefore y=\dfrac{3}{2}$

$\therefore x+y=\dfrac{13}{2}+\dfrac{3}{2}=8$

93 답 8 cm
$\overline{CE}=\overline{CA}=3\,\mathrm{cm}$이므로

$\overline{DB}=\overline{DE}=\overline{CD}-\overline{CE}=9-3=6\,(\mathrm{cm})$

$\overline{PB}=\overline{PA}=3+11=14\,(\mathrm{cm})$이므로

$\overline{PD}=\overline{PB}-\overline{DB}=14-6=8\,(\mathrm{cm})$

94 답 $(16+2\sqrt{15})\,\mathrm{cm}$
오른쪽 그림과 같이 점 D에서 $\overline{BC}$에 내린 수선의 발을 H라 하면 $\overline{BH}=\overline{AD}=3\,\mathrm{cm}$이므로

$\overline{CH}=\overline{BC}-\overline{BH}=5-3=2\,(\mathrm{cm})$

$\overline{CD}=\overline{CE}+\overline{DE}=\overline{BC}+\overline{AD}=5+3=8\,(\mathrm{cm})$

$\triangle DHC$에서 $\overline{DH}=\sqrt{8^2-2^2}=2\sqrt{15}\,(\mathrm{cm})$

따라서 $\overline{AB}=\overline{DH}=2\sqrt{15}\,\mathrm{cm}$이므로

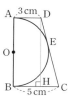

($\square ABCD$의 둘레의 길이)$=\overline{AD}+\overline{CD}+\overline{BC}+\overline{AB}$

$=3+8+5+2\sqrt{15}=16+2\sqrt{15}\,(\mathrm{cm})$

95 답 ④
$\overline{BE}=\overline{BD}=5\,\mathrm{cm}$이므로

$\overline{CF}=\overline{CE}=\overline{BC}-\overline{BE}=6-5=1\,(\mathrm{cm})$

$\therefore \overline{AD}=\overline{AF}=\overline{AC}-\overline{CF}=4-1=3\,(\mathrm{cm})$

96 답 $(6-\pi)\,\mathrm{cm}^2$
오른쪽 그림과 같이 $\overline{OD}$, $\overline{OF}$를 긋고 원 O의 반지름의 길이를 $r\,\mathrm{cm}$라 하면

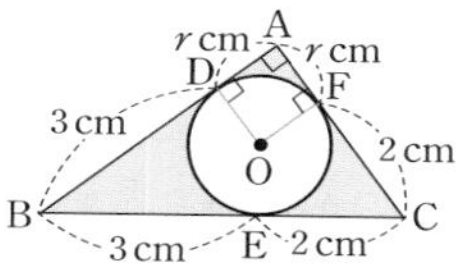

$\overline{AD}=\overline{AF}=r\,\mathrm{cm}$이고

$\overline{BD}=\overline{BE}=3\,\mathrm{cm}$, $\overline{CF}=\overline{CE}=2\,\mathrm{cm}$이므로

$\overline{AB}=(3+r)\,\mathrm{cm}$, $\overline{AC}=(2+r)\,\mathrm{cm}$

$\triangle ABC$에서 $(3+r)^2+(2+r)^2=(3+2)^2$

$r^2+5r-6=0$, $(r+6)(r-1)=0$

이때 $r>0$이므로 $r=1$

$\therefore$ (색칠한 부분의 넓이)$=\triangle ABC-$(원 O의 넓이)

$=\dfrac{1}{2}\times(3+1)\times(2+1)-\pi\times 1^2$

$=6-\pi\,(\mathrm{cm}^2)$

97 답 ④
$\overline{CR}=\overline{DR}=\dfrac{1}{2}\overline{CD}=\dfrac{1}{2}\times 8=4\,(\mathrm{cm})$이므로

$\overline{CQ}=\overline{CR}=4\,\mathrm{cm}$

$\overline{AB}+\overline{CD}=\overline{AD}+\overline{BC}$이므로

$10+8=6+(x+4)$ $\therefore x=8$

98 답 $\dfrac{8}{3}\,\mathrm{cm}$
$\overline{AE}=\overline{AF}=\overline{BF}=\overline{BG}=\dfrac{1}{2}\overline{AB}=\dfrac{1}{2}\times 4=2\,(\mathrm{cm})$

이므로 $\overline{DH}=\overline{DE}=\overline{CG}=8-2=6\,(\mathrm{cm})$

$\overline{IG}=\overline{IH}=x\,\mathrm{cm}$라 하면

$\overline{DI}=\overline{DH}+\overline{IH}=6+x\,(\mathrm{cm})$

$\overline{CI}=\overline{BC}-\overline{BG}-\overline{IG}=8-2-x=6-x\,(\mathrm{cm})$

$\triangle DIC$에서 $(6-x)^2+4^2=(6+x)^2$

$24x=16$ $\therefore x=\dfrac{2}{3}$

$\therefore \overline{BI}=\overline{BG}+\overline{IG}=2+\dfrac{2}{3}=\dfrac{8}{3}\,(\mathrm{cm})$

99 답 $26°$
$\overline{PA}=\overline{PB}$이므로 $\triangle APB$는 이등변삼각형이다.

$\therefore \angle PAB=\dfrac{1}{2}\times(180°-52°)=64°$ $\cdots$ (i)

이때 $\angle PAC=90°$이므로

$\angle BAC=\angle PAC-\angle PAB=90°-64°=26°$ $\cdots$ (ii)

채점 기준

(i) $\angle PAB$의 크기 구하기	50%
(ii) $\angle BAC$의 크기 구하기	50%

100 답 $26\sqrt{10}\,\mathrm{cm^2}$

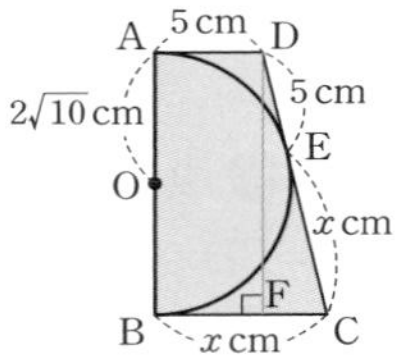

오른쪽 그림과 같이 $\overline{\mathrm{CD}}$와 반원 O의 접점을 E,
점 D에서 $\overline{\mathrm{BC}}$에 내린 수선의 발을 F라 하고,
$\overline{\mathrm{BC}}=\overline{\mathrm{CE}}=x\,\mathrm{cm}$라 하면
$\overline{\mathrm{DE}}=\overline{\mathrm{AD}}=\overline{\mathrm{BF}}=5\,\mathrm{cm}$이므로
$\overline{\mathrm{CD}}=\overline{\mathrm{CE}}+\overline{\mathrm{DE}}=\overline{\mathrm{BC}}+\overline{\mathrm{AD}}=x+5\,(\mathrm{cm})$
$\overline{\mathrm{CF}}=\overline{\mathrm{BC}}-\overline{\mathrm{BF}}=x-5\,(\mathrm{cm})$
△DFC에서
$\overline{\mathrm{DF}}=\overline{\mathrm{AB}}=2\overline{\mathrm{OA}}=2\times2\sqrt{10}=4\sqrt{10}\,(\mathrm{cm})$이므로
$(4\sqrt{10})^2+(x-5)^2=(x+5)^2$
$20x=160$　∴ $x=8$　　　$\cdots$ (i)
∴ $\square\mathrm{ABCD}=\dfrac{1}{2}\times(5+8)\times4\sqrt{10}=26\sqrt{10}\,(\mathrm{cm^2})$　$\cdots$ (ii)

채점 기준

(i) $\overline{\mathrm{BC}}(=\overline{\mathrm{CE}})$의 길이 구하기	60%
(ii) $\square\mathrm{ABCD}$의 넓이 구하기	40%

101 답 11 cm

$\overline{\mathrm{BD}}=\overline{\mathrm{BE}}=x\,\mathrm{cm}$라 하면
$\overline{\mathrm{AF}}=\overline{\mathrm{AD}}=(9-x)\,\mathrm{cm}$, $\overline{\mathrm{CF}}=\overline{\mathrm{CE}}=(10-x)\,\mathrm{cm}$
$\overline{\mathrm{AC}}=\overline{\mathrm{AF}}+\overline{\mathrm{CF}}$이므로 $8=(9-x)+(10-x)$
$2x=11$　∴ $x=\dfrac{11}{2}$　　　$\cdots$ (i)
∴ (△BQP의 둘레의 길이)$=\overline{\mathrm{BD}}+\overline{\mathrm{BE}}=2\overline{\mathrm{BD}}$
$=2\times\dfrac{11}{2}=11\,(\mathrm{cm})$　　$\cdots$ (ii)

채점 기준

(i) $\overline{\mathrm{BD}}(=\overline{\mathrm{BE}})$의 길이 구하기	50%
(ii) △BQP의 둘레의 길이 구하기	50%

만점 문제 뛰어넘기　　　66~67쪽

102 답 65π

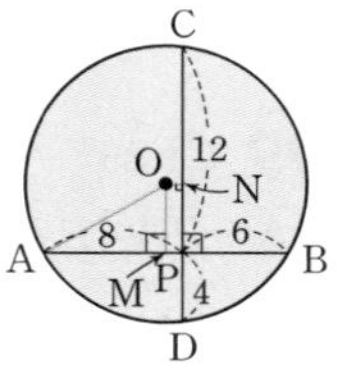

오른쪽 그림과 같이 $\overline{\mathrm{OA}}$를 긋고 원의 중심 O에
서 $\overline{\mathrm{AB}}$, $\overline{\mathrm{CD}}$에 내린 수선의 발을 각각 M, N이
라 하면
$\overline{\mathrm{AM}}=\dfrac{1}{2}\overline{\mathrm{AB}}=\dfrac{1}{2}\times(8+6)=7$
$\overline{\mathrm{CN}}=\dfrac{1}{2}\overline{\mathrm{CD}}=\dfrac{1}{2}\times(12+4)=8$
∴ $\overline{\mathrm{OM}}=\overline{\mathrm{NP}}=12-8=4$
△OAM에서 $\overline{\mathrm{OA}}=\sqrt{7^2+4^2}=\sqrt{65}$
따라서 원 O의 반지름의 길이가 $\sqrt{65}$이므로
(원 O의 넓이)$=\pi\times(\sqrt{65})^2=65\pi$

103 답 $(36\pi-27\sqrt{3})\,\mathrm{cm^2}$

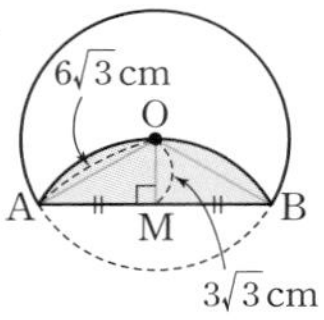

오른쪽 그림과 같이 $\overline{\mathrm{OA}}$, $\overline{\mathrm{OB}}$를 긋고 원의 중심
O에서 $\overline{\mathrm{AB}}$에 내린 수선의 발을 M이라 하면
$\overline{\mathrm{OA}}=6\sqrt{3}\,\mathrm{cm}$, $\overline{\mathrm{OM}}=\dfrac{1}{2}\times6\sqrt{3}=3\sqrt{3}\,(\mathrm{cm})$
△OAM에서 $\overline{\mathrm{AM}}=\sqrt{(6\sqrt{3})^2-(3\sqrt{3})^2}=9\,(\mathrm{cm})$
∴ $\overline{\mathrm{AB}}=2\overline{\mathrm{AM}}=2\times9=18\,(\mathrm{cm})$
$\cos(\angle\mathrm{AOM})=\dfrac{\overline{\mathrm{OM}}}{\overline{\mathrm{OA}}}=\dfrac{3\sqrt{3}}{6\sqrt{3}}=\dfrac{1}{2}$
이때 $0°<\angle\mathrm{AOM}<90°$이므로 $\angle\mathrm{AOM}=60°$
∴ $\angle\mathrm{AOB}=2\angle\mathrm{AOM}=2\times60°=120°$
∴ (색칠한 부분의 넓이)$=$(부채꼴 OAB의 넓이)$-$△OAB
$=\pi\times(6\sqrt{3})^2\times\dfrac{120}{360}-\dfrac{1}{2}\times18\times3\sqrt{3}$
$=36\pi-27\sqrt{3}\,(\mathrm{cm^2})$

104 답 ⑤

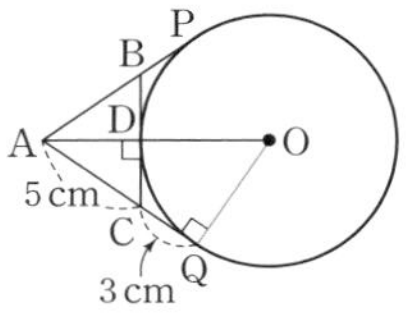

$\angle\mathrm{ODC}=90°$, $\overline{\mathrm{CD}}=\overline{\mathrm{CQ}}=3\,\mathrm{cm}$이므로
△ACD에서 $\overline{\mathrm{AD}}=\sqrt{5^2-3^2}=4\,(\mathrm{cm})$
오른쪽 그림과 같이 $\overline{\mathrm{OQ}}$를 긋고 원 O의 반지
름의 길이를 $r\,\mathrm{cm}$라 하면
△OAQ에서 $(5+3)^2+r^2=(r+4)^2$
$8r=48$　∴ $r=6$
따라서 원 O의 반지름의 길이가 6 cm이므로
(원 O의 둘레의 길이)$=2\pi\times6=12\pi\,(\mathrm{cm})$

105 답 24

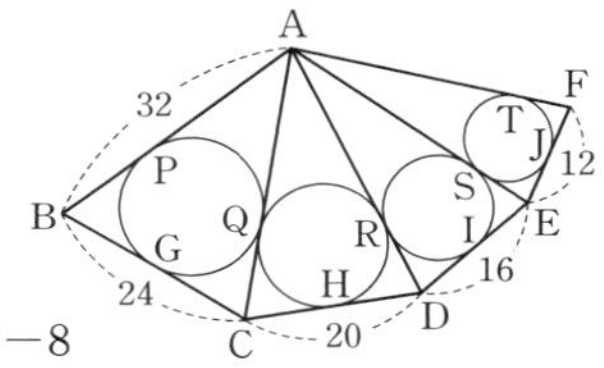

오른쪽 그림과 같이 접점을 각각
P, G, Q, H, R, I, S, J, T라 하고
$\overline{\mathrm{AP}}=\overline{\mathrm{AQ}}=\overline{\mathrm{AR}}=\overline{\mathrm{AS}}=\overline{\mathrm{AT}}=x$
라 하면 $\overline{\mathrm{BG}}=\overline{\mathrm{BP}}=32-x$
$\overline{\mathrm{CH}}=\overline{\mathrm{CQ}}=\overline{\mathrm{CG}}=24-(32-x)=x-8$
$\overline{\mathrm{DI}}=\overline{\mathrm{DR}}=\overline{\mathrm{DH}}=20-(x-8)=28-x$
$\overline{\mathrm{EJ}}=\overline{\mathrm{ES}}=\overline{\mathrm{EI}}=16-(28-x)=x-12$
$\overline{\mathrm{FT}}=\overline{\mathrm{FJ}}=12-(x-12)=24-x$
∴ $\overline{\mathrm{AF}}=x+(24-x)=24$

106 답 30 cm

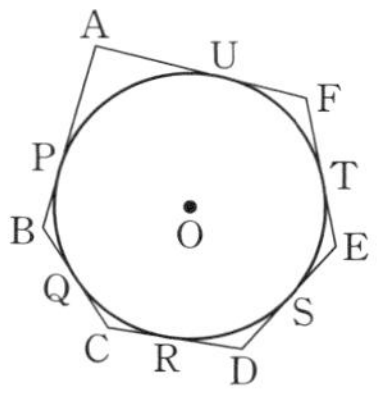

오른쪽 그림과 같이 원 O와 육각형의 접점을
각각 P, Q, R, S, T, U라 하면
$\overline{\mathrm{AP}}=\overline{\mathrm{AU}}$, $\overline{\mathrm{BP}}=\overline{\mathrm{BQ}}$, $\overline{\mathrm{CQ}}=\overline{\mathrm{CR}}$, $\overline{\mathrm{DR}}=\overline{\mathrm{DS}}$,
$\overline{\mathrm{ES}}=\overline{\mathrm{ET}}$, $\overline{\mathrm{FT}}=\overline{\mathrm{FU}}$이므로
$\overline{\mathrm{BC}}+\overline{\mathrm{DE}}+\overline{\mathrm{FA}}$
$=(\overline{\mathrm{BQ}}+\overline{\mathrm{CQ}})+(\overline{\mathrm{DS}}+\overline{\mathrm{ES}})+(\overline{\mathrm{FU}}+\overline{\mathrm{AU}})$
$=(\overline{\mathrm{BP}}+\overline{\mathrm{CR}})+(\overline{\mathrm{DR}}+\overline{\mathrm{ET}})+(\overline{\mathrm{FT}}+\overline{\mathrm{AP}})$
$=(\overline{\mathrm{AP}}+\overline{\mathrm{BP}})+(\overline{\mathrm{CR}}+\overline{\mathrm{DR}})+(\overline{\mathrm{ET}}+\overline{\mathrm{FT}})$
$=\overline{\mathrm{AB}}+\overline{\mathrm{CD}}+\overline{\mathrm{EF}}=15\,(\mathrm{cm})$
따라서 육각형 ABCDEF의 둘레의 길이는
$\overline{\mathrm{AB}}+\overline{\mathrm{BC}}+\overline{\mathrm{CD}}+\overline{\mathrm{DE}}+\overline{\mathrm{EF}}+\overline{\mathrm{FA}}$
$=(\overline{\mathrm{AB}}+\overline{\mathrm{CD}}+\overline{\mathrm{EF}})+(\overline{\mathrm{BC}}+\overline{\mathrm{DE}}+\overline{\mathrm{FA}})$
$=15+15=30\,(\mathrm{cm})$

107 답 $10\sqrt{6}\,\text{cm}^2$

오른쪽 그림과 같이 $\overline{\text{OP}}$를 긋고, 점 D에서 $\overline{\text{BC}}$에 내린 수선의 발을 H라 하면

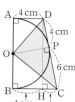

$\overline{\text{BH}}=\overline{\text{AD}}=4\,\text{cm}$이므로

$\overline{\text{CH}}=\overline{\text{BC}}-\overline{\text{BH}}=6-4=2\,(\text{cm})$

$\overline{\text{CD}}=\overline{\text{CP}}+\overline{\text{DP}}=\overline{\text{CB}}+\overline{\text{DA}}=6+4=10\,(\text{cm})$

$\triangle$DHC에서 $\overline{\text{DH}}=\sqrt{10^2-2^2}=4\sqrt{6}\,(\text{cm})$

즉, $\overline{\text{AB}}=\overline{\text{DH}}=4\sqrt{6}\,\text{cm}$이므로

$\overline{\text{OP}}=\dfrac{1}{2}\overline{\text{AB}}=\dfrac{1}{2}\times4\sqrt{6}=2\sqrt{6}\,(\text{cm})$

$\therefore \triangle\text{OCD}=\dfrac{1}{2}\times\overline{\text{CD}}\times\overline{\text{OP}}=\dfrac{1}{2}\times10\times2\sqrt{6}=10\sqrt{6}\,(\text{cm}^2)$

108 답 $24\,\text{cm}^2$

오른쪽 그림과 같이 $\triangle$ABC의 내접원의 중심을 O라 하고 세 접점을 각각 D, E, F라 하면

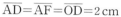

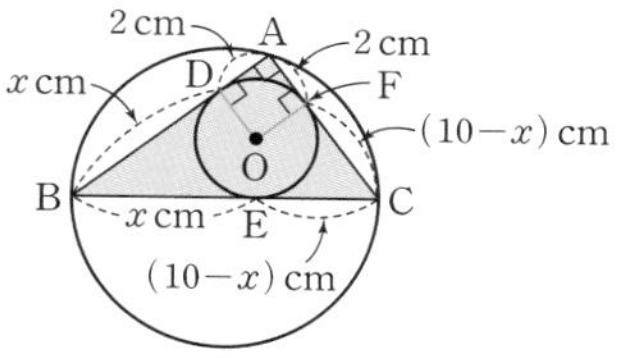

$\overline{\text{AD}}=\overline{\text{AF}}=\overline{\text{OD}}=2\,\text{cm}$

직각삼각형의 외심은 빗변의 중점이므로 $\overline{\text{BC}}$는 $\triangle$ABC의 외접원의 지름이다.

$\therefore \overline{\text{BC}}=2\times5=10\,(\text{cm})$

$\overline{\text{BD}}=\overline{\text{BE}}=x\,\text{cm}$라 하면

$\overline{\text{CF}}=\overline{\text{CE}}=(10-x)\,\text{cm}$, $\overline{\text{AB}}=(x+2)\,\text{cm}$,

$\overline{\text{AC}}=(10-x)+2=12-x\,(\text{cm})$

$\triangle$ABC에서 $(x+2)^2+(12-x)^2=10^2$

$x^2-10x+24=0$, $(x-4)(x-6)=0$

$\therefore x=4$ 또는 $x=6$

이때 $\overline{\text{AB}}>\overline{\text{AC}}$이므로 $\overline{\text{AB}}=8\,\text{cm}$, $\overline{\text{AC}}=6\,\text{cm}$

$\therefore \triangle\text{ABC}=\dfrac{1}{2}\times8\times6=24\,(\text{cm}^2)$

109 답 $(\sqrt5-1)\,\text{cm}$

$\triangle$CDE에서 $\overline{\text{EC}}=\overline{\text{BC}}=6\,\text{cm}$이므로

$\overline{\text{DE}}=\sqrt{6^2-4^2}=2\sqrt5\,(\text{cm})$

오른쪽 그림과 같이 $\triangle$CDE와 내접원의 세 접점을 각각 P, Q, R라 하고, 내접원의 반지름의 길이를 $r\,\text{cm}$라 하면

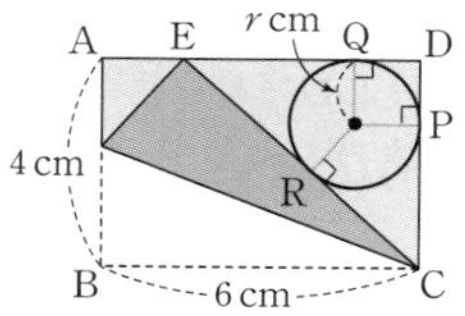

$\overline{\text{DQ}}=\overline{\text{DP}}=r\,\text{cm}$,

$\overline{\text{ER}}=\overline{\text{EQ}}=(2\sqrt5-r)\,\text{cm}$,

$\overline{\text{CR}}=\overline{\text{CP}}=(4-r)\,\text{cm}$

$\overline{\text{EC}}=\overline{\text{ER}}+\overline{\text{CR}}$이므로 $6=(2\sqrt5-r)+(4-r)$

$2r=2\sqrt5-2$ $\therefore r=\sqrt5-1$

따라서 내접원의 반지름의 길이는 $(\sqrt5-1)\,\text{cm}$이다.

110 답 ③

$\overline{\text{AB}}:\overline{\text{AC}}=\overline{\text{BD}}:\overline{\text{CD}}=5:4$이므로

$\overline{\text{AB}}=5k\,\text{cm}$, $\overline{\text{AC}}=4k\,\text{cm}\,(k>0)$라 하면

$\triangle$ABC에서 $9^2+(4k)^2=(5k)^2$

$9k^2=81$ $\therefore k=3$

$\therefore \overline{\text{AB}}=5\times3=15\,(\text{cm})$, $\overline{\text{AC}}=4\times3=12\,(\text{cm})$

오른쪽 그림과 같이 원 O와 $\overline{\text{AB}}$의 접점을 E, 원의 중심 O에서 $\overline{\text{BC}}$, $\overline{\text{AC}}$에 내린 수선의 발을 각각 F, G라 하면

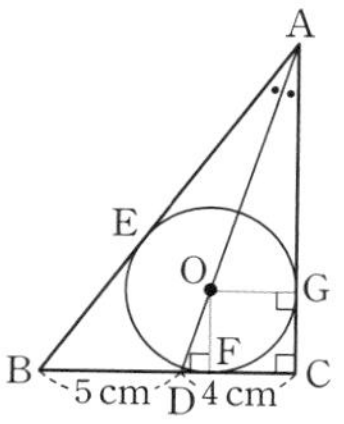

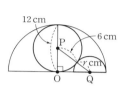

$\square$OFCG는 정사각형이다.

내접원 O의 반지름의 길이를 $r\,\text{cm}$라 하면

$\overline{\text{AE}}=\overline{\text{AG}}=(12-r)\,\text{cm}$,

$\overline{\text{BE}}=\overline{\text{BF}}=(9-r)\,\text{cm}$

$\overline{\text{AB}}=\overline{\text{AE}}+\overline{\text{BE}}$이므로 $15=(12-r)+(9-r)$

$2r=6$ $\therefore r=3$

따라서 원 O의 반지름의 길이는 $3\,\text{cm}$이다.

111 답 ③

반원 Q의 반지름의 길이를 $r\,\text{cm}$라 하면

$\overline{\text{PQ}}=(6+r)\,\text{cm}$, $\overline{\text{OQ}}=(12-r)\,\text{cm}$

$\triangle$POQ에서 $(12-r)^2+6^2=(6+r)^2$

$36r=144$ $\therefore r=4$

따라서 반원 Q의 반지름의 길이는 $4\,\text{cm}$이다.

112 답 ②

오른쪽 그림과 같이 네 개의 원의 중심을 각각 A, B, C, D라 하고 $\overline{\text{AB}}$, $\overline{\text{BC}}$, $\overline{\text{CD}}$, $\overline{\text{DA}}$를 그으면 $\square$ABCD는 한 변의 길이가 $4\,\text{cm}$인 정사각형이다.

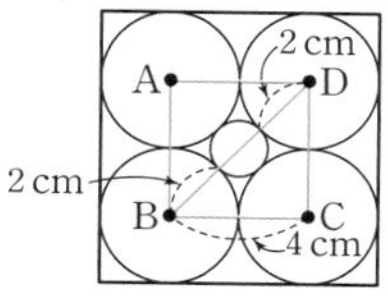

$\therefore \overline{\text{BD}}=\sqrt{4^2+4^2}=4\sqrt2\,(\text{cm})$

이때 작은 원의 반지름의 길이를 $r\,\text{cm}$라 하면

$2+2r+2=4\sqrt2$ $\therefore r=2\sqrt2-2$

따라서 작은 원의 반지름의 길이는 $(2\sqrt2-2)\,\text{cm}$이다.

4 원주각

01 (1) 36° (2) 50° **02** 105° **03** 50°

04 40° **05** 30° **06** ④ **07** 26°

08 16 cm² **09** ④ **10** 60° **11** ④

12 ③ **13** 24° **14** 160° **15** ②

16 ⑤ **17** 4π cm **18** 54° **19** 30°

20 116° **21** ③ **22** ③

23 $\angle x=40°$, $\angle y=60°$ **24** 25° **25** ①

26 53° **27** ③ **28** 180° **29** 55°

30 ⑤ **31** ② **32** ④ **33** 12°

34 30° **35** 50° **36** ③ **37** $\dfrac{7}{5}$

38 $(18+6\sqrt{3})$ cm **39** ① **40** ②

41 $10\sqrt{3}$ m **42** $\dfrac{3}{5}$ **43** 40° **44** 180°

45 56° **46** 36° **47** 68° **48** 52°

49 ③ **50** 34° **51** 28° **52** ①

53 ⑤ **54** 4 cm **55** ③ **56** 50°

57 35 cm **58** ③ **59** 10분 **60** 45°

61 ① **62** 15 cm **63** $\dfrac{7}{3}\pi$ cm **64** 5π cm

65 ④ **66** 20° **67** ③ **68** 55°

69 50° **70** ③ **71** 20° **72** ⑤

73 ⑤ **74** 25π cm² **75** 30° **76** ㄴ과 ㄹ

77 ③ **78** $x=20$, $y=9$ **79** ⑤

80 $100\sqrt{3}$ cm² **81** 14° **82** 60° **83** 12 cm

84 52.5° **85** $\sqrt{7}$ cm **86** $8\sqrt{5}$

87 $(16\pi-12\sqrt{3})$ cm² **88** $\angle x=30°$, $\angle y=100°$

89 70°

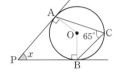

01 원주각 (1)

유형 모아 보기 & 완성하기   70~77쪽

01 답 (1) 36° (2) 50°

(1) $\angle x=\dfrac{1}{2}\angle AOB=\dfrac{1}{2}\times72°=36°$

(2) $\angle x=2\angle APB=2\times25°=50°$

02 답 105°

$\angle x=\dfrac{1}{2}\times(360°-150°)=105°$

03 답 50°

오른쪽 그림과 같이 $\overline{OA}$, $\overline{OB}$를 그으면

$\angle PAO=\angle PBO=90°$

$\angle AOB=2\angle ACB=2\times65°=130°$

따라서 □APBO에서

$\angle x=360°-(90°+130°+90°)=50°$

04 답 40°

$\triangle PCD$에서 $\angle PDC=180°-(110°+30°)=40°$

$\therefore \angle x=\angle PDC=40°$

05 답 30°

$\overline{BD}$가 원 O의 지름이므로 $\angle BCD=90°$

$\angle BDC=\angle BAC=60°$이므로

$\triangle BCD$에서 $\angle x=180°-(90°+60°)=30°$

06 답 ④

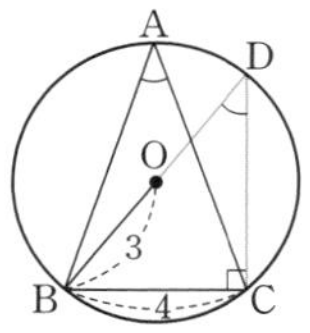

오른쪽 그림과 같이 $\overline{BO}$의 연장선이 원 O와 만나는

점을 D라 하면 $\angle BAC=\angle BDC$

이때 $\overline{BD}$가 원 O의 지름이므로 $\angle BCD=90°$

$\triangle BCD$에서

$\overline{BD}=2\times3=6$, $\overline{CD}=\sqrt{6^2-4^2}=2\sqrt{5}$

$\therefore \cos A=\cos D=\dfrac{2\sqrt{5}}{6}=\dfrac{\sqrt{5}}{3}$

07 답 26°

$\angle BOC=2\angle BAC=2\times64°=128°$

이때 $\overline{OB}=\overline{OC}$이므로 $\triangle OBC$는 이등변삼각형이다.

$\therefore \angle x=\dfrac{1}{2}\times(180°-128°)=26°$

08 답 16 cm²

$\angle BOC=2\angle BAC=2\times75°=150°$ ⋯ (i)

$\therefore \triangle OBC=\dfrac{1}{2}\times8\times8\times\sin(180°-150°)$

$\qquad\qquad=\dfrac{1}{2}\times8\times8\times\dfrac{1}{2}=16$ (cm²) ⋯ (ii)

채점 기준	
(i) ∠BOC의 크기 구하기	40 %
(ii) △OBC의 넓이 구하기	60 %

09 답 ④

$\angle AOB = 2\angle APB = 2\angle x$이므로

$2\pi \times 9 \times \frac{2\angle x}{360^\circ} = 6\pi$, $2\angle x = 120^\circ$ $\quad \therefore \angle x = 60^\circ$

10 답 60°

오른쪽 그림과 같이 $\overline{OB}$를 그으면

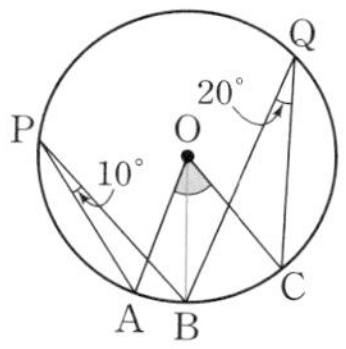

$\angle AOB = 2\angle APB = 2\times 10^\circ = 20^\circ$

$\angle BOC = 2\angle BQC = 2\times 20^\circ = 40^\circ$

$\therefore \angle AOC = \angle AOB + \angle BOC$

$= 20^\circ + 40^\circ = 60^\circ$

11 답 ④

오른쪽 그림과 같이 $\overline{OA}$를 그으면

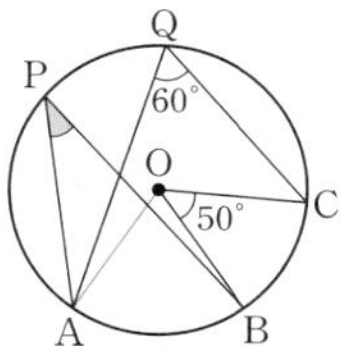

$\angle AOC = 2\angle AQC = 2\times 60^\circ = 120^\circ$이므로

$\angle AOB = \angle AOC - \angle BOC$

$= 120^\circ - 50^\circ = 70^\circ$

$\therefore \angle APB = \frac{1}{2}\angle AOB = \frac{1}{2}\times 70^\circ = 35^\circ$

12 답 ③

오른쪽 그림과 같이 $\overline{OP}$를 그으면

△OPA에서 $\angle OPA = \angle OAP = 20^\circ$

△OBP에서 $\angle OPB = \angle OBP = 35^\circ$

$\angle APB = \angle OPA + \angle OPB = 20^\circ + 35^\circ = 55^\circ$

$\therefore \angle x = 2\angle APB = 2\times 55^\circ = 110^\circ$

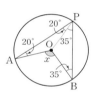

13 답 24°

오른쪽 그림과 같이 $\overline{AD}$를 그으면

$\angle ADC = \frac{1}{2}\angle AOC = \frac{1}{2}\times 76^\circ = 38^\circ$

$\angle BAD = \frac{1}{2}\angle BOD = \frac{1}{2}\times 28^\circ = 14^\circ$

따라서 △ADP에서

$38^\circ = 14^\circ + \angle APC$ $\quad \therefore \angle APC = 24^\circ$

참고 삼각형의 한 외각의 크기는 그와 이웃하지 않는 두 내각의 크기의 합과 같다.

14 답 160°

$\angle x = 360^\circ - 2\times 100^\circ = 160^\circ$

15 답 ②

$\angle ABC = \frac{1}{2}\times(360^\circ - 120^\circ) = 120^\circ$

□AOCB에서 $\angle x = 360^\circ - (120^\circ + 70^\circ + 120^\circ) = 50^\circ$

16 답 ⑤

△ABC에서 $\overline{AB} = \overline{AC}$이므로

$\angle ACB = \angle ABC = 32^\circ$

$\therefore \angle BAC = 180^\circ - (32^\circ + 32^\circ) = 116^\circ$

$\therefore \angle x = 360^\circ - 2\angle BAC = 360^\circ - 2\times 116^\circ = 128^\circ$

17 답 4π cm

$\widehat{ABC}$에 대한 중심각의 크기는

$360^\circ - 2\angle ABC = 360^\circ - 2\times 108^\circ = 144^\circ$

$\therefore \widehat{ABC} = 2\pi \times 5 \times \frac{144}{360} = 4\pi(\text{cm})$

18 답 54°

오른쪽 그림과 같이 $\overline{OA}$, $\overline{OB}$를 그으면

$\angle PAO = \angle PBO = 90^\circ$이므로

□APBO에서

$\angle AOB = 360^\circ - (90^\circ + 72^\circ + 90^\circ) = 108^\circ$

$\therefore \angle x = \frac{1}{2}\angle AOB = \frac{1}{2}\times 108^\circ = 54^\circ$

19 답 30°

$\angle OAP = \angle OBP = 90^\circ$이므로

□AOBP에서 $\angle x = 360^\circ - (90^\circ + 140^\circ + 90^\circ) = 40^\circ$

$\angle y = \frac{1}{2}\angle AOB = \frac{1}{2}\times 140^\circ = 70^\circ$

$\therefore \angle y - \angle x = 70^\circ - 40^\circ = 30^\circ$

20 답 116°

오른쪽 그림과 같이 $\overline{OA}$, $\overline{OB}$를 그으면

$\angle PAO = \angle PBO = 90^\circ$이므로

□APBO에서

$\angle AOB = 360^\circ - (90^\circ + 52^\circ + 90^\circ)$

$= 128^\circ$

$\therefore \angle x = \frac{1}{2}\times(360^\circ - 128^\circ) = 116^\circ$

21 답 ③

① $\angle PAO = \angle PBO = 90^\circ$

② □APBO에서 $\angle AOB = 360^\circ - (90^\circ + 64^\circ + 90^\circ) = 116^\circ$

③ $\angle ACB = \frac{1}{2}\angle AOB = \frac{1}{2}\times 116^\circ = 58^\circ$

④ $\overline{OA} = \overline{OB}$이므로 △OAB는 이등변삼각형이다.

$\therefore \angle ABO = \frac{1}{2}\times(180^\circ - 116^\circ) = 32^\circ$

⑤ $\angle BAO = \angle ABO = 32^\circ$이므로 $\angle PAB = 90^\circ - 32^\circ = 58^\circ$

따라서 옳지 않은 것은 ③이다.

22 답 ③

$\angle x = \angle BAC = 60^\circ$

△PCD에서 $\angle y = 60^\circ + 35^\circ = 95^\circ$

$\therefore \angle x + \angle y = 60^\circ + 95^\circ = 155^\circ$

23 답 ∠x=40°, ∠y=60°

$\angle x = \angle BAC = 40^\circ$

△DBC에서 $100^\circ = 40^\circ + \angle y$ $\quad \therefore \angle y = 60^\circ$

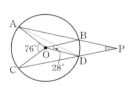

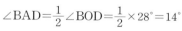

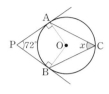

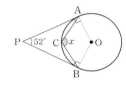

24 답 25°

$\angle ADC = \angle ABC = 65°$

$\triangle APD$에서 $65° = 40° + \angle x$ $\quad \therefore \angle x = 25°$

25 답 ①

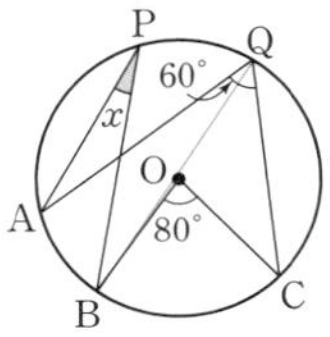

오른쪽 그림과 같이 $\overline{BQ}$를 그으면

$\angle BQC = \dfrac{1}{2}\angle BOC = \dfrac{1}{2} \times 80° = 40°$

$\angle AQB = 60° - 40° = 20°$

$\therefore \angle x = \angle AQB = 20°$

26 답 53°

$\angle BDC = \angle BAC = 62°$

$\triangle ACD$에서 $\angle DAC = 180° - (38° + 62° + 27°) = 53°$

$\therefore \angle DBC = \angle DAC = 53°$

다른 풀이

$\angle ABD = \angle ACD = 27°$, $\angle ACB = \angle ADB = 38°$

$\triangle ABC$에서 $\angle DBC = 180° - (62° + 27° + 38°) = 53°$

27 답 ③

$\angle ADC = \angle ABC = 15°$

$\triangle APD$에서 $\angle BAD = \angle x + 15°$

따라서 $\triangle AEB$에서

$55° = (\angle x + 15°) + 15°$ $\quad \therefore \angle x = 25°$

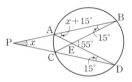

28 답 180°

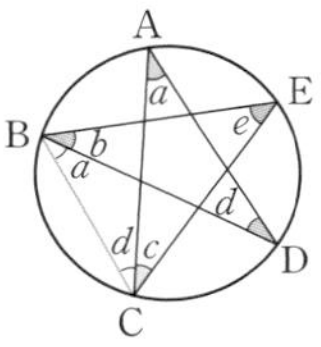

오른쪽 그림과 같이 원과 현의 교점을 각각
A, B, C, D, E라 하고 $\overline{BC}$를 그으면

$\angle CBD = \angle CAD = \angle a$

$\angle ACB = \angle ADB = \angle d$

따라서 $\triangle BCE$에서

$\angle a + \angle b + \angle c + \angle d + \angle e = 180°$

29 답 55°

$\overline{BD}$가 원 O의 지름이므로 $\angle BCD = 90°$

$\angle ACB = \angle ADB = 35°$이므로

$\angle ACD = \angle BCD - \angle ACB = 90° - 35° = 55°$

30 답 ⑤

$\overline{AB}$가 원 O의 지름이므로 $\angle ACB = 90°$

$\therefore \angle OCB = \angle ACB - \angle OCA = 90° - 70° = 20°$

$\triangle OCB$는 $\overline{OB} = \overline{OC}$인 이등변삼각형이므로

$\angle x = \angle OCB = 20°$

31 답 ②

$\overline{AB}$가 원 O의 지름이므로 $\angle ADB = 90°$

$\angle CDB = \dfrac{1}{2}\angle COB = \dfrac{1}{2} \times 104° = 52°$

$\therefore \angle x = \angle ADB - \angle CDB = 90° - 52° = 38°$

다른 풀이

$\angle AOC = 180° - 104° = 76°$이므로

$\angle x = \dfrac{1}{2}\angle AOC = \dfrac{1}{2} \times 76° = 38°$

32 답 ④

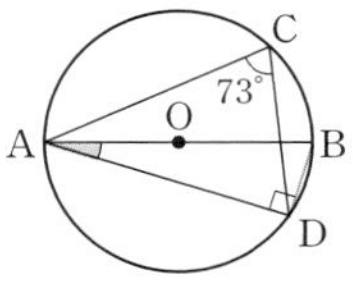

오른쪽 그림과 같이 $\overline{BD}$를 그으면

$\overline{AB}$가 원 O의 지름이므로 $\angle ADB = 90°$

$\angle ABD = \angle ACD = 73°$

따라서 $\triangle ADB$에서

$\angle BAD = 180° - (90° + 73°) = 17°$

33 답 12°

$\overline{AC}$가 원 O의 지름이므로 $\angle ABC = 90°$

$\angle DBC = \angle ABC - \angle ABD = 90° - 56° = 34°$이므로

$\angle x = \angle DBC = 34°$

$\triangle EBC$에서 $80° = 34° + \angle y$ $\quad \therefore \angle y = 46°$

$\therefore \angle y - \angle x = 46° - 34° = 12°$

34 답 30°

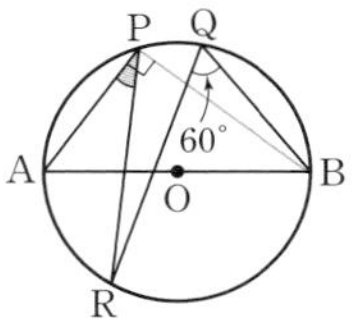

오른쪽 그림과 같이 $\overline{BP}$를 그으면

$\overline{AB}$가 원 O의 지름이므로 $\angle APB = 90°$

$\angle BPR = \angle BQR = 60°$이므로

$\angle APR = \angle APB - \angle BPR = 90° - 60° = 30°$

35 답 50°

오른쪽 그림과 같이 $\overline{AD}$를 그으면

$\overline{AB}$가 반원 O의 지름이므로

$\angle ADB = 90°$ $\qquad \cdots$ (i)

$\triangle ADP$에서

$\angle PAD = 180° - (90° + 65°) = 25°$ $\qquad \cdots$ (ii)

$\therefore \angle x = 2\angle CAD = 2 \times 25° = 50°$ $\qquad \cdots$ (iii)

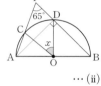

채점 기준

(i) $\angle ADB$의 크기 구하기	30 %
(ii) $\angle PAD$의 크기 구하기	35 %
(iii) $\angle x$의 크기 구하기	35 %

36 답 ③

$\overline{AB}$가 원 O의 지름이므로 $\angle ACB = 90°$

$\angle ACD = \dfrac{1}{2}\angle AOD = \dfrac{1}{2} \times 70° = 35°$

이때 $\overline{CE}$가 $\angle ACB$의 이등분선이므로

$\angle ACE = \dfrac{1}{2}\angle ACB = \dfrac{1}{2} \times 90° = 45°$

$\therefore \angle x = \angle ACE - \angle ACD = 45° - 35° = 10°$

37 답 $\dfrac{7}{5}$

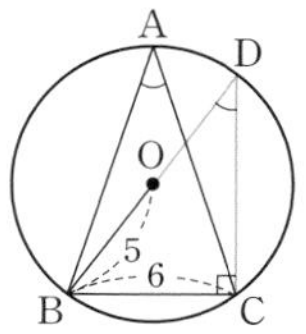

오른쪽 그림과 같이 $\overline{BO}$의 연장선이 원 O와 만나는
점을 D라 하면 $\angle BAC = \angle BDC$

이때 $\overline{BD}$가 원 O의 지름이므로 $\angle BCD = 90°$

$\triangle BCD$에서

$\overline{BD} = 2\overline{BO} = 2 \times 5 = 10$, $\overline{CD} = \sqrt{10^2 - 6^2} = 8$

$\sin A = \sin D = \dfrac{6}{10} = \dfrac{3}{5}$,

$\cos A = \cos D = \dfrac{8}{10} = \dfrac{4}{5}$

$\therefore \sin A + \cos A = \dfrac{3}{5} + \dfrac{4}{5} = \dfrac{7}{5}$

38 답 $(18+6\sqrt{3})$ cm

$\overline{AB}$가 반원 O의 지름이므로 $\angle ACB = 90°$이고

$\overline{AB} = 2\overline{AO} = 2 \times 6 = 12$ (cm)

$\triangle ABC$에서

$\overline{AC} = 12 \sin 30° = 12 \times \dfrac{1}{2} = 6$ (cm)

$\overline{BC} = 12 \cos 30° = 12 \times \dfrac{\sqrt{3}}{2} = 6\sqrt{3}$ (cm)

$\therefore (\triangle ABC의 둘레의 길이) = 12 + 6\sqrt{3} + 6 = 18 + 6\sqrt{3}$ (cm)

39 답 ①

$\overline{AB}$가 원 O의 지름이므로 $\angle ACB = 90°$

$\triangle ABC$에서 $\overline{BC} = 8 \tan A = 8 \times \dfrac{3}{2} = 12$ (cm)

$\therefore \overline{AB} = \sqrt{8^2 + 12^2} = 4\sqrt{13}$ (cm)

따라서 원 O의 반지름의 길이는

$\dfrac{1}{2} \times 4\sqrt{13} = 2\sqrt{13}$ (cm)

40 답 ②

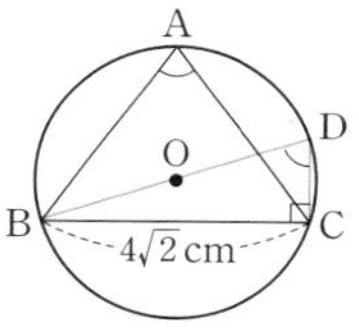

오른쪽 그림과 같이 원 O의 지름 BD와 $\overline{CD}$를
그으면 $\angle BCD = 90°$, $\angle BDC = \angle BAC$
$\tan D = \tan A = 2\sqrt{2}$이므로

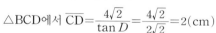
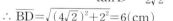

$\triangle BCD$에서 $\overline{CD} = \dfrac{4\sqrt{2}}{\tan D} = \dfrac{4\sqrt{2}}{2\sqrt{2}} = 2$ (cm)

$\therefore \overline{BD} = \sqrt{(4\sqrt{2})^2 + 2^2} = 6$ (cm)

따라서 원 O의 반지름의 길이가 3 cm이므로 둘레의 길이는

$2\pi \times 3 = 6\pi$ (cm)

41 답 $10\sqrt{3}$ m

오른쪽 그림과 같이 무대의 양 끝 점을 각각
A, B라 하고, 원의 중심을 O라 하자.
원 O의 지름 BQ와 $\overline{AQ}$를 그으면

$\angle BAQ = 90°$, $\angle AQB = \angle APB = 60°$

$\triangle AQB$에서

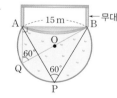

$\overline{BQ} = \dfrac{15}{\sin 60°} = 15 \times \dfrac{2}{\sqrt{3}} = 10\sqrt{3}$ (m)

따라서 극장의 지름의 길이는 $10\sqrt{3}$ m이다.

42 답 $\dfrac{3}{5}$

$\overline{AB}$가 원 O의 지름이므로 $\angle ACB = 90°$

$\triangle ABC \varsupsetneq \triangle ACD$(AA 닮음)이므로

$\angle ABC = \angle ACD = \angle x$

$\triangle ABC$에서 $\overline{BC} = \sqrt{20^2 - 16^2} = 12$이므로

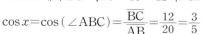
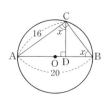

$\cos x = \cos(\angle ABC) = \dfrac{\overline{BC}}{\overline{AB}} = \dfrac{12}{20} = \dfrac{3}{5}$

43 답 **40°**

$\overset{\frown}{AC} = \overset{\frown}{BD}$이므로 $\angle DCB = \angle ABC = 20°$

따라서 $\triangle PCB$에서 $\angle APC = 20° + 20° = 40°$

44 답 **180°**

$\overset{\frown}{AB} : \overset{\frown}{CD} = \angle APB : \angle CQD$이므로

$3 : 6 = 30° : \angle y$ $\therefore \angle y = 60°$

$\angle x = 2 \angle y = 2 \times 60° = 120°$

$\therefore \angle x + \angle y = 120° + 60° = 180°$

45 답 **56°**

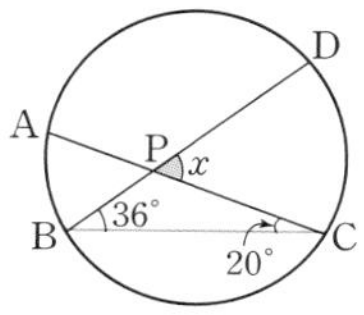

오른쪽 그림과 같이 $\overline{BC}$를 그으면

$\overset{\frown}{AB}$의 길이가 원의 둘레의 길이의 $\dfrac{1}{9}$이므로

$\angle ACB = 180° \times \dfrac{1}{9} = 20°$

$\overset{\frown}{CD}$의 길이가 원의 둘레의 길이의 $\dfrac{1}{5}$이므로

$\angle DBC = 180° \times \dfrac{1}{5} = 36°$

따라서 $\triangle PBC$에서 $\angle x = 20° + 36° = 56°$

46 답 **36°**

$\overset{\frown}{AD} = \overset{\frown}{BC}$이므로 $\angle ACD = \angle CAB$

$\triangle APC$에서 $\angle APC = 108°$(맞꼭지각)이므로

$\angle ACD = \dfrac{1}{2} \times (180° - 108°) = 36°$

47 답 **68°**

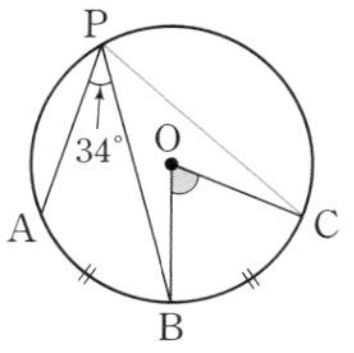

오른쪽 그림과 같이 $\overline{CP}$를 그으면

$\overset{\frown}{AB} = \overset{\frown}{BC}$이므로 $\angle BPC = \angle APB = 34°$

$\therefore \angle BOC = 2 \angle BPC = 2 \times 34° = 68°$

48 답 **52°**

$\angle BAC = \angle BDC = 35°$

$\overset{\frown}{AB} = \overset{\frown}{BC}$이므로 $\angle ADB = \angle BDC = 35°$

따라서 $\triangle ABD$에서

$\angle CAD = 180° - (35° + 58° + 35°) = 52°$

49 답 ③

$\overset{\frown}{BC} = \overset{\frown}{CD}$이므로 $\angle x = \angle BAC = 22°$

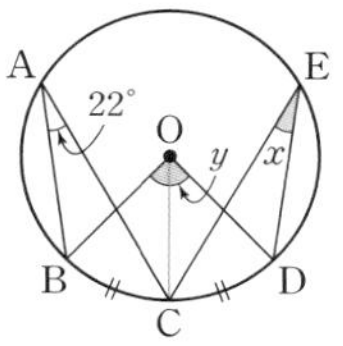

오른쪽 그림과 같이 $\overline{OC}$를 그으면

$\angle BOC = 2 \angle BAC = 2 \times 22° = 44°$

$\angle COD = \angle BOC = 44°$

$\therefore \angle y = \angle BOC + \angle COD = 44° + 44° = 88°$

$\therefore \angle x + \angle y = 22° + 88° = 110°$

50 답 34°

오른쪽 그림과 같이 $\overline{AC}$를 그으면
$\overline{AB}$가 원 O의 지름이므로
$\angle ACB=90°$　　　$\cdots$ (i)

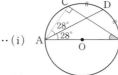

$\overparen{CD}=\overparen{BD}$이므로
$\angle CAD=\angle BAD=28°$　　　$\cdots$ (ii)

따라서 $\triangle ABC$에서
$\angle ABC=180°-(90°+28°+28°)=34°$　　　$\cdots$ (iii)

채점 기준	
(ⅰ) $\angle ACB$의 크기 구하기	30 %
(ⅱ) $\angle CAD$의 크기 구하기	30 %
(ⅲ) $\angle ABC$의 크기 구하기	40 %

51 답 28°

오른쪽 그림과 같이 $\overline{BD}$를 그으면
$\overparen{AB}=\overparen{BC}$이므로 $\angle ADB=\angle BDC$

$\therefore \angle ADB=\dfrac{1}{2}\angle ADC=\dfrac{1}{2}\times 56°=28°$

이때 $\overline{AD}\,/\!/\,\overline{BE}$이므로
$\angle DBE=\angle ADB=28°$ (엇각)

$\therefore \angle DCE=\angle DBE=28°$

52 답 ①

$\angle AED=\dfrac{180°\times(5-2)}{5}=108°$

$\overline{AB}=\overline{BC}=\overline{CD}$이므로 $\overparen{AB}=\overparen{BC}=\overparen{CD}$

따라서 $\angle AEB=\angle BEC=\angle CED$이므로

$\angle BEC=\dfrac{1}{3}\angle AED=\dfrac{1}{3}\times 108°=36°$

참고 (정n각형의 한 내각의 크기)$=\dfrac{180°\times(n-2)}{n}$

53 답 ⑤

$\angle x=\dfrac{1}{2}\angle AOB=\dfrac{1}{2}\times 102°=51°$

$\overparen{AB}:\overparen{CD}=\angle APB:\angle CQD$이므로

$15\pi:5\pi=51°:\angle y$　　　$\therefore \angle y=17°$

$\therefore \angle x-\angle y=51°-17°=34°$

54 답 4 cm

$\triangle ABP$에서 $60°=20°+\angle BAP$　　　$\therefore \angle BAP=40°$

$\overparen{AD}:\overparen{BC}=\angle ABD:\angle BAC$이므로

$\overparen{AD}:8=20°:40°$　　　$\therefore \overparen{AD}=4\,(\text{cm})$

55 답 ③

오른쪽 그림과 같이 $\overline{CE}$를 그으면
$\angle BEC=\angle BAC=20°$이고

$\overparen{BC}:\overparen{CD}=\angle BEC:\angle CED$이므로
$4:6=20°:\angle CED$　　　$\therefore \angle CED=30°$

$\therefore \angle BED=\angle BEC+\angle CED=20°+30°=50°$

56 답 50°

$\overparen{AC}:\overparen{BD}=\angle ABC:\angle BCD$이므로

$3:1=\angle ABC:25°$　　　$\therefore \angle ABC=75°$

따라서 $\triangle BPC$에서 $75°=\angle x+25°$　　　$\therefore \angle x=50°$

57 답 35 cm

오른쪽 그림과 같이 $\overline{BC}$를 그으면
$\overline{AB}$가 원 O의 지름이므로 $\angle ACB=90°$

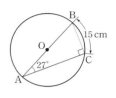

$\triangle ACB$에서
$\angle ABC=180°-(90°+27°)=63°$

$\overparen{BC}:\overparen{AC}=\angle BAC:\angle ABC$이므로

$15:\overparen{AC}=27°:63°$　　　$\therefore \overparen{AC}=35\,(\text{cm})$

58 답 ③

$\triangle ABC$는 $\overline{AB}=\overline{AC}$인 이등변삼각형이므로

$\angle ACB=\angle ABC=65°$　　　$\therefore \angle BAC=180°-2\times 65°=50°$

따라서 $\overparen{AC}:\overparen{BC}=\angle ABC:\angle BAC$이므로

$26\pi:\overparen{BC}=65°:50°$　　　$\therefore \overparen{BC}=20\pi\,(\text{cm})$

59 답 10분

$\triangle ABC$에서 $\angle BAC=180°-(70°+60°)=50°$

$\overparen{BC}:\overparen{AB}=\angle BAC:\angle ACB$이므로

$\overparen{BC}:\overparen{AB}=50°:60°$　　　$\therefore \overparen{BC}=\dfrac{5}{6}\overparen{AB}$

따라서 $\overparen{AB}$ 부분을 가는 데 12분이 걸렸으므로

$\overparen{BC}$ 부분을 가는 데 $\dfrac{5}{6}\times 12=10\,(\text{분})$이 걸린다.

60 답 45°

오른쪽 그림과 같이 $\overline{AD}$를 그으면
$\overparen{BD}$의 길이는 원의 둘레의 길이의 $\dfrac{1}{12}$이므로

$\angle BAD=180°\times\dfrac{1}{12}=15°$

$\overparen{AC}=2\overparen{BD}$이므로 $\angle ADC=2\angle BAD=2\times 15°=30°$

따라서 $\triangle PAD$에서
$\angle BPD=15°+30°=45°$

61 답 ①

호의 길이는 그 호에 대한 원주각의 크기에 정비례하므로

$\angle ABC=180°\times\dfrac{4}{5+3+4}=60°$

참고 한 원에서 원주각의 크기와 호의 길이는 정비례하고, 모든 호에 대한 원주각의 크기의 합은 $180°$이므로

$\overparen{AB}:\overparen{BC}:\overparen{CA}=a:b:c$일 때

$\Rightarrow \angle ACB=180°\times\dfrac{a}{a+b+c}$

$\angle BAC=180°\times\dfrac{b}{a+b+c}$

$\angle ABC=180°\times\dfrac{c}{a+b+c}$

62 답 **15 cm**

△ADP에서

$85° = 25° + ∠DAP$ ∴ $∠DAP = 60°$

$\overset{\frown}{BD}$: (원의 둘레의 길이)$=∠DAB : 180°$이므로

5 : (원의 둘레의 길이)$=60° : 180°$

∴ (원의 둘레의 길이)$=15$(cm)

63 답 $\dfrac{7}{3}\pi$ **cm**

$∠APD = ∠APB + ∠BPC + ∠CPD$

$= 50° + 25° + 35° = 110°$

이므로 $\overset{\frown}{ABD} = 2\pi \times 3 \times \dfrac{110}{180} = \dfrac{11}{3}\pi$(cm)

∴ $\overset{\frown}{PA} + \overset{\frown}{PD} = 2\pi \times 3 - \overset{\frown}{ABD}$

$= 6\pi - \dfrac{11}{3}\pi = \dfrac{7}{3}\pi$(cm)

64 답 5π **cm**

오른쪽 그림과 같이 $\overline{BC}$를 그으면

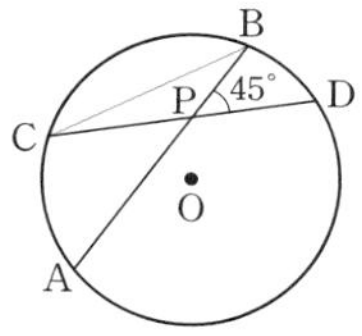

△BCP에서 $∠ABC + ∠BCD = 45°$

즉, $\overset{\frown}{AC}$, $\overset{\frown}{BD}$에 대한 원주각의 크기의 합이 $45°$

이므로 $\overset{\frown}{AC} + \overset{\frown}{BD}$의 길이는 원의 둘레의 길이의

$\dfrac{45}{180} = \dfrac{1}{4}$이다.

∴ $\overset{\frown}{AC} + \overset{\frown}{BD} = \dfrac{1}{4} \times (2\pi \times 10) = 5\pi$(cm)

65 답 ④

$∠ACD = ∠x$라 하면

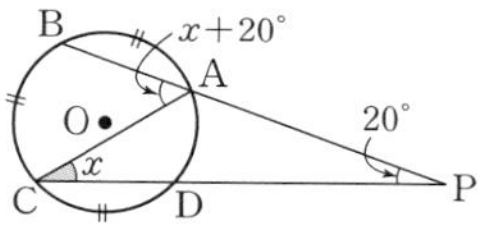

△ACP에서 $∠BAC = ∠x + 20°$

$\overset{\frown}{AB} = \overset{\frown}{BC} = \overset{\frown}{CD}$이므로 $\overset{\frown}{AB}$, $\overset{\frown}{BC}$, $\overset{\frown}{CD}$에

대한 원주각의 크기는 모두 $∠x + 20°$이다.

한 원에서 모든 호에 대한 원주각의 크기의 합은 $180°$이므로

$3(∠x + 20°) + ∠x = 180°$, $4∠x = 120°$ ∴ $∠x = 30°$

∴ $∠ACD = 30°$

Pick 점검하기 82~84쪽

66 답 **20°**

오른쪽 그림과 같이 $\overline{OC}$를 그으면

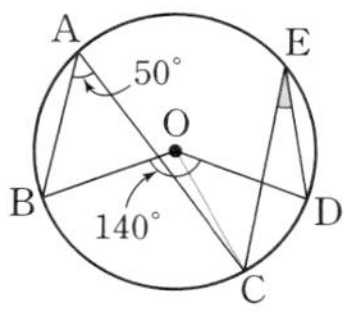

$∠BOC = 2∠BAC = 2 \times 50° = 100°$이므로

$∠COD = 140° - 100° = 40°$

∴ $∠CED = \dfrac{1}{2}∠COD = \dfrac{1}{2} \times 40° = 20°$

67 답 ③

오른쪽 그림과 같이 $\overline{AD}$를 그으면

$∠ADC = \dfrac{1}{2}∠AOC = \dfrac{1}{2} \times 124° = 62°$

$∠BAD = \dfrac{1}{2}∠BOD = \dfrac{1}{2} \times 38° = 19°$

따라서 △ADP에서

$62° = 19° + ∠APC$ ∴ $∠APC = 43°$

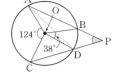

68 답 **55°**

$∠AOB = 360° - 2∠APB$

$= 360° - 2 \times 110° = 140°$

□APBO에서 $∠x = 360° - (110° + 55° + 140°) = 55°$

69 답 **50°**

오른쪽 그림과 같이 $\overline{OA}$, $\overline{OB}$를 그으면

$∠PAO = ∠PBO = 90°$이므로

□APBO에서

$∠AOB = 360° - (90° + 80° + 90°) = 100°$

∴ $∠x = \dfrac{1}{2}∠AOB = \dfrac{1}{2} \times 100° = 50°$

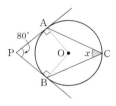

70 답 ③

오른쪽 그림과 같이 $\overline{BE}$를 그으면

$∠AEB = \dfrac{1}{2}∠AOB = \dfrac{1}{2} \times 66° = 33°$

$∠BEC = ∠BDC = 22°$

∴ $∠AEC = ∠AEB + ∠BEC$

$= 33° + 22° = 55°$

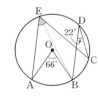

71 답 **20°**

$∠BAD = ∠x$라 하면

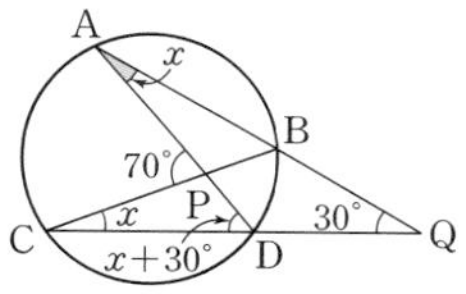

$∠BCD = ∠BAD = ∠x$

△ADQ에서 $∠ADC = ∠x + 30°$

따라서 △PCD에서

$70° = ∠x + (∠x + 30°)$, $2∠x = 40°$ ∴ $∠x = 20°$

∴ $∠BAD = 20°$

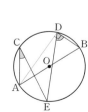

72 답 ⑤

오른쪽 그림과 같이 $\overline{AD}$를 그으면

$\overline{AB}$가 원 O의 지름이므로 $∠ADB = 90°$

∴ $∠ACE + ∠EDB = ∠ADE + ∠EDB$

$= ∠ADB = 90°$

73 답 ⑤

오른쪽 그림과 같이 $\overline{AD}$를 그으면

$\overline{AB}$가 반원 O의 지름이므로 $∠ADB = 90°$

$∠CAD = \dfrac{1}{2}∠COD = \dfrac{1}{2} \times 38° = 19°$

따라서 △PAD에서

$∠x = 180° - (90° + 19°) = 71°$

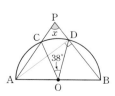

74 답 $25\pi\,\mathrm{cm}^2$

오른쪽 그림과 같이 지름 $\overline{BD}$와 $\overline{CD}$를 그으면
$\angle BCD=90°$, $\angle BDC=\angle BAC$

$\sin D=\sin A=\dfrac{4}{5}$이므로

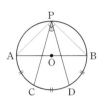

$\triangle BCD$에서 $\overline{BD}=\dfrac{8}{\sin D}=8\times\dfrac{5}{4}=10\,(\mathrm{cm})$

따라서 원 O의 반지름의 길이가 $10\times\dfrac{1}{2}=5\,(\mathrm{cm})$이므로 넓이는

$\pi\times5^2=25\pi\,(\mathrm{cm}^2)$

75 답 $30°$

오른쪽 그림과 같이 $\overline{AP}$, $\overline{BP}$를 그으면
$\overline{AB}$가 원 O의 지름이므로 $\angle APB=90°$
$\overparen{AC}=\overparen{CD}=\overparen{DB}$이므로
$\angle APC=\angle CPD=\angle DPB$

$\therefore \angle CPD=\dfrac{1}{3}\angle APB=\dfrac{1}{3}\times90°=30°$

76 답 ㄴ과 ㄹ

오른쪽 그림과 같이 $\overline{AC}$를 그으면
$\overline{AB}/\!/\overline{DC}$이므로 $\angle BAC=\angle DCA$ (엇각)
이때 원주각의 크기가 같으면
호의 길이도 같으므로 $\overparen{BC}=\overparen{AD}$
따라서 길이가 항상 같은 것은 ㄴ과 ㄹ이다.

77 답 ③

오른쪽 그림과 같이 $\overline{BD}$를 그으면
$\angle EBD=\angle EAD=32°$
$\overline{BE}/\!/\overline{CD}$이므로
$\angle BDC=\angle EBD=32°$ (엇각)
이때 $\overparen{AB}=\overparen{BC}$이므로
$\angle ADB=\angle BDC=32°$

$\therefore \angle ADC=\angle ADB+\angle BDC$
$\qquad\quad =32°+32°=64°$

78 답 $x=20$, $y=9$

$\angle ABC=\dfrac{1}{2}\angle AOC=\dfrac{1}{2}\times40°=20°$ $\quad\therefore x=20$

$\overparen{AC}:\overparen{AD}=\angle ABC:\angle ABD$이므로
$3:y=20°:60°$ $\quad\therefore y=9$

79 답 ⑤

오른쪽 그림과 같이 $\overline{CP}$를 그으면
$\overline{AC}$가 원 O의 지름이므로 $\angle APC=90°$
$\therefore \angle BPC=\angle APC-\angle APB$
$\qquad\quad =90°-60°=30°$
$\overparen{AB}:\overparen{BC}=\angle APB:\angle BPC$이므로
$\overparen{AB}:7\pi=60°:30°$ $\quad\therefore \overparen{AB}=14\pi$

80 답 $100\sqrt{3}\,\mathrm{cm}^2$

호의 길이는 그 호에 대한 원주각의 크기에 정비례한다.

즉, $\angle ACB=180°\times\dfrac{3}{3+8+7}=30°$이므로

$\angle AOB=2\angle ACB=2\times30°=60°$

$\therefore \triangle OAB=\dfrac{1}{2}\times20\times20\times\sin60°$

$\qquad\quad =\dfrac{1}{2}\times20\times20\times\dfrac{\sqrt{3}}{2}=100\sqrt{3}\,(\mathrm{cm}^2)$

81 답 $14°$

$\overline{BD}$가 원 O의 지름이므로 $\angle BAD=90°$ ……(i)

$\angle BAC=\dfrac{1}{2}\angle BOC=\dfrac{1}{2}\times152°=76°$ ……(ii)

$\therefore \angle x=\angle BAD-\angle BAC=90°-76°=14°$ ……(iii)

채점 기준	
(i) $\angle BAD$의 크기 구하기	35%
(ii) $\angle BAC$의 크기 구하기	35%
(iii) $\angle x$의 크기 구하기	30%

82 답 $60°$

오른쪽 그림과 같이 $\overline{BC}$를 그으면
$\overline{AB}$가 반원 O의 지름이므로
$\angle ACB=90°$ ……(i)
$\overparen{AD}=\overparen{CD}$이므로
$\angle CBD=\angle ABD=30°$ ……(ii)
따라서 $\triangle PBC$에서
$\angle CPB=180°-(90°+30°)=60°$ ……(iii)

채점 기준	
(i) $\angle ACB$의 크기 구하기	35%
(ii) $\angle CBD$의 크기 구하기	35%
(iii) $\angle CPB$의 크기 구하기	30%

83 답 $12\,\mathrm{cm}$

오른쪽 그림과 같이 $\overline{AC}$를 그으면
$\triangle ACP$에서 $\angle ACP+\angle CAP=75°$이고
$\overparen{AB}+\overparen{CD}=4\pi+6\pi=10\pi\,(\mathrm{cm})$이므로
$10\pi:$ (원 O의 둘레의 길이)$=75°:180°$
$\therefore$ (원 O의 둘레의 길이)$=24\pi\,(\mathrm{cm})$ ……(i)
원 O의 반지름의 길이를 $r\,\mathrm{cm}$라 하면
$2\pi r=24\pi$ $\quad\therefore r=12$
따라서 원 O의 반지름의 길이는 $12\,\mathrm{cm}$이다. ……(ii)

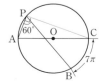

채점 기준	
(i) 원 O의 둘레의 길이 구하기	60%
(ii) 원 O의 반지름의 길이 구하기	40%

84 답 52.5°

시침은 1분에 0.5°씩 움직이므로

30분 동안 시침이 움직인 각의 크기는 $0.5° \times 30 = 15°$

따라서 9시 30분에 시침과 분침이 이루는 각의 크기는

$30° \times 3 + 15° = 105°$

$\therefore \angle APB = \dfrac{1}{2} \times 105° = 52.5°$

> **참고** 시계에서 시침과 분침이 움직이는 각도
>
> (1) 분침: 1시간에 360°를 움직이므로 1분에 $\dfrac{360°}{60} = 6°$씩 움직인다.
>
> (2) 시침: 1시간에 30°를 움직이므로 1분에 $\dfrac{30°}{60} = 0.5°$씩 움직인다.

85 답 $\sqrt{7}$ cm

$\overline{AB}$가 원 O의 지름이므로

$\angle ACB = 90°$

즉, $\triangle ADH$와 $\triangle ABC$에서

$\angle ADH = \angle ABC$ ($\overparen{AC}$에 대한 원주각),

$\angle AHD = \angle ACB = 90°$이므로

$\triangle ADH \backsim \triangle ABC$ (AA 닮음)

$\overline{AD} : \overline{AB} = \overline{AH} : \overline{AC}$이므로

$4 : 8 = \overline{AH} : 6$ $\therefore \overline{AH} = 3$(cm)

따라서 $\triangle ADH$에서

$\overline{DH} = \sqrt{4^2 - 3^2} = \sqrt{7}$ (cm)

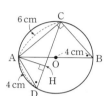

86 답 $8\sqrt{5}$

원의 중심에서 현에 내린 수선은 그 현을 이등분하므로 $\overline{CD} = \overline{BD}$

즉, $\triangle ABC$에서 $\overline{OA} = \overline{OB}$, $\overline{CD} = \overline{BD}$이므로

$\overline{OD} = \dfrac{1}{2}\overline{AC} = \dfrac{1}{2} \times 8 = 4$

$\square ACDO$의 넓이가 48이므로

$\dfrac{1}{2} \times (4+8) \times \overline{CD} = 48$, $6\overline{CD} = 48$ $\therefore \overline{CD} = 8$

$\therefore \overline{BC} = \overline{CD} + \overline{BD} = 8 + 8 = 16$

이때 $\overline{AB}$가 큰 원의 지름이므로 $\angle ACB = 90°$

따라서 $\triangle ABC$는 직각삼각형이므로

$\overline{AB} = \sqrt{16^2 + 8^2} = 8\sqrt{5}$

87 답 $(16\pi - 12\sqrt{3})$ cm²

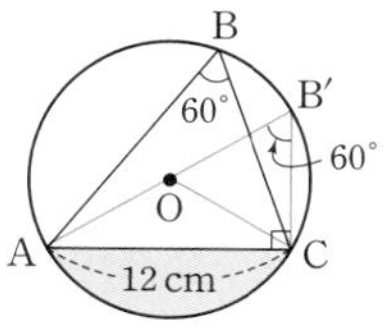

오른쪽 그림과 같이 $\overline{AO}$의 연장선이 원 O와

만나는 점을 B′이라 하면

$\overline{AB'}$이 원 O의 지름이므로

$\angle ACB' = 90°$

또 $\angle AB'C = \angle ABC = 60°$이므로

$\triangle AB'C$에서 $\overline{AB'} = \dfrac{12}{\sin 60°} = 12 \times \dfrac{2}{\sqrt{3}} = 8\sqrt{3}$ (cm)

$\therefore \overline{OA} = \dfrac{1}{2}\overline{AB'} = \dfrac{1}{2} \times 8\sqrt{3} = 4\sqrt{3}$ (cm)

이때 $\overline{OC}$를 그으면 $\angle AOC = 2\angle ABC = 2 \times 60° = 120°$이고

$\overline{OC} = \overline{OA} = 4\sqrt{3}$ cm이므로

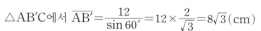

(색칠한 부분의 넓이)

$= $(부채꼴 AOC의 넓이)$ - \triangle OAC$

$= \pi \times (4\sqrt{3})^2 \times \dfrac{120}{360} - \dfrac{1}{2} \times 4\sqrt{3} \times 4\sqrt{3} \times \sin(180° - 120°)$

$= 16\pi - \dfrac{1}{2} \times 4\sqrt{3} \times 4\sqrt{3} \times \dfrac{\sqrt{3}}{2}$

$= 16\pi - 12\sqrt{3}$ (cm²)

88 답 $\angle x = 30°$, $\angle y = 100°$

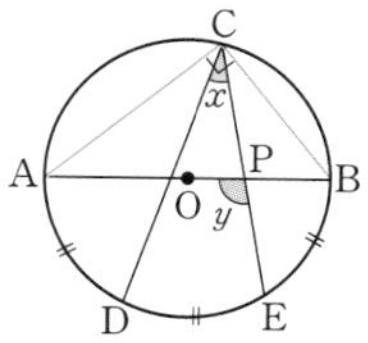

오른쪽 그림과 같이 $\overline{AC}$, $\overline{BC}$를 그으면

$\overline{AB}$가 원 O의 지름이므로 $\angle ACB = 90°$

$\overparen{AD} = \overparen{DE} = \overparen{BE}$이므로

$\angle ACD = \angle DCE = \angle BCE = \dfrac{1}{3}\angle ACB$

$\qquad\qquad\qquad\qquad = \dfrac{1}{3} \times 90° = 30°$

$\therefore \angle x = 30°$

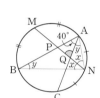

$\overparen{AC} : \overparen{BC} = 5 : 4$이므로 $\angle ABC : \angle BAC = 5 : 4$

$\therefore \angle BAC = \dfrac{4}{5+4} \times 90° = 40°$

따라서 $\triangle APC$에서

$\angle y = 40° + (30° + 30°) = 100°$

89 답 70°

오른쪽 그림과 같이 $\overline{AN}$, $\overline{BN}$을 그으면

$\overparen{AM} = \overparen{BM}$이므로

$\angle ANM = \angle BNM = x$라 하고

$\overparen{AN} = \overparen{CN}$이므로

$\angle ABN = \angle CAN = y$라 하자.

$\triangle ABN$에서 $(40° + \angle y) + \angle y + 2\angle x = 180°$

$2\angle x + 2\angle y = 140°$ $\therefore \angle x + \angle y = 70°$

따라서 $\triangle AQN$에서

$\angle AQP = \angle x + \angle y = 70°$

5 원주각의 활용

01 ㄷ	**02** 105°	**03** 68°	**04** 70°
05 48°	**06** 84°	**07** ①, ③	**08** ②, ⑤
09 70°	**10** 89°	**11** 120°	**12** ⑤
13 110°	**14** ∠x=30°, ∠y=55°	**15** ⑤	
16 10 cm	**17** ③	**18** 55°	**19** ⑤
20 125°	**21** ②	**22** 20°	**23** 110°
24 52°	**25** 130°	**26** 360°	**27** ①
28 35°	**29** 44°	**30** 195°	**31** ②, ⑤
32 160°	**33** ②	**34** ③	**35** ㄴ, ㄹ, ㅂ
36 40°	**37** ③	**38** 100°	**39** 65°
40 35°	**41** 72°	**42** 65°	**43** ②
44 ⑤	**45** 47°	**46** 70°	**47** 40°
48 72°	**49** ②	**50** ③	**51** 103°
52 20°	**53** 50°	**54** ①	**55** 40°
56 ②	**57** 58°	**58** 3 cm	**59** 105°
60 ②	**61** ①	**62** 56°	**63** 76°
64 58°	**65** 55°	**66** ⑤	**67** ①
68 ③	**69** 70°	**70** 56°	**71** ①
72 40°	**73** 42°	**74** ①	**75** ③
76 150°	**77** 206°	**78** 34°	**79** 40°
80 ⑤	**81** 70°	**82** 4√2 cm	**83** 110°
84 57.5°			

---

01 원주각의 활용 (1)

유형 모아 보기 & 완성하기   88~94쪽

01 답 ㄷ

ㄷ. △ACD에서 ∠ACD=180°−(58°+82°)=40°

즉, ∠ABD=∠ACD이므로 네 점 A, B, C, D는 한 원 위에 있다.

ㄹ. 85°=40°+∠ABD   ∴ ∠ABD=45°

즉, ∠ABD≠∠ACD이므로 네 점 A, B, C, D는 한 원 위에 있지 않다.

따라서 네 점 A, B, C, D가 한 원 위에 있는 것은 ㄷ이다.

02 답 **105°**

△ABC에서 ∠ABC=180°−(65°+40°)=75°

□ABCD에서 75°+∠x=180°   ∴ ∠x=105°

03 답 **68°**

∠x+42°=110°에서 ∠x=68°

04 답 **70°**

오른쪽 그림과 같이 $\overline{BD}$를 그으면

□ABDE가 원 O에 내접하므로

75°+∠BDE=180°   ∴ ∠BDE=105°

∠BDC=∠CDE−∠BDE

     =140°−105°=35°

∴ ∠BOC=2∠BDC=2×35°=70°

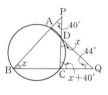

05 답 **48°**

□ABCD가 원에 내접하므로

∠CDQ=∠ABC=∠x

△PBC에서 ∠PCQ=∠x+40°

△DCQ에서 ∠x+(∠x+40°)+44°=180°

2∠x=96°   ∴ ∠x=48°

06 답 **84°**

□ABQP가 원 O에 내접하므로 ∠PQC=∠BAP=96°

□PQCD가 원 O′에 내접하므로 96°+∠x=180°   ∴ ∠x=84°

07 답 ①, ③

① ∠BAD=180°−88°=92°

즉, ∠BAD≠∠DCE이므로 □ABCD는 원에 내접하지 않는다.

② △ACD에서 ∠ADC=180°−(45°+40°)=95°

즉, ∠ABC+∠ADC=85°+95°=180°이므로

□ABCD는 원에 내접한다.

③ 100°=∠BDC+40°   ∴ ∠BDC=60°

즉, ∠BAC≠∠BDC이므로 □ABCD는 원에 내접하지 않는다.

④ ∠BAC=∠BDC이므로 □ABCD는 원에 내접한다.

⑤ ∠ABC+∠ADC=57°+123°=180°이므로
　　□ABCD는 원에 내접한다.

따라서 □ABCD가 원에 내접하지 않는 것은 ①, ③이다.

08 답 ②, ⑤

② ∠BAC=∠BDC이므로 네 점 A, B, C, D는 한 원 위에 있다.

⑤ 90°=∠BDC+60°　∴ ∠BDC=30°

　　즉, ∠BAC=∠BDC이므로 네 점 A, B, C, D는 한 원 위에
　　있다.

09 답 **70°**

△ABD에서 ∠ADB=180°−(80°+30°)=70°

따라서 네 점 A, B, C, D가 한 원 위에 있으려면

∠ACB=∠ADB=70°이어야 한다.

10 답 **89°**

네 점 A, B, C, D가 한 원 위에 있으려면

∠DBC=∠DAC=62°이어야 하므로

△DPB에서 62°=35°+∠PDB　∴ ∠PDB=27°

△AQD에서 ∠DQC=62°+27°=89°

11 답 **120°**

$\overline{AB}$가 원 O의 지름이므로 ∠ACB=90°

△ABC에서 ∠ABC=180°−(90°+30°)=60°

□ABCD가 원 O에 내접하므로

60°+∠ADC=180°　∴ ∠ADC=120°

12 답 ⑤

$\angle x=\dfrac{1}{2}\times 220°=110°$

□ABCD가 원 O에 내접하므로

110°+∠y=180°　∴ ∠y=70°

∴ ∠x−∠y=110°−70°=40°

13 답 **110°**

△ABC가 $\overline{AB}=\overline{AC}$인 이등변삼각형이므로

$\angle ABC=\dfrac{1}{2}\times(180°−40°)=70°$

□ABCD가 원에 내접하므로

70°+∠ADC=180°　∴ ∠ADC=110°

14 답 **∠x=30°, ∠y=55°**

∠x=∠ECD=30°

□ABCE가 원에 내접하므로

(30°+95°)+∠y=180°　∴ ∠y=55°

15 답 ⑤

□ABCD가 원에 내접하므로

∠BAD+80°=180°　∴ ∠BAD=100°

오른쪽 그림과 같이 $\overline{BD}$를 그으면

$\overline{AB}=\overline{AD}$이므로 △ABD는 이등변삼각형이다.

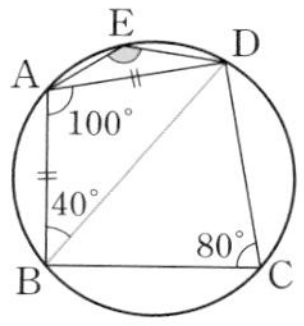

∴ $\angle ABD=\dfrac{1}{2}\times(180°−100°)=40°$

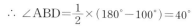

□ABDE가 원에 내접하므로

40°+∠AED=180°　∴ ∠AED=140°

다른 풀이

오른쪽 그림과 같이 $\overline{AC}$를 그으면

$\overline{AB}=\overline{AD}$이므로 $\overparen{AB}=\overparen{AED}$

즉, $\angle ACD=\angle ACB=\dfrac{1}{2}\angle BCD$

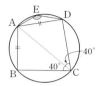

$\qquad\qquad=\dfrac{1}{2}\times 80°=40°$

□ACDE는 원에 내접하므로

40°+∠AED=180°　∴ ∠AED=140°

16 답 **10 cm**

□ABCD가 원에 내접하므로

60°+∠BCD=180°　∴ ∠BCD=120°

$\overparen{AB}=\overparen{AD}$이므로 $\angle ACB=\angle ACD=\dfrac{1}{2}\angle BCD=\dfrac{1}{2}\times 120°=60°$

$\overline{AC}=x$ cm라 하면

□ABCD=△ABC+△ACD

$\qquad=\dfrac{1}{2}\times 6\times x\times\sin 60°+\dfrac{1}{2}\times x\times 4\times\sin 60°$

$\qquad=\dfrac{3\sqrt{3}}{2}x+\sqrt{3}x=\dfrac{5\sqrt{3}}{2}x\,(\text{cm}^2)$

즉, $\dfrac{5\sqrt{3}}{2}x=25\sqrt{3}$이므로 $x=10$　∴ $\overline{AC}=10$ cm

17 답 ③

△BCD에서 ∠BCD=180°−(50°+72°)=58°

□ABCD가 원에 내접하므로 ∠x=∠BCD=58°

18 답 **55°**

$\angle BAD=\dfrac{1}{2}\angle BOD=\dfrac{1}{2}\times 110°=55°$

□ABCD가 원 O에 내접하므로 ∠x=∠BAD=55°

다른 풀이

$\angle BCD=\dfrac{1}{2}\times(360°−110°)=125°$

∴ ∠x=180°−125°=55°

19 답 ⑤

□ABCD가 원에 내접하므로 ∠DCP=∠BAD=85°

따라서 △DCP에서 ∠ADC=85°+30°=115°

다른 풀이

△ABP에서 ∠ABP=180°−(85°+30°)=65°

□ABCD가 원에 내접하므로

65°+∠ADC=180°　∴ ∠ADC=115°

20 답 125°

□ABCD가 원에 내접하므로

$(34° + \angle x) + 96° = 180°$ ∴ $\angle x = 50°$ ⋯ (ⅰ)

$\angle CBD = \angle x = 50°$이므로

$\angle y = \angle ABC = 50° + 25° = 75°$ ⋯ (ⅱ)

∴ $\angle x + \angle y = 50° + 75° = 125°$ ⋯ (ⅲ)

채점 기준

(ⅰ) $\angle x$의 크기 구하기	40%
(ⅱ) $\angle y$의 크기 구하기	40%
(ⅲ) $\angle x + \angle y$의 크기 구하기	20%

21 답 ②

$\overparen{BAD}$의 길이가 원의 둘레의 길이의 $\frac{3}{5}$이므로

$\angle BCD = 180° \times \frac{3}{5} = 108°$

□ABCD가 원에 내접하므로

$\angle x + 108° = 180°$ ∴ $\angle x = 72°$

$\overparen{CDA}$의 길이가 원의 둘레의 길이의 $\frac{4}{9}$이므로

$\angle ABC = 180° \times \frac{4}{9} = 80°$ ∴ $\angle y = \angle ABC = 80°$

∴ $\angle x + \angle y = 72° + 80° = 152°$

22 답 20°

□ABCD가 원에 내접하므로

$\angle DAB = \angle DCE = 120°$

∴ $\angle DAC = \angle DAB - \angle BAC = 120° - 50° = 70°$

$\overline{AC}$가 원 O의 지름이므로 $\angle ABC = 90°$이고

$\angle DBC = \angle DAC = 70°$이므로

$\angle ABD = \angle ABC - \angle DBC = 90° - 70° = 20°$

다른 풀이

$\overline{AC}$가 원 O의 지름이므로 $\angle ABC = 90°$

△ABC에서 $\angle ACB = 180° - (90° + 50°) = 40°$

∴ $\angle ACD = 180° - (40° + 120°) = 20°$

∴ $\angle ABD = \angle ACD = 20°$

23 답 110°

오른쪽 그림과 같이 $\overline{CE}$를 그으면

□ABCE가 원 O에 내접하므로

$100° + \angle AEC = 180°$ ∴ $\angle AEC = 80°$

$\angle CED = \frac{1}{2}\angle COD = \frac{1}{2} \times 60° = 30°$이므로

$\angle x = \angle AEC + \angle CED = 80° + 30° = 110°$

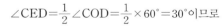

24 답 52°

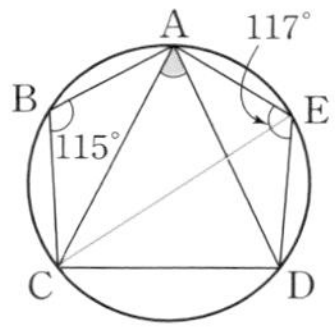

오른쪽 그림과 같이 $\overline{CE}$를 그으면

□ABCE가 원에 내접하므로

$115° + \angle AEC = 180°$ ∴ $\angle AEC = 65°$

∴ $\angle CED = \angle AED - \angle AEC$
  $= 117° - 65° = 52°$

∴ $\angle CAD = \angle CED = 52°$

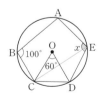

다른 풀이

□ABCD가 원에 내접하므로

$115° + \angle ADC = 180°$ ∴ $\angle ADC = 65°$

□ACDE가 원에 내접하므로

$117° + \angle ACD = 180°$ ∴ $\angle ACD = 63°$

따라서 △ACD에서 $\angle CAD = 180° - (65° + 63°) = 52°$

25 답 130°

오른쪽 그림과 같이 $\overline{CF}$를 그으면

□ABCF가 원에 내접하므로

$110° + \angle BCF = 180°$ ∴ $\angle BCF = 70°$

∴ $\angle DCF = \angle BCD - \angle BCF$
  $= 120° - 70° = 50°$

따라서 □CDEF가 원에 내접하므로

$50° + \angle DEF = 180°$ ∴ $\angle DEF = 130°$

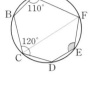

다른 풀이

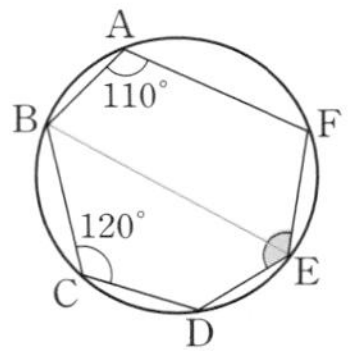

오른쪽 그림과 같이 $\overline{BE}$를 그으면

□ABEF가 원에 내접하므로

$110° + \angle BEF = 180°$ ∴ $\angle BEF = 70°$

□BCDE가 원에 내접하므로

$120° + \angle BED = 180°$ ∴ $\angle BED = 60°$

∴ $\angle DEF = \angle BEF + \angle BED$
  $= 70° + 60° = 130°$

26 답 360°

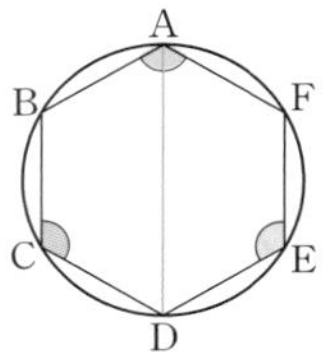

오른쪽 그림과 같이 $\overline{AD}$를 그으면

□ABCD가 원에 내접하므로

$\angle BAD + \angle BCD = 180°$

□ADEF가 원에 내접하므로

$\angle DAF + \angle DEF = 180°$

∴ $\angle BAF + \angle BCD + \angle DEF$
  $= (\angle BAD + \angle DAF) + \angle BCD + \angle DEF$
  $= (\angle BAD + \angle BCD) + (\angle DAF + \angle DEF)$
  $= 180° + 180° = 360°$

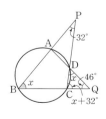

만렙비법 보조선을 그어 육각형을 2개의 사각형으로 만든 후, 원에 내접하는 사각형에서 마주 보는 두 각의 크기의 합은 180°임을 이용한다.

27 답 ①

□ABCD가 원에 내접하므로

$\angle CDQ = \angle ABC = \angle x$

△PBC에서 $\angle PCQ = \angle x + 32°$

△DCQ에서 $\angle x + (\angle x + 32°) + 46° = 180°$

$2\angle x = 102°$ ∴ $\angle x = 51°$

28 답 35°

□ABCD가 원에 내접하므로 $\angle ADP = \angle ABC = 50°$

△ABQ에서 $\angle PAD = 50° + 45° = 95°$

따라서 △ADP에서

$\angle APD = 180° - (50° + 95°) = 35°$

29 답 44°

□ABCD가 원에 내접하므로

∠ABC+124°=180° ∴ ∠ABC=56°

△PBC에서 ∠PCQ=56°+24°=80°

△DCQ에서

124°=80°+∠x ∴ ∠x=44°

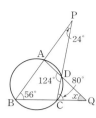

30 답 195°

□PQCD가 원에 내접하므로 ∠PQB=∠PDC=85°

□ABQP가 원에 내접하므로

∠x+85°=180° ∴ ∠x=95°

또 ∠APQ=∠DCQ=80°이므로

∠y+80°=180° ∴ ∠y=100°

∴ ∠x+∠y=95°+100°=195°

31 답 ②, ⑤

① □PQCD가 원 O′에 내접하므로

∠PQC+98°=180° ∴ ∠PQC=82°

② ∠PQB=∠PDC=98°

③ □ABQP가 원 O에 내접하므로

∠BAP=∠PQC=82°

④, ⑤ 오른쪽 그림에서

∠BAP=∠PQC=∠CDE=82°

즉, 동위각의 크기가 같으므로

$\overline{AB}$∥$\overline{CD}$

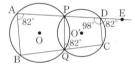

따라서 옳은 것은 ②, ⑤이다.

32 답 160°

□ABQP가 원 O에 내접하므로

∠PQC=∠BAP=100°

□PQCD가 원 O′에 내접하므로

100°+∠PDC=180° ∴ ∠PDC=80°

∴ ∠PO′C=2∠PDC=2×80°=160°

33 답 ②

ㄱ. ∠ABC+∠ADC=72°+108°=180°이므로

□ABCD는 원에 내접한다.

ㄴ. ∠ABC≠∠ADE이므로 □ABCD는 원에 내접하지 않는다.

ㄷ. △ACD에서 ∠ADC=180°−(42°+33°)=105°

즉, ∠ABC+∠ADC=65°+105°≠180°이므로

□ABCD는 원에 내접하지 않는다.

ㄹ. $\overline{AD}$∥$\overline{BC}$이므로 ∠BAD=180°−84°=96°

즉, ∠BAD+∠BCD=96°+84°=180°이므로

□ABCD는 원에 내접한다.

ㅁ. ∠ADC 또는 ∠BCD의 크기를 알 수 없으므로

□ABCD가 원에 내접하는지 알 수 없다.

ㅂ. 120°=65°+∠BDC ∴ ∠BDC=55°

즉, ∠BAC≠∠BDC이므로 □ABCD는 원에 내접하지 않는다.

따라서 □ABCD가 원에 내접하는 것은 ㄱ, ㄹ이다.

34 답 ③

△ABD에서 ∠BAD=180°−(46°+24°)=110°

□ABCD가 원에 내접하려면

∠BAD+∠BCD=180°이어야 하므로

110°+∠BCD=180° ∴ ∠BCD=70°

35 답 ㄴ, ㄹ, ㅂ

ㄴ. 등변사다리꼴은 아랫변의 양 끝 각의 크기가 서로 같고 윗변의 양 끝 각의 크기가 서로 같다.

즉, 대각의 크기의 합이 180°이므로 항상 원에 내접한다.

ㄹ, ㅂ. 직사각형과 정사각형은 네 내각의 크기가 모두 90°이다.

즉, 대각의 크기의 합이 180°이므로 항상 원에 내접한다.

따라서 항상 원에 내접하는 사각형은 ㄴ, ㄹ, ㅂ이다.

36 답 40°

□ABCD가 원에 내접하려면

∠ABC+∠ADC=180°이어야 하므로

∠ABC+125°=180° ∴ ∠ABC=55°   ··· (i)

△BCE에서 ∠ECF=∠x+55°   ··· (ii)

따라서 △DCF에서

125°=(∠x+55°)+30° ∴ ∠x=40°   ··· (iii)

채점 기준

(i) ∠ABC의 크기 구하기	40%
(ii) ∠ECF의 크기를 ∠x를 이용하여 나타내기	30%
(iii) ∠x의 크기 구하기	30%

37 답 ③

① ∠AEB=∠ADB=90°이므로 네 점 A, B, D, E는 한 원 위에 있다. 즉, □ABDE는 원에 내접한다.

② ∠AFH+∠AEH=180°이므로 □AFHE는 원에 내접한다.

④ ∠CDH+∠CEH=180°이므로 □CEHD는 원에 내접한다.

⑤ ∠BFC=∠BEC=90°이므로 네 점 B, C, E, F는 한 원 위에 있다. 즉, □BCEF는 원에 내접한다.

따라서 원에 내접하지 않는 것은 ③이다.

02 원주각의 활용 (2)

유형 모아 보기 & 완성하기

95~100쪽

38 답 100°

∠x=∠BAT=36°, ∠y=∠CBA=64°

∴ ∠x+∠y=36°+64°=100°

39 답 **65°**

∠BDA=∠BAT=70°이므로

∠CDA=∠CDB+∠BDA=45°+70°=115°

□ABCD가 원에 내접하므로

115°+∠ABC=180° ∴ ∠ABC=65°

40 답 **35°**

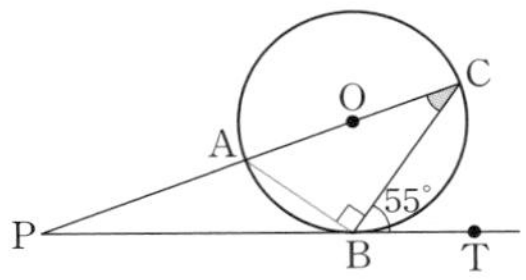

오른쪽 그림과 같이 $\overline{AB}$를 그으면

$\overline{AC}$가 원 O의 지름이므로

∠ABC=90°

∠BAC=∠CBT=55°이므로

△ABC에서 ∠ACB=180°−(90°+55°)=35°

다른 풀이

$\overline{AC}$가 원 O의 지름이므로 ∠ABC=90°

∴ ∠ACB=∠ABP=180°−(90°+55°)=35°

41 답 **72°**

△PBA는 $\overline{PA}=\overline{PB}$인 이등변삼각형이므로

∠PBA=$\frac{1}{2}$×(180°−36°)=72°

∴ ∠ACB=∠PBA=72°

42 답 **65°**

∠BPT=∠BAP=55°, ∠CPT=∠CDP=60°이므로

∠CPD=180°−(55°+60°)=65°

다른 풀이

$\overline{AB}/\!\!/\overline{CD}$이므로 ∠PCD=∠BAP=55°(엇각)

따라서 △PCD에서 ∠CPD=180°−(60°+55°)=65°

43 답 **②**

∠CBA=∠CAT=80°이므로

△ABC에서 ∠BAC=180°−(80°+40°)=60°

44 답 **⑤**

△BTP에서 72°=∠BTP+26° ∴ ∠BTP=46°

∴ ∠BAT=∠BTP=46°

45 답 **47°**

∠ACB=∠BAT=43°이므로

∠AOB=2∠ACB=2×43°=86°

이때 $\overline{OA}=\overline{OB}$이므로 △OAB는 이등변삼각형이다.

∴ ∠OBA=$\frac{1}{2}$×(180°−86°)=47°

46 답 **70°**

∠ACB=∠BAT=55°

$\overparen{AB}=\overparen{BC}$이므로 ∠BAC=∠ACB=55°

따라서 △ABC에서

∠x=180°−(55°+55°)=70°

47 답 **40°**

$\overparen{AB}=2\overparen{BC}$이므로

∠ACB : ∠BAC=$\overparen{AB}$: $\overparen{BC}$=2 : 1

∴ ∠ACB=2∠BAC

이때 ∠ACB=∠ABT=80°이므로

∠BAC=$\frac{1}{2}$∠ACB=$\frac{1}{2}$×80°=40°

48 답 **72°**

$\overline{AP}=\overline{AT}$이므로 ∠ATP=∠APT=36°

∠ABT=∠ATP=36°이므로

△BPT에서 36°+36°+(36°+∠x)=180° ∴ ∠x=72°

49 답 **②**

∠CAD=∠CDT′=50°

□ABCD가 원에 내접하므로

(28°+50°)+(52°+∠x)=180° ∴ ∠x=50°

△ACD에서 ∠y=180°−(50°+50°)=80°

∴ ∠y−∠x=80°−50°=30°

50 답 **③**

∠BTP=∠BAT=39°

□ABTC가 원에 내접하므로

∠ABT+104°=180° ∴ ∠ABT=76°

따라서 △BPT에서

76°=∠BPT+39° ∴ ∠BPT=37°

다른 풀이

∠ATP=∠ACT=104°이므로

△APT에서 ∠BPT=180°−(39°+104°)=37°

51 답 **103°**

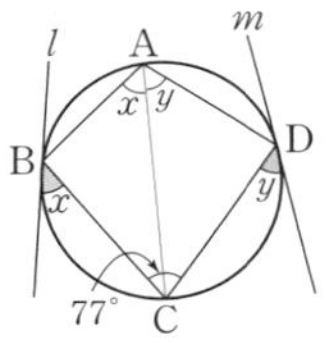

오른쪽 그림과 같이 $\overline{AC}$를 그으면

∠BAC=∠x, ∠DAC=∠y이므로

∠BAD=∠BAC+∠DAC=∠x+∠y

□ABCD가 원에 내접하므로

∠BAD+77°=180° ∴ ∠BAD=103°

∴ ∠x+∠y=∠BAD=103°

52 답 **20°**

오른쪽 그림과 같이 $\overline{AT}$를 그으면

$\overparen{BC}=\overparen{CT}$이므로 ∠CBT=∠BTC=25°

△BTC에서

∠BCT=180°−(25°+25°)=130°

□ATCB가 원에 내접하므로

∠BAT+130°=180° ∴ ∠BAT=50°

이때 ∠ATP=∠x이므로

△APT에서 50°=30°+∠x ∴ ∠x=20°

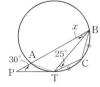

53 답 50°

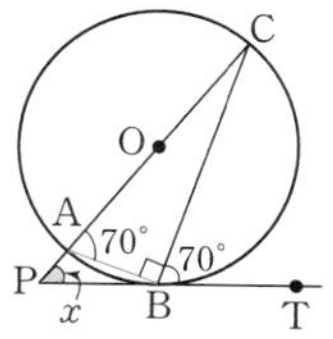

오른쪽 그림과 같이 $\overline{AB}$를 그으면

$\overline{AC}$가 원 O의 지름이므로 $\angle ABC = 90°$

$\therefore \angle ABP = 180° - (90° + 70°) = 20°$

$\angle CAB = \angle CBT = 70°$이므로

$\triangle APB$에서 $70° = \angle x + 20°$ $\therefore \angle x = 50°$

54 답 ①

$\square ABCD$가 원 O에 내접하므로

$\angle DAB + 120° = 180°$ $\therefore \angle DAB = 60°$

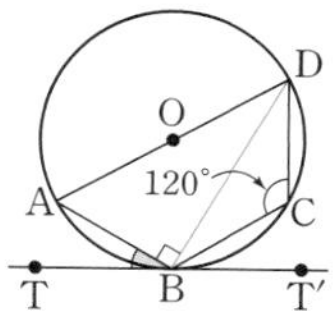

오른쪽 그림과 같이 $\overline{BD}$를 그으면

$\overline{AD}$가 원 O의 지름이므로 $\angle ABD = 90°$

따라서 $\triangle ABD$에서

$\angle ADB = 180° - (90° + 60°) = 30°$이므로

$\angle ABT = \angle ADB = 30°$

55 답 40°

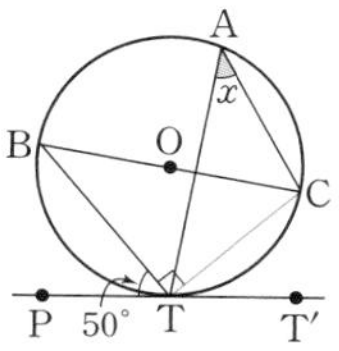

오른쪽 그림과 같이 $\overline{CT}$를 그으면

$\overline{BC}$가 원 O의 지름이므로 $\angle BTC = 90°$

$\angle CTT' = 180° - (50° + 90°) = 40°$

$\therefore \angle x = \angle CTT' = 40°$

다른 풀이

$\overline{BC}$가 원 O의 지름이므로 $\angle BTC = 90°$

$\angle BCT = \angle BTP = 50°$이므로

$\triangle BTC$에서 $\angle CBT = 180° - (90° + 50°) = 40°$

$\therefore \angle x = \angle CBT = 40°$

56 답 ②

오른쪽 그림과 같이 원 O의 지름 $\overline{AC'}$와 $\overline{BC'}$을

그으면 $\angle ABC' = 90°$이고

$\angle AC'B = \angle ABT = 60°$이므로

$\triangle ABC'$에서 $\overline{AC'} = \dfrac{6}{\sin 60°} = 6 \times \dfrac{2}{\sqrt{3}} = 4\sqrt{3}$

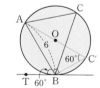

따라서 원 O의 반지름의 길이가 $\dfrac{1}{2} \times 4\sqrt{3} = 2\sqrt{3}$이므로

(원 O의 넓이) $= \pi \times (2\sqrt{3})^2 = 12\pi$

57 답 58°

$\overline{AB}$가 원 O의 지름이므로 $\angle ATB = 90°$ $\cdots$ (i)

$\angle ATQ = \angle ABT = \angle x$이므로

$\angle BTP = 180° - (\angle x + 90°) = 90° - \angle x$ $\cdots$ (ii)

$\triangle BTP$에서 $\angle x = (90° - \angle x) + 26°$

$2\angle x = 116°$ $\therefore \angle x = 58°$ $\cdots$ (iii)

채점 기준

(i) ∠ATB의 크기 구하기		30 %
(ii) ∠BTP의 크기를 ∠x를 이용하여 나타내기		40 %
(iii) ∠x의 크기 구하기		30 %

58 답 3 cm

오른쪽 그림과 같이 $\overline{BC}$를 그으면

$\overline{AB}$가 원 O의 지름이므로 $\angle ACB = 90°$

$\angle BCD = \angle BAC = 30°$이므로

$\triangle ADC$에서

$30° + (90° + 30°) + \angle ADC = 180°$ $\therefore \angle ADC = 30°$

즉, $\triangle BDC$는 $\overline{BC} = \overline{BD}$인 이등변삼각형이다.

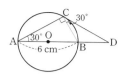

따라서 $\triangle ABC$에서 $\overline{BC} = 6 \sin 30° = 6 \times \dfrac{1}{2} = 3(\text{cm})$이므로

$\overline{BD} = \overline{BC} = 3\,\text{cm}$

59 답 105°

$\angle ACP = \angle APQ = 55°$이므로 $\angle PCB = 180° - 55° = 125°$

$\overline{AC}$가 작은 반원의 지름이므로 $\angle APC = 90°$

$\triangle PCB$에서 $55° + 90° = 125° + \angle CBP$ $\therefore \angle CBP = 20°$

$\therefore \angle PCB - \angle CBP = 125° - 20° = 105°$

60 답 ②

$\overline{AB}$가 원 O의 지름이므로 $\angle ACB = 90°$

$\triangle APC$와 $\triangle ACB$에서

$\angle APC = \angle ACB = 90°$, $\angle ACP = \angle ABC$이므로

$\triangle APC \backsim \triangle ACB$(AA 닮음)

즉, $\overline{AP} : \overline{AC} = \overline{AC} : \overline{AB}$이므로 $9 : \overline{AC} = \overline{AC} : 12$

$\overline{AC}^2 = 108$ $\therefore \overline{AC} = 6\sqrt{3} (\because \overline{AC} > 0)$

61 답 ①

$\triangle PBA$는 $\overline{PA} = \overline{PB}$인 이등변삼각형이므로

$\angle PAB = \dfrac{1}{2} \times (180° - 50°) = 65°$

$\therefore \angle CBE = \angle CAB = 180° - (65° + 72°) = 43°$

62 답 56°

$\triangle BED$는 $\overline{BD} = \overline{BE}$인 이등변삼각형이므로

$\angle BED = \dfrac{1}{2} \times (180° - 52°) = 64°$

$\therefore \angle DFE = \angle BED = 64°$

따라서 $\triangle DEF$에서 $\angle x = 180° - (60° + 64°) = 56°$

다른 풀이

$\triangle BED$는 $\overline{BD} = \overline{BE}$인 이등변삼각형이므로

$\angle BED = \dfrac{1}{2} \times (180° - 52°) = 64°$

$\therefore \angle x = \angle FEC = 180° - (64° + 60°) = 56°$

63 답 76°

$\triangle PAB$는 $\overline{PA} = \overline{PB}$인 이등변삼각형이므로

$\angle PBA = \dfrac{1}{2} \times (180° - 48°) = 66°$

$\therefore \angle ACB = \angle PBA = 66°$

이때 $\angle x : \angle BAC = \overset{\frown}{AC} : \overset{\frown}{BC} = 2 : 1$이므로 $\angle BAC = \dfrac{1}{2} \angle x$

$\triangle ACB$에서 $\angle x + 66° + \dfrac{1}{2} \angle x = 180°$

$\dfrac{3}{2} \angle x = 114°$ $\therefore \angle x = 76°$

64 답 58°

$\angle CTQ = \angle CAT = 64°$

$\angle BTQ = \angle BDT = 58°$

$\therefore \angle x = 180° - (64° + 58°) = 58°$

다른 풀이

$\overline{AC} \parallel \overline{BD}$이므로 $\angle DBT = \angle CAT = 64°$(엇각)

따라서 △DTB에서

$\angle x = 180° - (58° + 64°) = 58°$

65 답 55°

□ACED가 큰 원에 내접하므로

$\angle BDE = \angle ACE = 55°$

$\therefore \angle CBT = \angle BDE = 55°$

66 답 ⑤

①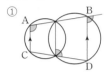
동위각의 크기가 같다.

②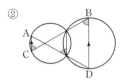
엇각의 크기가 같다.

③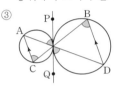
엇각의 크기가 같다.

④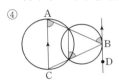
엇각의 크기가 같다.

⑤ $\angle CAB = \angle CBD = 47°$
즉, 엇각의 크기가 다르다.

따라서 $\overline{AC} \parallel \overline{BD}$가 아닌 것은 ⑤이다.

Pick 점검하기

101~102쪽

67 답 ①

네 점 A, B, C, D가 한 원 위에 있으려면

$\angle BDC = \angle BAC = 30°$이어야 한다.

△BCD에서 $\overline{BC} = \overline{CD}$이므로 $\angle DBC = \angle BDC = 30°$

$\therefore \angle x = 180° - 2 \times 30° = 120°$

68 답 ③

△APB에서 $100° = 24° + \angle ABP$ $\therefore \angle ABP = 76°$

$\therefore \angle ADC = \angle ABP = 76°$

다른 풀이

□ABCD가 원에 내접하므로

$100° + \angle BCD = 180°$ $\therefore \angle BCD = 80°$

△PCD에서 $\angle ADC = 180° - (24° + 80°) = 76°$

69 답 70°

오른쪽 그림과 같이 $\overline{BD}$를 그으면

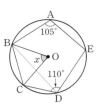

□ABDE가 원 O에 내접하므로

$105° + \angle BDE = 180°$ $\therefore \angle BDE = 75°$

$\angle BDC = \angle CDE - \angle BDE$

$\qquad = 110° - 75° = 35°$

이므로 $\angle x = 2\angle BDC = 2 \times 35° = 70°$

70 답 56°

□ABCD가 원에 내접하므로

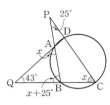

$\angle BAQ = \angle BCD = \angle x$

△PBC에서 $\angle PBQ = \angle x + 25°$

△AQB에서 $\angle x + 43° + (\angle x + 25°) = 180°$

$2\angle x = 112°$ $\therefore \angle x = 56°$

71 답 ①

□ABCD가 원에 내접하려면

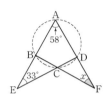

$\angle DCF = \angle BAD = 58°$이어야 한다.

△AED에서 $\angle CDF = 58° + 33° = 91°$

따라서 △CFD에서

$\angle x = 180° - (58° + 91°) = 31°$

72 답 40°

$\angle ACB = 180° \times \dfrac{2}{2+3+4} = 40°$이므로

$\angle x = \angle ACB = 40°$

73 답 42°

$\angle CTP = \angle CAT = 38°$

□ABTC가 원에 내접하므로

$100° + \angle ACT = 180°$ $\therefore \angle ACT = 80°$

△CTP에서

$80° = 38° + \angle CPT$ $\therefore \angle CPT = 42°$

다른 풀이

$\angle ATP = \angle ABT = 100°$이므로

△ATP에서 $\angle APT = 180° - (38° + 100°) = 42°$

74 답 ①

오른쪽 그림과 같이 $\overline{AT}$를 그으면

$\overline{AB}$가 원 O의 지름이므로

$\angle ATB = 90°$

$\angle ATP = \angle ABT = 33°$이므로

△BPT에서

$33° + \angle x + (33° + 90°) = 180°$ $\therefore \angle x = 24°$

다른 풀이

$\overline{AB}$가 원 O의 지름이므로 $\angle ATB = 90°$

△ATB에서 $\angle BAT = 180° - (90° + 33°) = 57°$

$\angle ATP = \angle ABT = 33°$이므로

△APT에서 $57° = \angle x + 33°$ $\therefore \angle x = 24°$

75 답 ③

$\angle DEB = \angle DFE = 50°$

$\triangle BED$는 $\overline{BD} = \overline{BE}$인 이등변삼각형이므로

$\angle BDE = \angle DEB = 50°$

$\therefore \angle DBE = 180° - 2 \times 50° = 80°$

따라서 $\triangle ABC$에서 $\angle x = 180° - (54° + 80°) = 46°$

76 답 150°

원 O′에서 $\angle DTQ = \angle TCD = 75°$

$\angle ATP = \angle DTQ = 75°$ (맞꼭지각)

원 O에서 $\angle ABT = \angle ATP = 75°$

$\therefore \angle x = 2\angle ABT = 2 \times 75° = 150°$

다른 풀이

$\overline{AB} \parallel \overline{CD}$이므로 $\angle ABT = \angle TCD = 75°$ (엇각)

$\therefore \angle x = 2\angle ABT = 2 \times 75° = 150°$

77 답 206°

$\square ABCE$가 원에 내접하므로

$\angle x + 104° = 180°$ $\therefore \angle x = 76°$ $\cdots$ (i)

$\angle FDC = \angle AEF = 104°$이므로

$\triangle FCD$에서 $\angle y = 26° + 104° = 130°$ $\cdots$ (ii)

$\therefore \angle x + \angle y = 76° + 130° = 206°$ $\cdots$ (iii)

채점 기준

(i) ∠x의 크기 구하기	40%
(ii) ∠y의 크기 구하기	40%
(iii) ∠x+∠y의 크기 구하기	20%

78 답 34°

오른쪽 그림과 같이 $\overline{BQ}$를 그으면

$\overline{BC}$가 반원 O′의 지름이므로

$\angle BQC = 90°$ $\cdots$ (i)

$\angle CBQ = \angle AQC$이므로 $\cdots$ (ii)

$\triangle ABQ$에서 $22° + \angle ABQ + (\angle AQC + 90°) = 180°$

$2\angle AQC = 68°$ $\therefore \angle AQC = 34°$ $\cdots$ (iii)

채점 기준

(i) ∠BQC의 크기 구하기	20%
(ii) ∠CBQ=∠AQC임을 알기	30%
(iii) ∠AQC의 크기 구하기	50%

만점 문제 뛰어넘기 103쪽

79 답 40°

$\angle BAC = \angle BDC = 90°$이므로

오른쪽 그림과 같이 네 점 A, B, C, D는 한 원 위에 있고, $\overline{BC}$는 그 원의 지름이다.

이때 $\overline{BQ} = \overline{CQ}$이므로 점 Q는 그 원의 중심이다.

$\triangle ABP$에서 $110° = 90° + \angle ABP$

$\therefore \angle ABP = 20°$

$\therefore \angle AQD = 2\angle ABD = 2 \times 20° = 40°$

80 답 ⑤

$\square ABCD$가 원에 내접하므로

$120° + \angle BCD = 180°$ $\therefore \angle BCD = 60°$

이때 $\angle BDC = 90°$이므로 $\overline{BC}$는 $\square ABCD$의 외접원의 지름이고

$\triangle BCD$에서 $\overline{BC} = \dfrac{6}{\cos 60°} = 6 \times \dfrac{2}{1} = 12$ (cm)

따라서 $\square ABCD$의 외접원의 반지름의 길이는 $12 \times \dfrac{1}{2} = 6$ (cm)

이므로 (외접원의 넓이) $= \pi \times 6^2 = 36\pi$ (cm²)

81 답 70°

$\angle CAD = \angle CBA = \angle a$,

$\angle ADE = \angle EDB = \angle b$라 하면

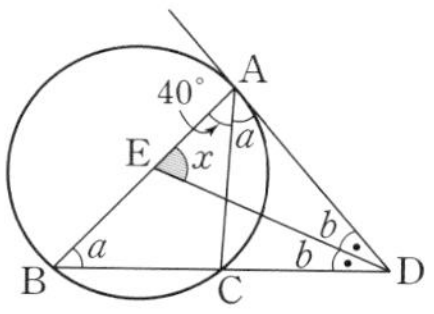

$\triangle ABD$에서

$(40° + \angle a) + \angle a + 2\angle b = 180°$

$2(\angle a + \angle b) = 140°$ $\therefore \angle a + \angle b = 70°$

따라서 $\triangle EBD$에서 $\angle x = \angle a + \angle b = 70°$

82 답 $4\sqrt{2}$ cm

오른쪽 그림과 같이 $\overline{BD}$를 그으면

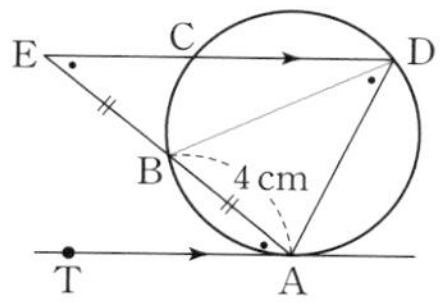

$\triangle ADE$와 $\triangle ABD$에서

$\angle AED = \angle EAT$(엇각)$= \angle ADB$,

$\angle A$는 공통이므로

$\triangle ADE \backsim \triangle ABD$(AA 닮음)

이때 $\overline{AD} : \overline{AB} = \overline{AE} : \overline{AD}$이므로 $\overline{AD} : 4 = 8 : \overline{AD}$

$\overline{AD}^2 = 32$ $\therefore \overline{AD} = 4\sqrt{2}$ (cm) $(\because \overline{AD} > 0)$

83 답 110°

오른쪽 그림과 같이 $\overline{AT}$를 긋고

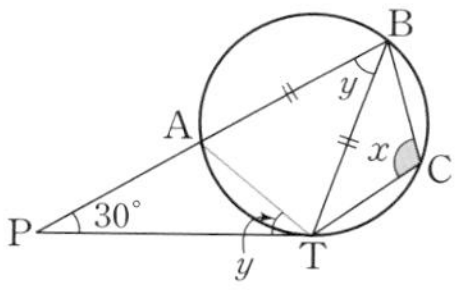

$\angle ATP = \angle ABT = \angle y$라 하면

$\triangle APT$에서 $\angle BAT = 30° + \angle y$

$\triangle BAT$는 $\overline{BA} = \overline{BT}$인 이등변삼각형이

므로 $\angle BTA = \angle BAT = 30° + \angle y$

$\triangle BAT$에서 $\angle y + (30° + \angle y) + (30° + \angle y) = 180°$

$3\angle y = 120°$ $\therefore \angle y = 40°$

이때 $\square ATCB$가 원에 내접하고 $\angle BAT = 30° + 40° = 70°$이므로

$\angle x + 70° = 180°$ $\therefore \angle x = 110°$

84 답 57.5°

오른쪽 그림과 같이 $\overline{PQ}$를 그으면

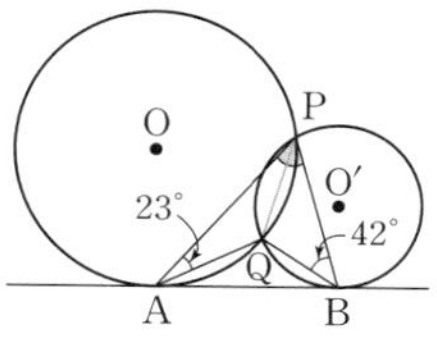

$\overrightarrow{AB}$가 두 원 O, O′의 공통인 접선이므로

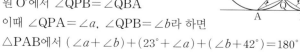

원 O에서 $\angle QPA = \angle QAB$

원 O′에서 $\angle QPB = \angle QBA$

이때 $\angle QPA = \angle a$, $\angle QPB = \angle b$라 하면

$\triangle PAB$에서 $(\angle a + \angle b) + (23° + \angle a) + (\angle b + 42°) = 180°$

$2(\angle a + \angle b) = 115°$ $\therefore \angle a + \angle b = 57.5°$

$\therefore \angle APB = \angle a + \angle b = 57.5°$

6 대푯값과 산포도

01 4시간 **02** 7회 **03** 4 **04** 14

05 중앙값, 주어진 자료에 1000만 원과 같이 극단적인 값이 있다.

06 ② **07** 10 **08** ③ **09** ②

10 13 **11** 26회 **12** 7권 **13** 2마리

14 미 **15** ⑤ **16** 10.5 **17** ㄴ, ㄷ

18 ② **19** 15 **20** 3.5 **21** 19세

22 14 **23** 9 **24** ③ **25** 3

26 ① **27** ④ **28** 최빈값, 95호

29 ㄱ, ㄷ **30** 160 cm

31 분산: 3.2, 표준편차: $\sqrt{3.2}$회 **32** 104

33 31 **34** 9 **35** C반 **36** ①

37 -1.5 **38** 4 **39** ② **40** ②

41 분산: 4, 표준편차: 2개 **42** ⑤ **43** 3.6

44 ③ **45** 7.6 **46** $\sqrt{10}$ cm **47** ④

48 -5 **49** ③ **50** 4, 10, 13 **51** 7

52 ㄴ, ㄷ **53** $\sqrt{5}$점 **54** ② **55** $\sqrt{6}$

56 ⑤, ⑥ **57** ④ **58** B 모둠, A 모둠, C 모둠

59 ㄱ, ㄷ **60** ④, ⑤ **61** ② **62** ④, ⑦, ⑧

63 ③ **64** 17 **65** ㄱ, ㄴ **66** 80

67 ② **68** 38시간 **69** 중앙값, 6천 원

70 ② **71** $\dfrac{46}{3}$ **72** ② **73** ④

74 $\dfrac{38}{15}$ **75** ② **76** ① **77** 82 cm

78 $\sqrt{6.5}$ **79** B 지역 **80** 15 **81** ⑤

82 37, 38 **83** ③

84 중앙값: 3회, 최빈값: 0회, 3회, 5회 **85** $\sqrt{24.8}$점

86 ③ **87** $\sqrt{61}$ **88** ③ **89** A, C, B

유형 모아 보기 & 완성하기 106~111쪽

01 답 4시간

$$(\text{평균})=\frac{4.5+3.6+4+4.4+3+5.2+3.3}{7}$$
$$=\frac{28}{7}=4(\text{시간})$$

02 답 7회

변량을 작은 값부터 크기순으로 나열하면
4, 4, 5, 7, ⑦, 7, 8, 10, 11이므로
중앙값은 7회이다.

03 답 4

4가 세 번으로 가장 많이 나타나므로 최빈값은 4이다.

04 답 14

평균이 11개이므로 $\dfrac{14+2+8+12+x+16}{6}=11$

$52+x=66$ $\therefore x=14$

05 답 중앙값, 주어진 자료에 1000만 원과 같이 극단적인 값이 있다.

1000만 원이 다른 변량에 비해 매우 큰, 극단적인 값이므로 평균과 중앙값 중에서 중심 경향을 가장 잘 나타내어 주는 것은 중앙값이다.

06 답 ②

$$(\text{평균})=\frac{15+13+14+11+7}{5}=\frac{60}{5}=12(\text{분})$$

07 답 10

a, b, c, d의 평균이 10이므로

$\dfrac{a+b+c+d}{4}=10$ $\therefore a+b+c+d=40$

따라서 4, a, b, c, d, 16의 평균은

$\dfrac{4+a+b+c+d+16}{6}=\dfrac{20+40}{6}=\dfrac{60}{6}=10$

08 답 ③

a, b, c, d, e의 평균이 5이므로

$\dfrac{a+b+c+d+e}{5}=5$ $\therefore a+b+c+d+e=25$

따라서 구하는 평균은

$\dfrac{(a+8)+(b-2)+(c-3)+(d+6)+(e+1)}{5}$

$=\dfrac{a+b+c+d+e+10}{5}=\dfrac{25+10}{5}=\dfrac{35}{5}=7$

09 답 ②

$$(\text{평균})=\frac{26\times15+24\times20}{26+24}=\frac{390+480}{50}$$
$$=\frac{870}{50}=17.4(\text{분})$$

10 답 13

A 모둠의 변량을 작은 값부터 크기순으로 나열하면
2, 3, 4, 4, 6, 7, 8, 9, 10이므로
(중앙값)=6(시간)   ∴ $a=6$
B 모둠의 변량을 작은 값부터 크기순으로 나열하면
2, 3, 4, 5, 6, 8, 8, 9, 11, 12이므로
(중앙값)=$\dfrac{6+8}{2}=7$(시간)   ∴ $b=7$
∴ $a+b=6+7=13$

11 답 26회

줄기와 잎 그림의 변량은 작은 값부터 크기순으로 나열되어 있고, 주어진 변량의 개수가 25개이므로 중앙값은 13번째 변량인 26회이다.

12 답 7권

나머지 3명의 학생이 읽은 책을 각각
a권, b권, c권$(a \leq b \leq c)$이라 하고 중앙값이 가장 큰 경우 9개의 변량을 작은 값부터 크기순으로 나열하면
1, 3, 3, 6, 7, 8, a, b, c이어야 한다.
따라서 중앙값이 될 수 있는 가장 큰 값은 5번째 변량인 7권이다.

13 답 2마리

전체 학생 수가 15명이므로 $2+a+5+3+1=15$ ∴ $a=4$
따라서 2마리가 5명으로 학생 수가 가장 많으므로
최빈값은 2마리이다.

14 답 미

미가 다섯 번으로 가장 많이 나타나므로 최빈값은 미이다.

15 답 ⑤

(평균)=$\dfrac{3+5+1+2+3+3+9+6+4+8}{10}=\dfrac{44}{10}=4.4$
∴ $a=4.4$
변량을 작은 값부터 크기순으로 나열하면
1, 2, 3, 3, 3, 4, 5, 6, 8, 9이므로
(중앙값)=$\dfrac{3+4}{2}=3.5$ ∴ $b=3.5$
3이 세 번으로 가장 많이 나타나므로 (최빈값)=3   ∴ $c=3$
∴ $c<b<a$

16 답 10.5

중앙값은 변량을 작은 값부터 크기순으로 나열할 때 12번째와 13번째 변량의 평균이므로
(중앙값)=$\dfrac{3+4}{2}=3.5$(회)   ∴ $a=3.5$ ······ (i)
3회가 7명으로 학생 수가 가장 많으므로 (최빈값)=3(회)
∴ $b=3$ ······ (ii)
∴ $ab=3.5 \times 3=10.5$ ······ (iii)

채점 기준

(i) a의 값 구하기	40 %
(ii) b의 값 구하기	40 %
(iii) ab의 값 구하기	20 %

17 답 ㄴ, ㄷ

ㄱ. (평균)=$\dfrac{0+1+3+4+4+4+4+6+9+10}{10}=\dfrac{45}{10}=4.5$
  이때 a가 변량으로 추가되면 평균은 $\dfrac{45+a}{11}$
  따라서 이 자료의 평균은 a의 값에 따라 변할 수도 있다.

ㄴ. 이 자료의 중앙값은 5번째와 6번째 변량의 평균인 $\dfrac{4+4}{2}=4$이다. 추가된 한 개의 변량을 포함하여 변량을 작은 값부터 크기순으로 나열할 때, 6번째 변량은 항상 4이므로 중앙값은 4로 변하지 않는다.

ㄷ. 4는 4개이고, 다른 변량은 각각 1개이므로 한 개의 변량이 추가되어도 최빈값은 4로 변하지 않는다.
따라서 옳은 것은 ㄴ, ㄷ이다.

18 답 ②

평균이 6개이므로 $\dfrac{6+8+4+5+5+x+6+4+9+8}{10}=6$
$55+x=60$ ∴ $x=5$
따라서 주어진 변량은
6, 8, 4, 5, 5, 5, 6, 4, 9, 8이고
5개가 세 번으로 가장 많이 나타나므로 (최빈값)=5(개)

19 답 15

14, 17, 18, x의 중앙값이 16이므로 변량을 작은 값부터 크기순으로 나열하면 14, x, 17, 18이어야 한다.
즉, (중앙값)=$\dfrac{x+17}{2}=16$이므로
$x+17=32$ ∴ $x=15$

20 답 3.5

최빈값이 3이므로 $a=3$, $b=3$
변량을 작은 값부터 크기순으로 나열하면
2, 3, 3, 3, 4, 4, 5, 6이므로
(중앙값)=$\dfrac{3+4}{2}=3.5$

21 답 19세

멤버 5명의 나이를 15세, 19세, 21세, 21세, x세라 하면
평균이 18.4세이므로
$\dfrac{15+19+21+21+x}{5}=18.4$, $76+x=92$ ∴ $x=16$
따라서 변량을 작은 값부터 크기순으로 나열하면
15, 16, 19, 21, 21이므로
(중앙값)=19(세)

22 답 14

8이 가장 많이 나타나므로 최빈값은 8이다.
(평균)=$\dfrac{8+7+5+8+x+6+8}{7}=\dfrac{x+42}{7}$
이때 평균과 최빈값이 서로 같으므로
$\dfrac{x+42}{7}=8$, $x+42=56$ ∴ $x=14$

23 답 **9**

x를 제외한 변량을 작은 값부터 크기순으로 나열하면

$3, 3, 5, 7, 9, 9, 10, 12, 12$

주어진 자료에서 $3, 9, 12$가 각각 두 번으로 가장 많이 나타나므로 세 값 중 하나가 최빈값이다.

(i) $x=3$일 때, (최빈값)$=3$, (중앙값)$=\dfrac{7+9}{2}=8$

(ii) $x=9$일 때, (최빈값)$=9$, (중앙값)$=9$

(iii) $x=12$일 때, (최빈값)$=12$, (중앙값)$=9$

따라서 (i)~(iii)에 의해 중앙값과 최빈값이 서로 같을 때의 x의 값은 9이다.

24 답 ③

학생 8명의 몸무게에서 5번째 변량을 $x\,\text{kg}$이라 하면

중앙값이 $60\,\text{kg}$이므로 $\dfrac{59+x}{2}=60$, $59+x=120$ ∴ $x=61$

따라서 몸무게가 $62\,\text{kg}$인 학생을 포함하여 학생 9명의 몸무게를 작은 값부터 크기순으로 나열하면 중앙값은 5번째 변량인 $61\,\text{kg}$이다.

25 답 **3**

㈎에서 $3, 9, 15, 17, a$의 중앙값은 9이므로 $a\le9$

㈏에서 b를 제외한 나머지 변량을 작은 값부터 크기순으로 나열하면

$a, 5, 12, 14$ 또는 $5, a, 12, 14$ ($\because a\le9$)

이때 중앙값이 11이므로 $b=11$이고,

㈏에서 $5, 12, 14, a, 11$의 평균이 10이므로

$\dfrac{5+12+14+a+11}{5}=10$, $a+42=50$ ∴ $a=8$

∴ $b-a=11-8=3$

26 답 ①

A, B, C, D, E의 키를 각각 $a\,\text{cm}$, $b\,\text{cm}$, $c\,\text{cm}$, $d\,\text{cm}$, $e\,\text{cm}$라 하면 A, B, C, D, E의 키의 평균이 $188\,\text{cm}$이므로

$\dfrac{a+b+c+d+e}{5}=188$에서 $a+b+c+d+e=940$ $\cdots$ ㉠

B, C, D, E, F의 키의 평균이 $189\,\text{cm}$이므로

$\dfrac{b+c+d+e+193}{5}=189$에서 $b+c+d+e+193=945$

∴ $b+c+d+e=752$ $\cdots$ ㉡

㉠－㉡을 하면 $a=940-752=188$

즉, A와 A 대신 출전한 F의 키가 각각 $188\,\text{cm}$, $193\,\text{cm}$로 두 명 모두 A, B, C, D, E의 키의 중앙값인 $186\,\text{cm}$보다 크다.

따라서 A 대신 F를 포함한 B, C, D, E, F의 키의 중앙값은 $186\,\text{cm}$로 변하지 않는다.

27 답 ④

④ 900이 다른 변량에 비해 매우 큰, 극단적인 값이므로 평균을 대푯값으로 사용하기에 적절하지 않다.

28 답 **최빈값, 95호**

가게에서 가장 많이 판매된 티셔츠의 치수를 가장 많이 준비해야 하므로 대푯값으로 가장 적절한 것은 최빈값이다.

이때 95호의 티셔츠가 7장으로 가장 많이 판매되었으므로

(최빈값)$=95$(호)

29 답 ㄱ, ㄷ

ㄱ. 자료 A의

(평균)$=\dfrac{0+1+2+2+2+3+4}{7}=\dfrac{14}{7}=2$,

(중앙값)$=2$, (최빈값)$=2$이므로

평균, 중앙값, 최빈값이 모두 같다.

ㄴ. 자료 B는 500과 같이 다른 변량에 비해 매우 큰, 극단적인 값이 있으므로 평균보다 중앙값이 자료의 중심 경향을 더 잘 나타내어 준다.

ㄷ. 자료 C는 극단적인 값이 없고, 각 변량이 모두 한 번씩 나타나므로 평균이나 중앙값을 대푯값으로 정하는 것이 적절하다.

따라서 옳은 것은 ㄱ, ㄷ이다.

02 산포도

유형 모아 보기 & 완성하기   112~118쪽

30 답 **160 cm**

편차의 총합은 0이므로

$x+5+2+(-3)+(-1)+0=0$, $x+3=0$ ∴ $x=-3$

(편차)$=$(변량)$-$(평균)이므로

$-3=$(학생 A의 키)-163 ∴ (학생 A의 키)$=160(\text{cm})$

31 답 **분산: 3.2, 표준편차: $\sqrt{3.2}$ 회**

(평균)$=\dfrac{5+7+9+4+5}{5}=\dfrac{30}{5}=6$(회)이므로

(분산)$=\dfrac{(-1)^2+1^2+3^2+(-2)^2+(-1)^2}{5}=\dfrac{16}{5}=3.2$

∴ (표준편차)$=\sqrt{3.2}$(회)

32 답 **104**

평균이 6이므로

$\dfrac{4+8+a+b}{4}=6$에서 $a+b+12=24$

∴ $a+b=12$ $\cdots$ ㉠

분산이 10이므로

$\dfrac{(-2)^2+2^2+(a-6)^2+(b-6)^2}{4}=10$에서

$(a-6)^2+(b-6)^2+8=40$

∴ $a^2+b^2-12(a+b)+80=40$ $\cdots$ ㉡

㉡에 ㉠을 대입하면

$a^2+b^2-12\times12+80=40$ ∴ $a^2+b^2=104$

33 답 31

a, b, c의 평균이 10이므로

$\dfrac{a+b+c}{3}=10$에서 $a+b+c=30$

a, b, c의 표준편차가 5이므로

$\dfrac{(a-10)^2+(b-10)^2+(c-10)^2}{3}=5^2$에서

$(a-10)^2+(b-10)^2+(c-10)^2=75$

$2a+1$, $2b+1$, $2c+1$에 대하여

$m=\dfrac{(2a+1)+(2b+1)+(2c+1)}{3}$

$\quad=\dfrac{2(a+b+c)+3}{3}=\dfrac{2\times 30+3}{3}=21$

(분산)$=\dfrac{(2a+1-21)^2+(2b+1-21)^2+(2c+1-21)^2}{3}$

$\quad=\dfrac{(2a-20)^2+(2b-20)^2+(2c-20)^2}{3}$

$\quad=\dfrac{2^2(a-10)^2+2^2(b-10)^2+2^2(c-10)^2}{3}$

$\quad=\dfrac{4\{(a-10)^2+(b-10)^2+(c-10)^2\}}{3}=\dfrac{4\times 75}{3}=100$

이므로 $n=\sqrt{100}=10$

$\therefore m+n=21+10=31$

다른 풀이

a, b, c의 평균이 10, 표준편차가 5이므로

$m=2\times 10+1=21$, $n=2\times 5=10$

$\therefore m+n=21+10=31$

34 답 9

A, B 두 모둠 전체의 평균이 A, B 두 모둠 각각의 평균과 같으므로

(분산)$=\dfrac{8\times 2^2+10\times(\sqrt{13})^2}{8+10}=\dfrac{162}{18}=9$

참고 (분산)$=\dfrac{\{(편차)^2의 \ 총합\}}{(도수의 \ 총합)}$ 이므로

$\{(편차)^2의 \ 총합\}=(도수의 \ 총합)\times(분산)$

이때 $(편차)^2=\{(각 \ 변량)-(평균)\}^2$이므로 두 집단의 평균이 서로 같으면 두 집단 전체의 $(편차)^2$의 총합은 각 집단에서의 $(편차)^2$의 총합을 더한 것과 같다.

35 답 C반

C반의 표준편차가 가장 작으므로

국어 성적이 가장 고르게 분포된 반은 C반이다.

36 답 ①

(편차)=(변량)-(평균)이므로

$-6=$(동훈이의 영어 성적)-82

$\therefore$ (동훈이의 영어 성적)$=76$(점)

37 답 -1.5

편차의 총합은 0이므로

$2+(-1.5)+(x+0.5)+3+(-1)+x=0$

$2x=-3$ $\quad\therefore x=-1.5$

38 답 4

편차의 총합은 0이므로

$7+4+c+(-5)+(-2)=0$

$c+4=0$ $\quad\therefore c=-4$ $\qquad\cdots$ (i)

이때 학생 A의 편차가 7회이므로

$7=88-$(평균) $\quad\therefore$ (평균)$=81$(회) $\qquad\cdots$ (ii)

즉, $4=a-81$에서 $a=85$, $-4=b-81$에서 $b=77$ $\qquad\cdots$ (iii)

$\therefore a-b+c=85-77+(-4)=4$ $\qquad\cdots$ (iv)

채점 기준

(i) c의 값 구하기	30 %
(ii) 평균 구하기	20 %
(iii) a, b의 값 구하기	30 %
(iv) $a-b+c$의 값 구하기	20 %

39 답 ②

(평균)$=\dfrac{8+4+6+9+2+7}{6}=\dfrac{36}{6}=6$(점)이므로

각 변량의 편차를 차례로 구하면

2점, -2점, 0점, 3점, -4점, 1점

따라서 이 자료의 편차가 될 수 없는 것은 ②이다.

40 답 ②

① 편차의 총합은 0이므로

$\quad -1+(-12)+x+13+(-4)=0$, $x-4=0$ $\quad\therefore x=4$

② $13=$(학생 D의 기록)-49 $\quad\therefore$ (학생 D의 기록)$=62$(회)

③ 학생 B의 편차가 -12회로 가장 작으므로 학생 B의 기록이 가장 낮다.

④ 기록이 낮은 학생부터 차례로 나열하면 B, E, A, C, D이므로 중앙값은 학생 A의 기록과 같다.

⑤ 평균보다 기록이 높은 학생은 C, D의 2명이다.

따라서 옳은 것은 ②이다.

41 답 분산: 4, 표준편차: 2개

(평균)$=\dfrac{2+7+6+8+3+4+5}{7}=\dfrac{35}{7}=5$(개)이므로

(분산)$=\dfrac{(-3)^2+2^2+1^2+3^2+(-2)^2+(-1)^2+0^2}{7}=\dfrac{28}{7}=4$

$\therefore$ (표준편차)$=\sqrt{4}=2$(개)

42 답 ⑤

편차의 총합은 0이므로

$0+(-3)+x+1+(-2)=0$, $x-4=0$ $\quad\therefore x=4$

(분산)$=\dfrac{0^2+(-3)^2+4^2+1^2+(-2)^2}{5}=\dfrac{30}{5}=6$

$\therefore$ (표준편차)$=\sqrt{6}$(권)

43 답 3.6

평균이 8이므로

$\dfrac{5+8+7+10+x}{5}=8$, $30+x=40$ $\quad\therefore x=10$

$\therefore$ (분산)$=\dfrac{(-3)^2+0^2+(-1)^2+2^2+2^2}{5}=\dfrac{18}{5}=3.6$

평균이 8이므로 각 변량의 편차를 차례로 구하면
-3, 0, -1, 2, $x-8$
편차의 총합은 0이므로
$-3+0+(-1)+2+(x-8)=0$, $x-10=0$ ∴ $x=10$
∴ (분산) $=\dfrac{(-3)^2+0^2+(-1)^2+2^2+2^2}{5}=\dfrac{18}{5}=3.6$

44 답 ③

(평균) $=\dfrac{(a-4)+a+(a+1)+(a+3)}{4}=\dfrac{4a}{4}=a$이므로

(분산) $=\dfrac{(-4)^2+0^2+1^2+3^2}{4}=\dfrac{26}{4}=6.5$

45 답 7.6

$a\le b\le c$라 하면 중앙값과 최빈값이 모두 7이므로 $a=7$, $b=7$
이때 평균이 6이므로 $\dfrac{2+4+7+7+c}{5}=6$

$20+c=30$ ∴ $c=10$

∴ (분산) $=\dfrac{(-4)^2+(-2)^2+1^2+1^2+4^2}{5}=\dfrac{38}{5}=7.6$

46 답 $\sqrt{10}\,\mathrm{cm}$

A, B, D, E의 편차는 각각 $4\,\mathrm{cm}$, $-2\,\mathrm{cm}$, $1\,\mathrm{cm}$, $2\,\mathrm{cm}$이고
편차의 총합은 0이므로 C의 편차는 $-5\,\mathrm{cm}$이다.

따라서 (분산) $=\dfrac{4^2+(-2)^2+(-5)^2+1^2+2^2}{5}=\dfrac{50}{5}=10$이므로

(표준편차) $=\sqrt{10}\,(\mathrm{cm})$

47 답 ④

2, 6, x, y, 4의 평균이 5이므로 $\dfrac{2+6+x+y+4}{5}=5$에서
$x+y+12=25$ ∴ $x+y=13$ ··· ㉠
분산이 3.2이므로
$\dfrac{(-3)^2+1^2+(x-5)^2+(y-5)^2+(-1)^2}{5}=3.2$에서
$(x-5)^2+(y-5)^2+11=16$
∴ $x^2+y^2-10(x+y)+61=16$ ··· ㉡
㉡에 ㉠을 대입하면
$x^2+y^2-10\times13+61=16$ ∴ $x^2+y^2=85$

48 답 -5

편차의 총합은 0이므로
$-3+(-2)+x+1+y=0$ ∴ $x+y=4$ ··· (i)
표준편차가 $2\sqrt{2}$이므로
$\dfrac{(-3)^2+(-2)^2+x^2+1^2+y^2}{5}=(2\sqrt{2})^2$에서
$x^2+y^2+14=40$ ∴ $x^2+y^2=26$ ··· (ii)
이때 $(x+y)^2=x^2+2xy+y^2$이므로
$4^2=26+2xy$, $2xy=-10$ ∴ $xy=-5$ ··· (iii)

(i) $x+y$의 값 구하기	30 %
(ii) x^2+y^2의 값 구하기	30 %
(iii) xy의 값 구하기	40 %

49 답 ③

평균이 8이므로 $\dfrac{x+y}{2}=8$ ∴ $x+y=16$ ··· ㉠
분산이 2이므로 $\dfrac{(x-8)^2+(y-8)^2}{2}=2$
$x^2+y^2-16(x+y)+128=4$ ··· ㉡
㉡에 ㉠을 대입하면
$x^2+y^2-16\times16+128=4$ ∴ $x^2+y^2=132$
따라서 빗변의 길이는 $\sqrt{x^2+y^2}=\sqrt{132}=2\sqrt{33}$

50 답 4, 10, 13

중앙값이 10이므로 세 자연수를 a, 10, $b(a\le10\le b)$라 하면
평균이 9이므로
$\dfrac{a+10+b}{3}=9$에서 $a+b=17$ ∴ $b=17-a$
분산이 14이므로
$\dfrac{(a-9)^2+1^2+(17-a-9)^2}{3}=14$에서
$2a^2-34a+146=42$, $a^2-17a+52=0$
$(a-4)(a-13)=0$ ∴ $a=4$ 또는 $a=13$
이때 $a\le10$이므로 $a=4$, $b=17-4=13$
따라서 세 자연수는 4, 10, 13이다.

51 답 7

a, b, c, d의 평균이 5이므로
$\dfrac{a+b+c+d}{4}=5$ ∴ $a+b+c+d=20$
a, b, c, d의 표준편차가 2이므로
$\dfrac{(a-5)^2+(b-5)^2+(c-5)^2+(d-5)^2}{4}=2^2$
∴ $(a-5)^2+(b-5)^2+(c-5)^2+(d-5)^2=16$
$3a-2$, $3b-2$, $3c-2$, $3d-2$에 대하여
$m=\dfrac{(3a-2)+(3b-2)+(3c-2)+(3d-2)}{4}$
$=\dfrac{3(a+b+c+d)-8}{4}=\dfrac{3\times20-8}{4}=13$
(분산)
$=\dfrac{(3a-2-13)^2+(3b-2-13)^2+(3c-2-13)^2+(3d-2-13)^2}{4}$
$=\dfrac{(3a-15)^2+(3b-15)^2+(3c-15)^2+(3d-15)^2}{4}$
$=\dfrac{3^2(a-5)^2+3^2(b-5)^2+3^2(c-5)^2+3^2(d-5)^2}{4}$
$=\dfrac{9\{(a-5)^2+(b-5)^2+(c-5)^2+(d-5)^2\}}{4}$
$=\dfrac{9\times16}{4}=36$
이므로 $n=\sqrt{36}=6$
∴ $m-n=13-6=7$

a, b, c, d의 평균이 5, 표준편차가 2이므로
$m=3\times5-2=13$, $n=3\times2=6$ ∴ $m-n=13-6=7$

52 답 ㄴ, ㄷ

x, y, z의 평균을 m, 분산을 s^2이라 하면

$\dfrac{x+y+z}{3}=m$에서 $x+y+z=3m$

$\dfrac{(x-m)^2+(y-m)^2+(z-m)^2}{3}=s^2$에서

$(x-m)^2+(y-m)^2+(z-m)^2=3s^2$

ㄱ. ($x+2$, $y+2$, $z+2$의 평균)$=\dfrac{(x+2)+(y+2)+(z+2)}{3}$

$\qquad=\dfrac{(x+y+z)+6}{3}$

$\qquad=\dfrac{3m+6}{3}=m+2$

ㄴ. ($x+2$, $y+2$, $z+2$의 분산)

$\qquad=\dfrac{\{(x+2)-(m+2)\}^2+\{(y+2)-(m+2)\}^2+\{(z+2)-(m+2)\}^2}{3}$

$\qquad=\dfrac{(x-m)^2+(y-m)^2+(z-m)^2}{3}=\dfrac{3s^2}{3}=s^2$

ㄷ. ($3x$, $3y$, $3z$의 평균)$=\dfrac{3x+3y+3z}{3}=\dfrac{3(x+y+z)}{3}$

$\qquad=\dfrac{9m}{3}=3m$

ㄹ. ($3x$, $3y$, $3z$의 분산)

$\qquad=\dfrac{(3x-3m)^2+(3y-3m)^2+(3z-3m)^2}{3}$

$\qquad=\dfrac{3^2(x-m)^2+3^2(y-m)^2+3^2(z-m)^2}{3}$

$\qquad=\dfrac{9\{(x-m)^2+(y-m)^2+(z-m)^2\}}{3}=\dfrac{27s^2}{3}=9s^2$

따라서 옳은 것은 ㄴ, ㄷ이다.

x, y, z의 평균을 m, 분산을 s^2이라 하면

ㄱ. ($x+2$, $y+2$, $z+2$의 평균)$=m+2$

ㄴ. ($x+2$, $y+2$, $z+2$의 분산)$=s^2$

ㄷ. ($3x$, $3y$, $3z$의 평균)$=3\times m=3m$

ㄹ. ($3x$, $3y$, $3z$의 분산)$=3^2\times s^2=9s^2$

53 답 $\sqrt{5}$점

A, B 두 반 전체의 평균이 A, B 두 반 각각의 평균과 같으므로

(분산)$=\dfrac{20\times2^2+10\times(\sqrt{7})^2}{20+10}=\dfrac{150}{30}=5$

∴ (표준편차)$=\sqrt{5}$(점)

54 답 ②

정국이네 반 전체의 평균이 남학생, 여학생 각각의 평균과 같고
정국이네 반 전체의 표준편차가 4점이므로

$\dfrac{8\times5^2+12\times a^2}{8+12}=4^2$에서 $\dfrac{200+12a^2}{20}=16$

$200+12a^2=320$, $12a^2=120$

$a^2=10$ ∴ $a=\sqrt{10}$ (∵ $a\geq0$)

55 답 $\sqrt{6}$

a, b의 평균이 4이므로 $\dfrac{a+b}{2}=4$ ∴ $a+b=8$ ···㉠

a, b의 분산이 1이므로 $\dfrac{(a-4)^2+(b-4)^2}{2}=1$

∴ $a^2+b^2-8(a+b)+32=2$ ···㉡

㉡에 ㉠을 대입하면

$a^2+b^2-8\times8+32=2$ ∴ $a^2+b^2=34$

c, d의 평균이 6이므로 $\dfrac{c+d}{2}=6$ ∴ $c+d=12$ ···㉢

c, d의 분산이 9이므로 $\dfrac{(c-6)^2+(d-6)^2}{2}=9$

∴ $c^2+d^2-12(c+d)+72=18$ ···㉣

㉣에 ㉢을 대입하면

$c^2+d^2-12\times12+72=18$ ∴ $c^2+d^2=90$

따라서 a, b, c, d에 대하여

(평균)$=\dfrac{a+b+c+d}{4}=\dfrac{8+12}{4}=5$이므로

(분산)$=\dfrac{(a-5)^2+(b-5)^2+(c-5)^2+(d-5)^2}{4}$

$\qquad=\dfrac{a^2+b^2+c^2+d^2-10(a+b+c+d)+100}{4}$

$\qquad=\dfrac{34+90-10\times(8+12)+100}{4}=\dfrac{24}{4}=6$

∴ (표준편차)$=\sqrt{6}$

56 답 ⑤, ⑥

①, ③ 각 반의 학생 수를 알 수 없으므로 편차의 제곱의 총합도 비교할 수 없다.

② 사회 성적이 가장 우수한 반은 평균이 가장 높은 4반이다.

④ 표준편차가 주어졌으므로 1반부터 5반까지의 학생들의 사회 성적의 분포 상태를 비교할 수 있다.

⑤ 사회 성적이 가장 고른 반은 표준편차가 가장 작은 2반이다.

⑥ 1반은 5반보다 표준편차가 크므로 산포도가 크다.

⑦ 90점 이상인 학생이 어느 반에 더 많은지는 알 수 없다.

⑧ 사회 성적이 평균에 가장 가까이 모여 있는 반은 표준편차가 가장 작은 2반이다.

따라서 옳은 것은 ⑤, ⑥이다.

57 답 ④

각 자료의 평균은 7로 모두 같으므로 표준편차가 가장 작은 것은 변량이 평균 7 가까이에 가장 많이 모여 있는 ④이다.

58 답 B 모둠, A 모둠, C 모둠

A, B, C 세 모둠의 필기구 개수의 평균은 3개로 모두 같다.

이때 산포도가 가장 작은 모둠은 평균 3개에 가까운 변량의 학생 수가 많은 B 모둠이고, 산포도가 가장 큰 모둠은 평균 3개에서 멀리 떨어진 변량의 학생 수가 많은 C 모둠이다.

따라서 필기구 개수의 산포도가 작은 모둠부터 차례로 나열하면
B 모둠, A 모둠, C 모둠이다.

59 답 ㄱ, ㄷ

ㄱ. (나래의 평균)$=\dfrac{6+9+8+7+5+a+10}{7}=8$이므로

$45+a=56$ ∴ $a=11$

(성훈이의 평균)$=\dfrac{9+7+8+8+6+7+b}{7}=8$이므로

$45+b=56$ ∴ $b=11$

ㄴ. (나래의 분산)$=\dfrac{(-2)^2+1^2+0^2+(-1)^2+(-3)^2+3^2+2^2}{7}$

$=\dfrac{28}{7}=4$

이므로 (나래의 표준편차)$=\sqrt{4}=2$(시간)

(성훈이의 분산)$=\dfrac{1^2+(-1)^2+0^2+0^2+(-2)^2+(-1)^2+3^2}{7}$

$=\dfrac{16}{7}$

이므로 (성훈이의 표준편차)$=\sqrt{\dfrac{16}{7}}=\dfrac{4\sqrt{7}}{7}$(시간)

ㄷ. $2>\dfrac{4\sqrt{7}}{7}$, 즉 나래의 표준편차가 성훈이의 표준편차보다 크므로 나래의 수면 시간이 성훈이의 수면 시간보다 기복이 더 심하다.

따라서 옳은 것은 ㄱ, ㄷ이다.

60 답 ④, ⑤

① A는 성적이 80점 이상인 과목이 없는지 알 수 없다.

② B의 평균이 C의 평균보다 낮으므로 B의 전 과목 성적의 합이 C의 전 과목 성적의 합보다 낮다.

③ D가 B보다 성적이 90점 이상인 과목이 더 많은지 알 수 없다.

④ C의 평균이 가장 높으므로 전 과목 성적의 합이 가장 높은 학생은 C이다.

⑤ 전 과목 성적이 가장 고른 학생은 표준편차가 가장 작은 학생인 E이다.

따라서 옳은 것은 ④, ⑤이다.

61 답 ②

ㄱ. 변량의 개수가 홀수이면 중앙값은 자료의 변량을 작은 값부터 크기순으로 나열할 때, 한가운데 있는 값이다.

ㄴ. (편차)=(변량)-(평균)

ㄷ. 산포도에는 분산, 표준편차 등이 있다.

ㄹ. 평균의 크기에 따른 표준편차의 크기는 알 수 없다.

따라서 옳은 것은 ㄱ, ㅁ이다.

62 답 ④, ⑦, ⑧

① 변량의 개수가 짝수이면 중앙값은 주어진 자료 중에 없을 수도 있다.

② 최빈값은 자료에 따라 2개 이상일 수도 있다.

③ 산포도로 자료의 흩어진 정도를 알 수 있다.

⑤ 분산은 편차의 제곱의 평균이다.

⑥ 분산이 커지면 표준편차도 커진다.

따라서 옳은 것은 ④, ⑦, ⑧이다.

63 답 ③

	자료	중앙값	최빈값
①	1, 2, 2, 3, 3, 3	$\dfrac{2+3}{2}=2.5$	3
②	2, 2, 2, 6, 6, 7	$\dfrac{2+6}{2}=4$	2
③	2, 3, 5, 5, 6, 7	$\dfrac{5+5}{2}=5$	5
④	2, 2, 2, 3, 4, 5, 6	3	2
⑤	3, 4, 4, 6, 8, 8, 9	6	4, 8

따라서 중앙값과 최빈값이 서로 같은 것은 ③이다.

64 답 17

(평균)

$=\dfrac{6+7+8+12+13+13+15+15+15+15+18+19+20+22+25+26+28+28+31+34}{20}$

$=\dfrac{370}{20}=18.5$(개)

∴ $a=18.5$

변량의 개수가 20개이므로 중앙값은 10번째와 11번째 변량의 평균인

$\dfrac{15+18}{2}=16.5$(개)   ∴ $b=16.5$

15개가 네 번으로 가장 많이 나타나므로

(최빈값)$=15$(개)   ∴ $c=15$

∴ $a-b+c=18.5-16.5+15=17$

65 답 ㄱ, ㄴ

ㄱ. (A 모둠의 평균)$=\dfrac{1\times1+2\times4+3\times2+4\times2+5\times1}{1+4+2+2+1}$

$=\dfrac{28}{10}=2.8$(회)

(B 모둠의 평균)$=\dfrac{1\times1+2\times1+3\times5+4\times1+5\times2}{1+1+5+1+2}$

$=\dfrac{32}{10}=3.2$(회)

ㄴ. (A 모둠의 중앙값)$=\dfrac{2+3}{2}=2.5$(회)

(B 모둠의 중앙값)$=\dfrac{3+3}{2}=3$(회)

ㄷ. (A 모둠의 최빈값)$=2$(회)

(B 모둠의 최빈값)$=3$(회)

따라서 옳은 것은 ㄱ, ㄴ이다.

66 답 80

주어진 자료의 중앙값이 65이므로 변량을 작은 값부터 크기순으로 나열하면 20, 30, 50, a, 90, 110이어야 한다.

즉, (중앙값)$=\dfrac{50+a}{2}=65$이므로

$50+a=130$ ∴ $a=80$

67 답 ②

6이 가장 많이 나타나므로 최빈값은 6이다.

$$(평균)=\frac{5+6+10+7+6+4+x+6}{8}=\frac{x+44}{8}$$

이때 평균과 최빈값이 서로 같으므로

$$\frac{x+44}{8}=6,\ x+44=48 \qquad \therefore x=4$$

68 답 38시간

학생 16명의 봉사활동 시간에서 8번째 변량을 x시간이라 하면

중앙값이 39시간이므로 $\frac{x+41}{2}=39,\ x+41=78 \qquad \therefore x=37$

따라서 봉사활동 시간이 38시간인 학생을 포함하여 학생 17명의 봉사활동 시간을 작은 값부터 크기순으로 나열하면 중앙값은 9번째 변량인 38시간이다.

69 답 중앙값, 6천 원

70천 원, 즉 70000원이 다른 변량에 비해 매우 큰, 극단적인 값이므로 평균과 중앙값 중에서 자료의 중심 경향을 가장 잘 나타내어 주는 것은 중앙값이다.

변량을 작은 값부터 크기순으로 나열하면

2, 3, 4, 5, 7, 8, 9, 70이므로

$$(중앙값)=\frac{5+7}{2}=6(천 원)$$

70 답 ②

학생 C의 편차가 $-2\,\text{kg}$이므로

$-2=44-(평균) \qquad \therefore (평균)=46(\text{kg})$

즉, $2=a-46$에서 $a=48$, $-3=c-46$에서 $c=43$, $e=47-46=1$

편차의 총합은 0이므로 $2+d+(-2)+1+(-3)=0 \qquad \therefore d=2$

$2=b-46$에서 $b=48$

따라서 옳은 것은 ②이다.

71 답 $\frac{46}{3}$

편차의 총합은 0이므로

$3+(-5)+(-3)+6+x+2=0,\ x+3=0 \qquad \therefore x=-3$

$$\therefore (분산)=\frac{3^2+(-5)^2+(-3)^2+6^2+(-3)^2+2^2}{6}=\frac{92}{6}=\frac{46}{3}$$

72 답 ②

평균이 8이므로 $\frac{8+12+x+6+y}{5}=8$에서

$x+y+26=40 \qquad \therefore x+y=14 \qquad \cdots \ \bigcirc$

표준편차가 $\sqrt{5}$이므로

$$\frac{0^2+4^2+(x-8)^2+(-2)^2+(y-8)^2}{5}=(\sqrt{5})^2$$에서

$(x-8)^2+(y-8)^2+20=25$

$\therefore x^2+y^2-16(x+y)+148=25 \qquad \cdots \ \bigcirc$

$\bigcirc$에 $\bigcirc$을 대입하면

$x^2+y^2-16\times14+148=25 \qquad \therefore x^2+y^2=101$

이때 $(x+y)^2=x^2+2xy+y^2$이므로

$14^2=101+2xy \qquad \therefore 2xy=95$

73 답 ④

평균이 2이므로

$\frac{4(a+b+3)}{12}=2 \qquad \therefore a+b=3 \qquad \cdots \ \bigcirc$

분산이 1이므로

$$\frac{4\{(a-2)^2+(b-2)^2+1^2\}}{12}=1$$에서

$(a-2)^2+(b-2)^2+1=3$

$a^2+b^2-4(a+b)+9=3 \qquad \cdots \ \bigcirc$

$\bigcirc$에 $\bigcirc$을 대입하면

$a^2+b^2-4\times3+9=3 \qquad \therefore a^2+b^2=6$

이때 $(a+b)^2=a^2+2ab+b^2$이므로

$3^2=6+2ab \qquad \therefore ab=\frac{3}{2}$

$\therefore (겉넓이)=2(ab+3a+3b)=2\times\left(\frac{3}{2}+3\times3\right)=21$

74 답 $\frac{38}{15}$

A, B 두 모둠 전체의 평균이 A, B 두 모둠 각각의 평균과 같으므로

$$(분산)=\frac{8\times(\sqrt{3})^2+7\times(\sqrt{2})^2}{8+7}=\frac{38}{15}$$

75 답 ②

A, B, C 세 선수의 사격 점수의 평균은 모두 8점이고 사격 점수의 분포를 그림으로 나타내면 오른쪽과 같다.

따라서 평균 8점을 중심으로 점수의 흩어진 정도가 가장 작은 선수는 A이고, 점수의 흩어진 정도가 가장 큰 선수는 B이므로 표준편차의 대소 관계는 $a<c<b$이다.

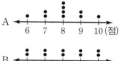

76 답 ①

ㄹ. 표준편차는 자료의 변량이 흩어져 있는 정도를 나타내므로 평균이 서로 달라도 표준편차는 같을 수 있다.

ㅁ. 각 변량의 편차만 주어지면 분산과 표준편차는 구할 수 있지만 평균은 구할 수 없다.

따라서 옳은 것은 ㄱ, ㄴ, ㄷ이다.

77 답 82 cm

편차의 총합은 0이므로

$7+(-3)+(-5)+x+2=0$

$x+1=0 \qquad \therefore x=-1 \qquad \cdots \ (\text{i})$

$(편차)=(변량)-(평균)$이므로

$-1=(재희의 앉은키)-83$

$\therefore (재희의 앉은키)=82(\text{cm}) \qquad \cdots \ (\text{ii})$

채점 기준

(i) x의 값 구하기	50 %
(ii) 재희의 앉은키 구하기	50 %

78 답 $\sqrt{6.5}$

평균이 7이므로 $\dfrac{6+x+3+10+8+y+4+7}{8}=7$

$x+y+38=56$ ∴ $x+y=18$

이때 최빈값이 7이므로 x와 y 중 적어도 하나는 7이어야 하고,

$x>y$이므로 $x=11$, $y=7$ ··· (ⅰ)

따라서

$$(\text{분산})=\dfrac{(-1)^2+4^2+(-4)^2+3^2+1^2+0^2+(-3)^2+0^2}{8}$$

$$=\dfrac{52}{8}=6.5$$ ··· (ⅱ)

이므로 (표준편차)$=\sqrt{6.5}$ ··· (ⅲ)

채점 기준	
(ⅰ) x, y의 값 구하기	40 %
(ⅱ) 분산 구하기	40 %
(ⅲ) 표준편차 구하기	20 %

79 답 B 지역

$$(\text{A 지역의 평균})=\dfrac{12\times4+14\times7+16\times5+18\times3+20\times1}{20}$$

$$=\dfrac{300}{20}=15(\%)$$

$$(\text{A 지역의 분산})=\dfrac{(-3)^2\times4+(-1)^2\times7+1^2\times5+3^2\times3+5^2\times1}{20}$$

$$=\dfrac{100}{20}=5$$ ··· (ⅰ)

$$(\text{B 지역의 평균})=\dfrac{12\times2+14\times6+16\times5+18\times4+20\times3}{20}$$

$$=\dfrac{320}{20}=16(\%)$$

$$(\text{B 지역의 분산})=\dfrac{(-4)^2\times2+(-2)^2\times6+0^2\times5+2^2\times4+4^2\times3}{20}$$

$$=\dfrac{120}{20}=6$$ ··· (ⅱ)

따라서 B 지역의 분산이 A 지역의 분산보다 크므로 B 지역의 재활용 비율이 A 지역보다 평균에서 더 멀리 흩어져 있다. ··· (ⅲ)

채점 기준	
(ⅰ) A 지역의 분산 구하기	40 %
(ⅱ) B 지역의 분산 구하기	40 %
(ⅲ) A, B 두 지역 중 재활용 비율이 평균에서 더 멀리 흩어져 있는 지역 구하기	20 %

만점 문제 뛰어넘기
122~123쪽

80 답 15

전학 간 학생 5명을 제외한 학생 20명의 키의 합은 $(165\times25-5m_1)$ cm이고 전학 온 학생 5명의 키의 합은 $5m_2$ cm 이므로

$\dfrac{(165\times25-5m_1)+5m_2}{25}=168$에서 $165+\dfrac{m_2-m_1}{5}=168$

$\dfrac{m_2-m_1}{5}=3$ ∴ $m_2-m_1=15$

81 답 ⑤

75점을 받은 학생을 제외한 9명의 수학 성적의 총점을 A점이라 하고, 75점을 x점으로 잘못 보았다고 하면

$\dfrac{A+75}{10}+1=\dfrac{A+x}{10}$, $A+75+10=A+x$ ∴ $x=85$

따라서 75점을 받은 학생의 점수를 85점으로 잘못 보았다.

82 답 37, 38

자료 A의 중앙값이 17이므로 a, b 중 적어도 하나는 17이어야 한다.

(ⅰ) $a=17$일 때, 전체 자료의 중앙값이 19이므로

전체 자료를 작은 값부터 크기순으로 나열하면

12, 14, 15, 17, 17, b, $b+1$, 22, 23, 25이어야 한다.

즉, $\dfrac{17+b}{2}=19$에서 $17+b=38$ ∴ $b=21$

∴ $a+b=17+21=38$

(ⅱ) $b=17$일 때, 전체 자료의 중앙값이 19이므로

전체 자료를 작은 값부터 크기순으로 나열하면

12, 14, 15, 17, 18, a, a, 22, 23, 25이어야 한다.

즉, $\dfrac{18+a}{2}=19$에서 $18+a=38$ ∴ $a=20$

∴ $a+b=20+17=37$

(ⅲ) $a=b=17$일 때, 전체 자료를 작은 값부터 크기순으로 나열하면

12, 14, 15, 17, 17, 17, 18, 22, 23, 25이므로

중앙값은 17, 즉 19가 아니므로 $a=b=17$일 수 없다.

따라서 (ⅰ)~(ⅲ)에 의해 나올 수 있는 $a+b$의 값은 37, 38이다.

83 답 ③

중앙값이 $3a$이므로 변량을 작은 값부터 크기순으로 나열하면

a, a^2, $3a$, a^2+2a, a^2+3a이고, 최빈값이 $3a$이므로

(ⅰ) $3a=a^2$인 경우

$a^2-3a=0$, $a(a-3)=0$ ∴ $a=0$ 또는 $a=3$

이때 a는 자연수이므로 $a=3$

주어진 자료는 3, 9, 9, 15, 18이므로 중앙값과 최빈값은 모두 9이다.

(ⅱ) $3a=a^2+2a$인 경우

$a^2-a=0$, $a(a-1)=0$ ∴ $a=0$ 또는 $a=1$

이때 a는 자연수이므로 $a=1$

주어진 자료는 1, 1, 3, 3, 4이므로 중앙값은 3이지만 최빈값은 1, 3이다.

따라서 (ⅰ), (ⅱ)에 의해 $a=3$

84 답 중앙값: 3회, 최빈값: 0회, 3회, 5회

병원 진료 횟수가 3회, 5회인 학생 수를 각각 a명, b명이라 하면

반 학생 수가 25명이므로

$5+2+3+a+2+b+2+1=25$ ∴ $a+b=10$ ··· ㉠

평균이 3회이므로

$\dfrac{0\times5+1\times2+2\times3+3\times a+4\times2+5\times b+6\times2+7\times1}{25}=3$

$3a+5b+35=75$ ∴ $3a+5b=40$ ··· ㉡

㉠, ㉡을 연립하여 풀면 $a=5$, $b=5$

따라서 중앙값은 13번째 변량인 3회이고, 최빈값은 학생 수가 각각 5명으로 가장 많은 0회, 3회, 5회이다.

85 답 $\sqrt{24.8}$점

현우의 과학 성적을 x점이라 하면 A, B, C, D, E의 과학 성적은 다음 표와 같다.

학생	A	B	C	D	E
과학 성적(점)	$x-9$	$x+3$	$x+1$	$x-7$	$x+2$

$$(평균)=\frac{(x-9)+(x+3)+(x+1)+(x-7)+(x+2)}{5}$$
$$=\frac{5x-10}{5}=x-2(점)$$

각 변량의 편차를 차례로 구하면 -7점, 5점, 3점, -5점, 4점이므로

$$(분산)=\frac{(-7)^2+5^2+3^2+(-5)^2+4^2}{5}=\frac{124}{5}=24.8$$

$$\therefore (표준편차)=\sqrt{24.8}(점)$$

86 답 ③

학생 6명의 점수의 분산이 10이므로

$$\frac{\{(편차)^2의 총합\}}{6}=10 \qquad \therefore \{(편차)^2의 총합\}=60$$

이때 점수가 82점인 학생을 제외한 나머지 5명의 점수의 평균은

$$\frac{82\times6-82}{5}=82(점)$$

즉, 평균이 변하지 않으므로 5명의 편차도 변하지 않고, 점수가 82점인 학생의 편차가 0점이다.

따라서 $\{(나머지 5명의 편차)^2의 총합\}=60$이므로

$$(나머지 학생 5명의 점수의 분산)=\frac{60}{5}=12$$

87 답 $\sqrt{61}$

잘못 본 변량 2개를 제외한 나머지 8개의 변량을 각각 a_1, a_2, a_3, $\cdots$, a_8이라 하면 평균이 3이므로

$$\frac{a_1+a_2+a_3+\cdots+a_8+3+7}{10}=3, \quad a_1+a_2+a_3+\cdots+a_8+10=30$$

$$\therefore a_1+a_2+a_3+\cdots+a_8=20$$

분산이 60이므로

$$\frac{(a_1-3)^2+(a_2-3)^2+(a_3-3)^2+\cdots+(a_8-3)^2+0^2+4^2}{10}=60$$

$$\frac{(a_1-3)^2+(a_2-3)^2+(a_3-3)^2+\cdots+(a_8-3)^2+16}{10}=60$$

$$(a_1-3)^2+(a_2-3)^2+(a_3-3)^2+\cdots+(a_8-3)^2=584$$

따라서

$$(실제 평균)=\frac{a_1+a_2+a_3+\cdots+a_8+2+8}{10}=\frac{20+10}{10}=3$$

이므로

$$(분산)=\frac{(a_1-3)^2+(a_2-3)^2+(a_3-3)^2+\cdots+(a_8-3)^2+(-1)^2+5^2}{10}$$

$$=\frac{584+1+25}{10}=61$$

$$\therefore (표준편차)=\sqrt{61}$$

88 답 ③

a, b, c, d의 평균이 2이므로

$$\frac{a+b+c+d}{4}=2 \qquad \therefore a+b+c+d=8 \qquad \cdots\cdots ㉠$$

a, b, c, d의 표준편차가 $\sqrt{3}$이므로

$$\frac{(a-2)^2+(b-2)^2+(c-2)^2+(d-2)^2}{4}=(\sqrt{3})^2$$

$$(a-2)^2+(b-2)^2+(c-2)^2+(d-2)^2=12$$

$$\therefore a^2+b^2+c^2+d^2-4(a+b+c+d)+16=12 \qquad \cdots\cdots ㉡$$

㉡에 ㉠을 대입하면

$$a^2+b^2+c^2+d^2-4\times8+16=12$$

$$\therefore a^2+b^2+c^2+d^2=28$$

따라서 a^2, b^2, c^2, d^2의 평균은

$$\frac{a^2+b^2+c^2+d^2}{4}=\frac{28}{4}=7$$

89 답 A, C, B

$$(A의 평균)=\frac{4+5+6+6+7+8}{6}=\frac{36}{6}=6$$

$$(A의 분산)=\frac{(-2)^2+(-1)^2+0^2+0^2+1^2+2^2}{6}=\frac{10}{6}=\frac{5}{3}$$

$$(B의 평균)=\frac{9+6+5+7+3+6}{6}=\frac{36}{3}=6$$

$$(B의 분산)=\frac{3^2+0^2+(-1)^2+1^2+(-3)^2+0^2}{6}=\frac{20}{6}=\frac{10}{3}$$

$$(C의 평균)=\frac{4+7+8+5+7+5}{6}=\frac{36}{6}=6$$

$$(C의 분산)=\frac{(-2)^2+1^2+2^2+(-1)^2+1^2+(-1)^2}{6}=\frac{12}{6}=2$$

따라서 분산이 작을수록 고르게 분포되어 있으므로 고르게 분포되어 있는 것부터 차례로 나열하면 A, C, B이다.

7 상관관계

01 ④ **02** (1) 6명 (2) 4명 **03** ④

04 ⑤ **05** ㄴ, ㄷ **06** 5명 **07** ⑤

08 ⑤ **09** 25 % **10** 9명 **11** $\frac{3}{5}$

12 37 ℃ **13** ⑤ **14** ② **15** 37.5 %

16 5점 **17** 7명 **18** ③, ⑤ **19** ①

20 ③ **21** ③ **22** ②

23 양의 상관관계 **24** ③ **25** ③, ⑦

26 ⑤ **27** ④ **28** ① **29** ③

30 ③ **31** ⑤ **32** 40 % **33** ③

34 ④ **35** ③ **36** ②, ④ **37** ④

38 ⑤ **39** ④ **40** 8개 **41** 35 %

42 2개 **43** ④ **44** 24점 **45** 1명

46 ㄴ, ㄷ

01 산점도와 상관관계

유형 모아 보기 & 완성하기 126~132쪽

01 답 ④

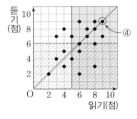

① 읽기 점수가 5점 이상인 학생은 오른쪽 그림에서 색칠한 부분(경계선 포함)에 속하므로 14명이다.

② 듣기 점수가 6점 미만인 학생은 오른쪽 그림에서 빗금 친 부분(경계선 제외)에 속하므로 8명이다.

③ 읽기 점수와 듣기 점수가 같은 학생은 위의 그림에서 대각선 위에 있으므로 5명이다.

④ 읽기 점수와 듣기 점수가 모두 9점 이상인 학생은 1명이다.

⑤ 읽기 점수가 듣기 점수보다 높은 학생은 위의 그림에서 대각선보다 아래쪽에 있으므로 7명이다.

따라서 옳지 않은 것은 ④이다.

02 답 (1) **6명** (2) **4명**

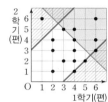

(1) 1학기와 2학기에 관람한 영화의 편수의 합이 8편 이상인 학생은 오른쪽 그림에서 색칠한 부분(경계선 포함)에 속하므로 6명이다.

(2) 1학기와 2학기에 관람한 영화의 편수의 차가 3편 이상인 학생은 오른쪽 그림에서 빗금 친 부분(경계선 포함)에 속하므로 4명이다.

03 답 ④

겨울철 기온이 낮아질수록 뜨거운 음료의 판매량은 대체로 늘어나므로 두 변량 x와 y 사이에는 음의 상관관계가 있다.

따라서 x와 y에 대한 산점도로 알맞은 것은 ④이다.

04 답 ⑤

⑤ A, B, C, D, E 5명 중에서 소득에 비해 지출이 가장 적은 사람은 E이다.

05 답 ㄴ, ㄷ

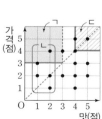

ㄱ. 가격 평점이 3점 이상인 손님 중에서 맛 평점이 3점 미만인 손님은 오른쪽 그림에서 색칠한 부분(가로 경계선 포함, 세로 경계선 제외)에 속하므로 2명이다.

ㄴ. 맛 평점이 3점 미만인 손님은 5명이다.

ㄷ. 맛 평점과 가격 평점이 모두 4점 이상인 손님은 오른쪽 그림에서 빗금 친 부분(경계선 포함)에 속하므로 3명이다.

ㄹ. 가격 평점이 맛 평점보다 높은 손님은 오른쪽 그림에서 대각선보다 위쪽에 있으므로 5명이다.

따라서 옳은 것은 ㄴ, ㄷ이다.

06 답 5명

가창 점수와 악기 연주 점수가 같은 학생은 오른쪽 그림에서 대각선 위에 있으므로 5명이다.

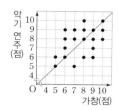

07 답 ⑤

가창 점수가 악기 연주 점수보다 높은 학생은 오른쪽 그림에서 색칠한 부분(경계선 제외)에 속하므로 7명이다.

$$\therefore \frac{7}{20} \times 100 = 35(\%)$$

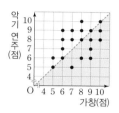

08 답 ⑤

몸무게가 65 kg 이상이거나 키가 170 cm 이상인 학생은 오른쪽 그림에서 색칠한 부분(경계선 포함)에 속하므로 17명이다.

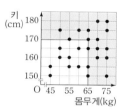

09 답 25 %

1차, 2차 수학 쪽지 시험 점수가 모두 4점 이하인 학생은 오른쪽 그림에서 색칠한 부분(경계선 포함)에 속하므로 3명이다.

$$\therefore \frac{3}{12} \times 100 = 25(\%)$$

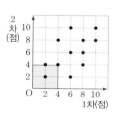

10 답 9명

1차, 2차 수학 쪽지 시험 점수 중 적어도 하나가 8점 미만인 학생은 오른쪽 그림에서 색칠한 부분(경계선 제외)에 속하므로 9명이다.

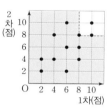

11 답 $\frac{3}{5}$

작년과 올해 친 홈런의 개수에 변화가 없는 선수는 오른쪽 그림에서 대각선 위에 있으므로 3명이다.

$\therefore a = 3$ ··· (i)

작년과 올해 모두 홈런을 19개 이상 친 선수는 오른쪽 그림에서 색칠한 부분(경계선 포함)에 속하므로 3명이다.

$$\therefore b = \frac{3}{15} = \frac{1}{5} \quad \cdots \text{(ii)}$$

$$\therefore ab = 3 \times \frac{1}{5} = \frac{3}{5} \quad \cdots \text{(iii)}$$

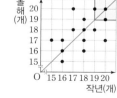

채점 기준

(i) a의 값 구하기	40 %
(ii) b의 값 구하기	40 %
(iii) ab의 값 구하기	20 %

12 답 37 ℃

습도가 70 % 이상인 날은 오른쪽 그림에서 색칠한 부분(경계선 포함)에 속하므로 5일이다.

이 날들의 최고 기온은 35 ℃, 37 ℃, 37 ℃, 38 ℃, 38 ℃이므로

$$(\text{평균}) = \frac{35+37+37+38+38}{5} = \frac{185}{5} = 37(℃)$$

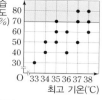

13 답 ⑤

① 관객 점수와 심사위원 점수가 같은 참가자는 오른쪽 그림에서 대각선 위에 있고, 이 중에서 점수가 가장 낮은 참가자의 두 점수는 모두 5점이므로 그 총합은 10점이다.

② 관객 점수가 7점 이상인 참가자 중에서 심사위원 점수가 7점 미만인 참가자는 3명이므로 전체의 $\frac{3}{20} \times 100 = 15(\%)$

③ 심사위원 점수가 관객 점수보다 높은 참가자는 위의 그림에서 색칠한 부분(경계선 제외)에 속하므로 이들의 관객 점수의 평균은

$$\frac{5+6+7+7+7+8+9}{7} = \frac{49}{7} = 7(\text{점})$$

④ 관객 점수와 심사위원 점수 중 적어도 하나가 9점 이상인 참가자는 위의 그림에서 빗금 친 부분(경계선 포함)에 속하므로 10명이다.

⑤ 관객 점수와 심사위원 점수가 모두 8점 이상인 참가자는 6명이므로 본선 진출률은

$$\frac{6}{20} \times 100 = 30(\%)$$

따라서 옳지 않은 것은 ⑤이다.

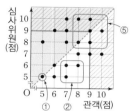

14 답 ②

먹은 과자와 음료수의 개수의 합이 7개보다 적은 학생은 오른쪽 그림에서 색칠한 부분(경계선 제외)에 속하므로 6명이다.

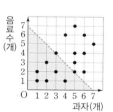

15 답 37.5 %

높이뛰기 점수와 멀리뛰기 점수의 차가 2점 이상인 학생은 오른쪽 그림에서 색칠한 부분(경계선 포함)에 속하므로 9명이다.

$$\therefore \frac{9}{24} \times 100 = 37.5(\%)$$

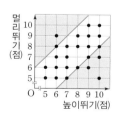

16 답 5점

오른쪽 그림의 대각선에서 멀리 떨어져 있을수록 높이뛰기 점수와 멀리뛰기 점수의 차가 크므로 그 차가 가장 큰 학생은 높이뛰기 점수가 10점, 멀리뛰기 점수가 5점이다.

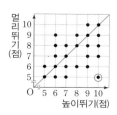

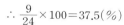

17 답 7명

두 종목의 점수의 평균이 8점 이상, 즉 두 종목의 점수의 합이 $8 \times 2 = 16$(점) 이상인 선수는 오른쪽 그림에서 색칠한 부분(경계선 포함)에 속하므로 7명이다.

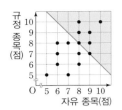

18 답 ③, ⑤

① 실기 점수가 필기 점수보다 높은 학생은 오른쪽 그림에서 직선 m보다 위쪽에 있으므로 6명이다.

$$\therefore \frac{6}{20} \times 100 = 30(\%)$$

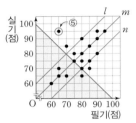

② 필기 점수와 실기 점수가 같은 학생은 오른쪽 그림에서 직선 m 위에 있으므로 7명이다.

③ 필기 점수와 실기 점수의 차가 10점인 학생은 위의 그림에서 두 직선 l, n 위에 있으므로 4명이다.

④ 필기 점수와 실기 점수의 합이 150점 이하인 학생은 위의 그림에서 색칠한 부분(경계선 포함)에 속하므로 7명이다.

⑤ 위의 그림의 직선 m에서 멀리 떨어져 있을수록 필기 점수와 실기 점수의 차가 크므로 그 차가 가장 큰 학생은 필기 점수가 65점, 실기 점수가 95점이다.

$\therefore$ (두 점수의 차)$= 95 - 65 = 30$(점)

따라서 옳은 것은 ③, ⑤이다.

19 답 ①

두 과목의 점수의 평균이 윤서보다 낮은 학생은 두 과목의 점수의 합이 윤서보다 낮은 학생과 같다. 즉, 두 과목의 점수의 합이 $50 + 80 = 130$(점) 미만인 학생은 오른쪽 그림에서 색칠한 부분(경계선 제외)에 속하므로 11명이다.

$$\therefore \frac{11}{25} \times 100 = 44(\%)$$

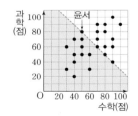

20 답 ③

5등인 선수의 1차 점수와 2차 점수는 각각 7점, 8점이므로

$$(평균) = \frac{7 + 8}{2} = 7.5(점)$$

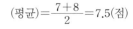
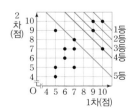

21 답 ③

운동 시간이 길어질수록 열량 소모량은 대체로 증가하므로 두 변량 x와 y 사이에는 양의 상관관계가 있다.

따라서 x와 y에 대한 산점도로 알맞은 것은 ③이다.

22 답 ②

①, ② 음의 상관관계

③ 상관관계가 없다.

④, ⑤ 양의 상관관계

양 또는 음의 상관관계가 있는 산점도에서 점들이 한 직선 가까이에 모여 있을수록 상관관계가 강하므로 음의 상관관계가 가장 강한 것은 ②이다.

23 답 양의 상관관계

A, B, C, D 4개의 음료수의 당류 함량을 산점도에 바르게 나타내면 오른쪽 그림과 같다.

따라서 음료수의 당류 함량이 증가할수록 열량도 대체로 증가하는 경향이 있으므로 두 변량 사이에는 양의 상관관계가 있다.

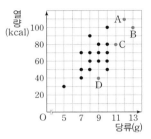

24 답 ③

③ 강수량이 많으면 대기 오염 물질이 제거되어 미세 먼지 농도가 낮아지는 경향이 있으므로 강수량과 미세 먼지 농도 사이에는 음의 상관관계가 있다.

25 답 ③, ⑦

①, ②, ⑤ 음의 상관관계

③, ⑦ 양의 상관관계

④, ⑥ 상관관계가 없다.

이때 주어진 산점도는 양의 상관관계를 나타내므로 대체로 주어진 그림과 같은 모양이 되는 것은 ③, ⑦이다.

26 답 ⑤

①, ②, ④ 두 식물 모두 일조량이 증가할수록 성장량도 대체로 증가하는 경향이 있으므로 두 변량 사이에는 양의 상관관계가 있다.

③ 어느 식물이 더 잘 자라는지는 알 수 없다.

⑤ A 식물보다 B 식물의 산점도의 점들이 한 직선에서 더 멀리 흩어져 있으므로 B 식물이 더 약한 상관관계를 보인다.

따라서 옳은 것은 ⑤이다.

27 답 ④

④ C는 B보다 왼쪽 눈의 시력이 좋다.

28 답 ①

A, B, C, D, E 5명의 학생 중에서 키에 비해 앉은키가 가장 큰 학생은 A이다.

29 답 ③

오른쪽 그림과 같이 오른쪽 위로 향하는 대각선을 그었을 때, 대각선에서 멀리 떨어져 있을수록 두 과목의 점수 차가 크다.

따라서 A, B, C, D, E 5명의 학생 중에서 두 과목의 점수 차가 가장 큰 학생은 C이다.

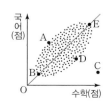

30 ⓐ ③

ㄱ. 필기시험 점수가 높을수록 면접 점수도 대체로 높아지는 경향이 있으므로 두 변량 사이에는 양의 상관관계가 있다.

ㄷ. A, B, C, D 4명 중에서 필기시험 점수에 비해 면접 점수가 가장 낮은 지원자는 D이다.

따라서 옳은 것은 ㄴ, ㄹ이다.

Pick 점검하기

133~134쪽

31 ⓐ ⑤

태도 점수와 실험 점수가 같은 학생은 오른쪽 그림에서 대각선 위에 있으므로 5명이다.

$$\therefore \frac{5}{15} = \frac{1}{3}$$

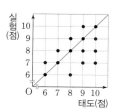

32 ⓐ 40%

태도 점수가 실험 점수보다 높은 학생은 오른쪽 그림에서 색칠한 부분(경계선 제외)에 속하므로 6명이다.

$$\therefore \frac{6}{15} \times 100 = 40(\%)$$

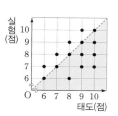

33 ⓐ ③

① 신발 크기가 245 mm 이상인 학생은 오른쪽 그림에서 직선 l 위와 직선 l의 오른쪽 부분에 속하므로 12명이다.

② 키가 164 cm인 학생은 오른쪽 그림에서 직선 m 위에 있으므로 4명이다.

$$\therefore \frac{4}{25} \times 100 = 16(\%)$$

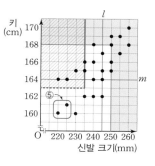

③ 신발 크기가 235 mm 이하인 학생 중 키가 163 cm보다 큰 학생은 위의 그림에서 빗금 친 부분(가로 경계선 제외, 세로 경계선 포함)에 속하므로 5명이다.

④ 신발 크기가 250 mm 이상이거나 키가 168 cm 이상인 학생은 위의 그림에서 색칠한 부분(경계선 포함)에 속하므로 9명이다.

$$\therefore \frac{9}{25} \times 100 = 36(\%)$$

⑤ 신발 크기가 230 mm 미만이면서 키가 162 cm 미만인 학생은 2명이다.

$$\therefore \frac{2}{25} \times 100 = 8(\%)$$

따라서 옳지 않은 것은 ③이다.

34 ⓐ ④

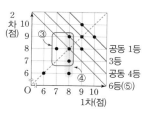

① 1차 점수와 2차 점수가 같은 학생은 오른쪽 그림에서 오른쪽 위로 향하는 대각선 위에 있으므로 3명이다.

② 1차보다 2차 시험을 더 잘 본 학생은 오른쪽 그림에서 오른쪽 위로 향하는 대각선보다 위쪽에 있으므로 3명이다.

$$\therefore \frac{3}{10} \times 100 = 30(\%)$$

③ 1차 점수가 9점 미만이고 2차 점수가 7점 이상인 학생은 4명이다.

④ 1차 점수가 8점인 학생들의 2차 점수는 6점, 7점, 8점, 9점이므로

$$(평균) = \frac{6+7+8+9}{4} = \frac{30}{4} = 7.5(점)$$

⑤ 1차 점수와 2차 점수의 합이 6번째로 높은 학생의 1차, 2차 점수는 모두 8점이다.

따라서 옳지 않은 것은 ④이다.

35 ⓐ ③

근무 시간이 늘어남에 따라 여가 시간은 대체로 줄어드는 경향이 있으므로 두 변량 사이에는 음의 상관관계가 있다.

①, ⑤ 상관관계가 없다.

②, ④ 양의 상관관계

③ 음의 상관관계

따라서 주어진 상관관계와 같은 상관관계가 있는 것은 ③이다.

36 ⓐ ②, ④

② ㄴ은 x의 값이 증가함에 따라 y의 값이 증가하는지 감소하는지 분명하지 않다.

③ 배추의 생산량과 배추의 가격 사이에는 음의 상관관계가 있다. 즉, 두 변량 사이의 관계를 나타내는 산점도는 ㄷ이다.

④ 두 변량 사이의 상관관계는 ㄱ보다 ㄹ이 더 약하다.

따라서 옳지 않은 것은 ②, ④이다.

37 ⓐ ④

① 산점도는 두 변량의 순서쌍을 좌표평면 위에 점으로 나타낸 그림이다.

② 상관관계가 없을 수도 있다.

③ 산점도에서 점들이 오른쪽 아래로 향하는 경향이 있으면 음의 상관관계가 있다고 한다.

⑤ 양 또는 음의 상관관계가 있는 산점도에서 점들이 한 직선에서 멀리 흩어져 있을수록 상관관계는 약하다.

따라서 옳은 것은 ④이다.

38 ⓐ ⑤

A, B, C, D, E 5명 중에서 키에 비해 머리둘레가 가장 짧은 신생아는 E이다.

39 답 ④

④ A, B, C 중에서 D와 학습 시간이 가장 비슷한 학생은 C이다.

40 답 8개

1차에서 성공한 자유투 개수가 8개 이상인 학생들은 오른쪽 그림에서 색칠한 부분(경계선 포함)에 속하므로 5명이다.

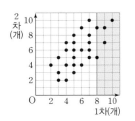

이때 이 학생들이 2차에서 성공한 자유투 개수는 각각 5개, 9개, 7개, 9개, 10개이므로 ⋯ (i)

2차에서 성공한 자유투 개수의 평균은

$$\frac{5+9+7+9+10}{5}=\frac{40}{5}=8(개)$$ ⋯ (ii)

채점 기준	
(i) 1차에서 성공한 자유투 개수가 8개 이상인 학생들이 2차에서 성공한 자유투 개수 구하기	50 %
(ii) 2차에서 성공한 자유투 개수의 평균 구하기	50 %

41 답 35 %

$a+b$의 값이 10 이상인 학생, 즉 1학기에 읽은 책의 수와 2학기에 읽은 책의 수의 합이 10권 이상인 학생은 오른쪽 그림에서 색칠한 부분(경계선 포함)에 속하므로 7명이다. ⋯ (i)

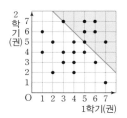

$$\therefore \frac{7}{20}\times100=35(\%)$$ ⋯ (ii)

채점 기준	
(i) $a+b$의 값이 10 이상인 학생이 몇 명인지 구하기	50 %
(ii) $a+b$의 값이 10 이상인 학생이 전체의 몇 %인지 구하기	50 %

만점 문제 뛰어넘기
135쪽

42 답 2개

앞에서 2번째에 선 학생의 1차, 2차 턱걸이 개수는 각각 9개, 10개이므로 평균은 $\frac{9+10}{2}=9.5(개)$

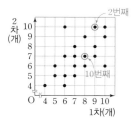

앞에서 10번째에 선 학생의 1차, 2차 턱걸이 개수는 각각 8개, 7개이므로 평균은 $\frac{8+7}{2}=7.5(개)$

$$\therefore 9.5-7.5=2(개)$$

43 답 ④

$0\le b-a\le3$을 만족시키는 학생은 오른쪽 그림에서 색칠한 부분(경계선 포함)에 속하므로 9명이다.

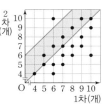

$$\therefore \frac{9}{20}\times100=45(\%)$$

44 답 24점

하위 20 % 이내에 드는 학생 수는

$$25\times\frac{20}{100}=5(명)$$

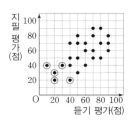

따라서 하위 5명의 학생들의 듣기 평가 점수는 10점, 20점, 20점, 30점, 40점이므로 방과 후 수업을 듣는 학생들의 듣기 평가 점수의 평균은

$$\frac{10+20+20+30+40}{5}=\frac{120}{5}=24(점)$$

45 답 1명

㈎를 만족시키는 학생은 오른쪽 그림에서 색칠한 부분(경계선 제외)에 속하고

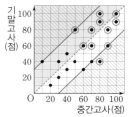

㈏를 만족시키는 학생은 오른쪽 그림에서 빗금 친 부분(경계선 포함)에 속한다.

㈐를 만족시키는 학생은 중간고사와 기말고사의 수학 점수의 합이 120점 이상이어야 하므로 오른쪽 그림에서 동그라미 친 것과 같다.

따라서 주어진 조건을 모두 만족시키는 학생은 1명이다.

46 답 ㄴ, ㄷ

ㄱ. 주어진 그림에서 게임하는 시간과 공부 시간 사이에는 음의 상관관계가 있다.

ㄴ. A는 B보다 게임하는 시간과 공부 시간이 모두 길므로 그 합도 길다.

ㄷ. C와 D의 게임하는 시간의 평균은 오른쪽 그림에서 $\overline{CD}$의 중점 M의 x좌표와 같다. 즉, C와 D의 게임하는 시간의 평균은 B의 게임하는 시간보다 짧다.

ㄹ. E는 게임은 오래하고, 공부 시간은 짧은 편이다.

따라서 옳은 것은 ㄴ, ㄷ이다.

만렙 출제율 높은 문제로 내 수학 성적을 'Level up'합니다.

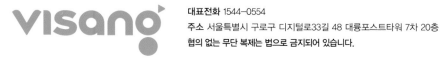

대표전화 1544-0554

주소 서울특별시 구로구 디지털로33길 48 대룡포스트타워 7차 20층

협의 없는 무단 복제는 법으로 금지되어 있습니다.